W0260136

PROTOPLASMATOLOGIA
HANDBUCH DER PROTOPLASMAFORSCHUNG

BEGRÜNDET VON

L. V. HEILBRUNN · F. WEBER
PHILADELPHIA · GRAZ

HERAUSGEGEBEN VON

M. ALFERT · H. BAUER · C. V. HARDING
BERKELEY · TÜBINGEN · NEW YORK

MITHERAUSGEBER

W. H. ARISZ-Groningen · J. BRACHET-Bruxelles · H. G. CALLAN-St. Andrews
R. COLLANDER-Helsinki · K. DAN-Tokyo · E. FAURÉ-FREMIET-Paris
A. FREY-WYSSLING-Zürich · L. GEITLER-Wien · K. HÖFLER-Wien
M. H. JACOBS-Philadelphia · N. KAMIYA-Osaka · D. MAZIA-Berkeley
W. MENKE-Köln · A. MONROY-Palermo · A. PISCHINGER-Wien
J. RUNNSTRÖM-Stockholm · W. J. SCHMIDT-Giessen

BAND V

1

STRUKTURTYPEN DER RUHEKERNE VON PFLANZEN UND TIEREN

WIEN

SPRINGER-VERLAG

1963

STRUKTURTYPEN DER RUHEKERNE VON PFLANZEN UND TIEREN

VON

ELISABETH TSCHERMAK-WOESS

WIEN

MIT 91 TEXTABBILDUNGEN (427 EINZELBILDERN)

WIEN

SPRINGER-VERLAG

1963

ISBN-13: 978-3-211-80653-1   e-ISBN-13: 978-3-7091-5473-1
DOI: 10.1007/978-3-7091-5473-1

Protoplasmatologia
  V. Karyoplasma
  1. Strukturtypen der Ruhekerne von Pflanzen und Tieren

Strukturtypen der Ruhekerne von Pflanzen und Tieren

Von

ELISABETH TSCHERMAK-WOESS, WIEN

Mit 91 Textabbildungen (427 Einzelbildern)

Inhaltsübersicht

I. Einleitung und Definition

Der Ruhekern stellt einen gel- bis solartigen Körper dar, der vom Cytoplasma durch die Kernmembran abgegrenzt ist. Sein wesentlichster Bestandteil sind die Chromosomen, die im Vergleich zu ihrem Zustand während der Mitose in bestimmter Weise chemisch-physikalisch verändert sind, jedoch ihre Individualität beibehalten. Zusammen mit seinen morphologischen Eigenschaften, der Fähigkeit zur Ausbildung mitotischer Chromosomen sowie der Fähigkeit zur Verschmelzung mit seinesgleichen ist für den Zellkern in chemischer Hinsicht der Gehalt an Desoxyribonukleinsäure (DNS) sowie Histon oder Protamin und andren Proteinen charakteristisch und insbesondere der DNS-Gehalt spezifisch (vgl. den Beitrag in Band V/B/4).

Von wenigen Ausnahmen, wie etwa den kernlosen Erythrocyten der Säugetiere oder den Siebröhrengliedern der Angiospermen (die beide bekanntlich nur eine beschränkte Zeit lang lebensfähig sind), abgesehen, bildet das Vorhandensein eines intakten Kernes die Voraussetzung für die normale Lebenstätigkeit des ihm zugehörigen Cytoplasmas.

Da der Zellkern vor allem während der Kern r u h e (wobei Ruhe den Unterschied zur mitotischen Aktivität bezeichnet) seinen steuernden Einfluß auf die Zelle ausübt, wurde an Stelle des irreführenden Ausdruckes Ruhekern (resting nucleus) die Bezeichnung Arbeitskern (energetic nucleus, metabolic nucleus) vorgeschlagen, welche sich jedoch nicht allgemein durchsetzt. In der Regel versteht man unter Ruhekernen die Kerne ausdifferenzierter Gewebe, in denen keine oder höchstens eine sehr geringe Mitosetätigkeit herrscht, während man Kerne aus embryonalen Geweben, die nur eine kurze Ruheperiode zwischen rasch aufeinanderfolgenden Mitosen durchmachen, Interphasekerne nennt; doch werden auch die letzteren gelegentlich als Ruhekerne bezeichnet. Da in der Interphase im Zusammenhang mit ihrer kurzen Dauer die typischen Ruhekernstrukturen oft weniger deutlich herausgebildet werden als in den Kernen ausdifferenzierter Gewebe, beziehen sich die folgenden Ausführungen hauptsächlich auf Ruhekerne im strengen Sinn.

Zellkerne in dem oben definierten Sinn, also Körper aus denen während der Kernteilung im Verlaufe eines streng geregelten Formwechsels Chromosomen von bestimmten gröberen und feineren Baueigentümlichkeiten hervorgehen, sind bei a l l e n Organismen mit Ausnahme der Blaualgen, Bakterien und Spirochaeten vorhanden. Zwar tritt bei diesen, an bestimmte Strukturen gebunden, gleichfalls DNS auf, doch fehlen den letzteren bestimmte wesentliche Merkmale echter Zellkerne, so daß man nur von Kernäquivalenten oder Nukleoiden sprechen kann.

Eine zusammenfassende Charakterisierung bestimmter Strukturtypen des Ruhekernes kann sich derzeit bloß auf lichtoptische Befunde stützen, denn im Unterschied zu anderen Bestandteilen der Zelle hat die Aufklärung der Ultrastruktur des Kernes mit Hilfe der Elektronenmikroskopie erst in einigen wenigen Fällen zu befriedigenden Resultaten geführt. Nur über die Kernmembran, welche in einem folgenden Beitrag behandelt wird, liegt eine Reihe gut gesicherter Angaben vor. — Auf die Deutungsversuche elektronenmikroskopischer Bilder des Kern i n h a l t e s kann daher im folgenden nicht gesondert, sondern nur vereinzelt in anderem Zusammenhang eingegangen werden.

II. Untersuchungsmethoden

Die Untersuchung der Kernstruktur wird vorwiegend in fixiertem und gefärbtem Zustand vorgenommen, wobei die Veränderungen gegenüber dem lebenden Zustand genau beachtet und überprüft werden. Die makromolekularen Proteine und Nukleinsäuren, die den Chromatinstrukturen zugrunde liegen, sind nämlich zur Hydratation befähigt und befinden sich im lebenden Kern in mehr oder minder gequollenem Zustand, so daß sich nur geringe Lichtbrechungsunterschiede gegenüber der Kerngrundsubstanz ergeben, die gleichfalls hauptsächlich aus Proteinen in wäßriger Phase besteht. Relativ lebensgetreue Abbilder des Kernes erhält man daher bei Anwendung von nicht stark Wasser entziehenden, nicht völlig entquellenden Fixierungsmitteln und Farblösungen.

Hierin liegt der Vorteil des Alkohol-Eisessig-(AE)-, Karminessigsäure-(KE)-(oder Orcëinessigsäure-) Verfahrens und der Herstellung von Quetsch- und Zupfpräparaten, letzteres im Gegensatz zur Mikrotomtechnik, die bekanntlich eine völlige Entwässerung erfordert. Tatsächlich sind die wesentlichsten Fortschritte in der Erforschung der Struktur des Ruhekerns erzielt worden, seit vor allem Bělař (1930) die Bedeutung des Fixierungsartefakts und des vitalen Artefakts[1] richtig erkannte und andrerseits Belling (1921) und Heitz (1926) die Karminessigsäure-Technik auf breiter Basis einführten. Letztere ist allerdings für manche Fragestellungen nicht geeignet und erlaubt nicht die Herstellung absolut permanenter Präparate, so daß andere Methoden keineswegs entbehrlich sind; auch kann für bestimmte Zwecke auf die Mikrotomtechnik nicht verzichtet werden. — Auch die für die DNS spezifische Feulgenreaktion leistet sowohl als Schnellmethode (Nuklealquetschmethode nach Heitz 1936) wie an Mikrotomschnitten nach entsprechender Fixierung (z. B. Osmiumsäure- und Chromsäure-hältige Fixierungsmittel) für die Strukturanalyse gute Dienste.

Bei der Aufklärung der Kernstruktur wird die Lebenduntersuchung, wie oben erwähnt, vor allem zur Kontrolle der am fixierten Objekt gewonnenen Resultate herangezogen; sie ergibt in der Regel die gleichen Strukturelemente wie sie vom g u t fixierten und gefärbten Kern bekannt sind[2]. Zwar behaupten neuerdings wieder Ris und Mirsky, daß lebende Zellkerne, abgesehen vom Nukleolus im allgemeinen, keine Struktur zeigen[3a], doch stehen dem entgegen die zum Großteil durch gute Photographien belegten Beobachtungen von Bělař (1929, 1930), Shinke (1937, 1939), Fell und Hughes, Barigozzi (1955), Geitler (1955 a) und vielen anderen, die bei Tieren und Pflanzen der verschiedensten systematischen Zugehörigkeit Chromatinstrukturen im Leben an völlig ungestörten Kernen feststellen konnten [vgl. auch Küster (Reese) 1956, S. 188 f.]. Vielleicht sind Ris und Mirsky zum Teil.

---

[1] Unter dem vitalen Artefakt versteht Bělař Veränderungen (wahrscheinlich Entmischungsvorgänge), die infolge Einwirkung von Giften, mechanischer Eingriffe oder Zusatz verdünnter Fixierungsmittel in der noch lebenden Zelle zustande kommen, unter Umständen wieder abklingen, bei nachfolgender Fixierung aber auch erhalten bleiben können.

[2] Auf die umfangreiche Literatur der dreißiger Jahre, die sich mit der Frage auseinandersetzt, wie weit die am fixierten Kern gewonnenen Resultate realen Wert besitzen, wird hier nicht eingegangen; sie ist den Handbüchern von Tischler (1934) und Küster zu entnehmen.

[3a] Auch Wischnitzer, der die elektronenmikroskopischen Befunde am Zellkern zusammenfaßt, meint, daß der lebende Interphasekern im allgemeinen optisch homogen erscheint.

so z. B. bei *Allium cepa*, Kerne vorgelegen, die durch leichte mechanische Einwirkungen bei der Präparation „glasig" geworden sind. Bĕlař (1930) stellte nämlich derartige, mechanisch bedingte, reversible Veränderungen bei *Tradescantia* fest und deutete sie als Entmischung unter vorübergehender Flüssigkeitsabgabe; auch der Aufenthalt in hypertonischem Medium hat den gleichen Effekt und höchstwahrscheinlich ist es darauf zurückzuführen, daß Ris und Mirsky in Speicheldrüsen von Dipteren, die sie in 10%iger Rohrzuckerlösung bloßlegten, homogene Kerne fanden (homogen mit Ausnahme des Nukleolus). Schließlich bewirkt auch Hypotonie das Verschwinden der Kernstruktur. Mit Shinke (1939) muß man als Erklärung für das Verhalten bei Hyper- und Hypotonie wohl annehmen, daß der Kernsaft und das Chromatin zum Teil unabhängig voneinander und in verschiedenem Maß zur Dehydratation bzw. Hydratation befähigt sind und sich dadurch in ihrem Lichtbrechungsvermögen angleichen können.

Bei vielen tierischen und manchen pflanzlichen Kernen (z. B. solchen aus dem Endosperm, vgl. Bajer 1953, und aus Kulturen tierischer Gewebe, Fell and Hughes) erleichtert das Phasenkontrastverfahren die Auflösung der Kernstrukturen im Leben, doch lassen sie sich auf Grund der — zumeist allerdings geringen — Lichtbrechungsunterschiede auch im gewöhnlichen Mikroskop erkennen, wie aus der Mehrzahl der oben zitierten Angaben hervorgeht.

Nur verhältnismäßig selten zeigt der fixierte Kern chromatische Strukturen, während der lebende, völlig ungestörte homogen erscheint (einige Beispiele bei Shinke 1939, Barigozzi 1955); in diesen Fällen kann man den sicher berechtigten Analogieschluß ziehen, daß es sich um reale Strukturen handelt, die nur wegen der zu geringen Lichtbrechungs- bzw. Brechzahl- und Dickenunterschiede oder infolge ihrer kleinen Dimensionen im Leben nicht sichtbar werden. In manchen Fällen kann man die Struktur vital, und zwar reversibel sichtbar machen durch die gleichen oder ähnliche Einwirkungen, die das oben erwähnte V e r s c h w i n d e n der vitalen Struktur bewirken. Ein eindrucksvolles Beispiel brachte Zeiger (1935). Im Schwanzflossenepithel von *Triton-*, *Salamandra-* und *Rana*-Larven sind die Kerne normalerweise nicht sichtbar (andre Gewebe verhalten sich anders); Zusatz von 0,05% Essigsäure läßt die Kernstruktur hervortreten, reines Wasser läßt sie wieder verschwinden.

Für die eingehende Analyse des Kernbaues brauchbare, auf etwas längere Dauer unschädliche Vitalfärbungsmethoden existieren nicht (Literaturübersicht bis 1936 in einem Sammelreferat von Becker). Strugger (1940 a, b) gelang es zwar, die mitotischen Chromosomen und das Chromatin der Ruhekerne von *Tradescantia* mit Akridinorange 1 : 10.000 tatsächlich vital zu fluorochromieren, und auch aus Myxamöben von *Didymium nigripes*, deren Cytoplasma und Zellkerne Akridinorange aufgenommen hatten, erhielt er normale Plasmodien und Sporangien. Ebenso konnten Hill, Bensch und King an Gewebekulturen, in denen das Chromatin mit Akridinorange angefärbt war und außerdem ein bestimmter Konzentrationsbereich dieser Substanz dauernd aufrechterhalten wurde, normales Wachstum und ungestörtes Verhalten während der Mitose feststellen. Doch kann man die Zellen dem

UV-Licht des Fluoreszenzmikroskops wegen der Gefahr der UV-Schädigung nur kurzfristig aussetzen, so daß diese Methode zu einer näheren Untersuchung der chromatischen Strukturen des Kernes nicht geeignet ist.

III. Der Bau des Ruhekerns im allgemeinen

Den Bau des Ruhekerns bestimmen mehrere Faktoren. In erster Linie hängt er von dem Umstand ab, wie weit die Chromosomen bzw. ihre einzelnen Abschnitte in der Telophase aufgelockert werden. Weiters spielt die Hydratation eine wichtige Rolle, wenn man sich über ihren Einfluß im einzelnen auch noch keine klaren Vorstellungen machen kann[3b]. Auch das Mengenverhältnis von Chromatin und Kerngrundsubstanz sowie Zahl, relative Größe und Form der Nukleolen tragen zum charakteristischen Bild des Kernes bei.

Ob die mitotischen Chromosomen eine Matrix im Sinne der klassischen Auffassung (vgl. GEITLER 1938 a) besitzen und ob sich in der Telophase ein Abbau von Matrix vollzieht und dieser damit am Zustandekommen der Ruhekernstruktur beteiligt ist, bzw. ob in den heterochromatischen Teilen im Ruhekern eine Matrix erhalten bleibt, erscheint nach neueren Befunden fraglich. Während man nämlich früher annahm, daß die Chromosomen in der Prophase mit feulgenpositivem, also DNS enthaltendem Matrix-Material beladen würden und dieser Vorgang in der Telophase im allgemeinen wieder rückgängig gemacht würde, ergab die Messung des DNS-Gehaltes, daß sich dieser zwischen Telophase und posttelophasischem Ruhekernzustand n i c h t verändert (z. B. SWIFT 1950 a, b, 1953, PATAU). Das DNS-Material wird vielmehr in der Regel im präprophasischen Ruhekern verdoppelt und in der Mitose nur auf zwei Tochterkerne aufgeteilt. Man könnte also nur an einem Formwechsel einer DNS - f r e i e n Matrix festhalten[4].

Euchromatin und Heterochromatin. Jedenfalls erfahren die euchromatischen Chromosomenabschnitte in der Telophase — vielleicht im Zusammenhang mit einem Matrix-Abbau — eine Entspiralisierung, während die heterochromatischen spiralisiert und kompakt — möglicherweise Matrix-beladen — in den Ruhekern eingehen und zu den sogenannten Chromozentren werden[5]. Bei beiden „Sorten" von Chromatin gibt es aber verschiedene Abstufungen des Verhaltens. Das Euchromatin kann nämlich so wie beispielsweise bei *Sinapis oder Cucurbita* so weitgehend aufgelockert werden, daß von ihm im Ruhekern nichts mehr sichtbar ist; oder es kann

---

[3b] Über experimentelle Veränderungen der Kernstruktur im Zusammenhang mit einer Hydratation bzw. Dehydratation vgl. KUWADA, SINKE und NAKAZAWA.

[4] LIMA-DE-FARIA (1959 a) spricht sich auf Grund seiner lichtmikroskopischen Beobachtungen f ü r das Vorhandensein einer Matrix aus. PEVELING und andere (Lit. bei KAUFMANN et al.) finden im elektronenmikroskopischen Bild nichts, was sich als Matrix deuten ließe. Näher wird auf diesen fraglichen Punkt hier nicht eingegangen, da er in der Hauptsache in das Kapitel „Mitose" gehört.

[5] An Stelle von Heterochromasie ist vor allem in der zoologisch-karyologischen Literatur noch der ältere Ausdruck „Heteropyknose" üblich. ÖSTERGREN (1950) schlägt vor, der Heteropyknose die „Isopyknose" gegenüberzustellen.

wie bei manchen Protisten (vgl. S. 41 ff.) in Form dünner, glatter, stark gewundener Fäden erhalten bleiben, was wahrscheinlich auf eine enge, gleichmäßige sublichtmikroskopische Spiralisierung zurückzuführen ist: letzteres stellt das entgegengesetzte Extrem im Vergleich zu *Sinapis* dar. Schließlich können Reihen von kleinen körnchenartigen, chromatischen Elementen oder meist nicht mehr in Reihen geordnete, mehr oder minder gleichmäßig verteilte chromatische Teilchen vorhanden sein (über eine andre Auffassung vgl. S. 19). Letzteres kommt am häufigsten vor und man kann die chromatischen Körnchen wohl als Chromomeren oder vielleicht noch besser als Ruhekernchromomeren bezeichnen, ohne allerdings über ihre Identität mit den Pachytänchromomeren etwas aussagen zu können (über Chromomeren in der Endomitose, in der Endointerphase, im Pachytän und in der frühesten mitotischen Prophase vgl. LANDMANN). Ob sie kompakte Körperchen oder so, wie es für die Chromomeren im Pachytän, in der Mitose und in den Riesenchromosomen vermutet wird (LINNERT 1955, RIS 1956, BEERMANN zuletzt 1959, LIMA-DE-FARIA et al. 1959), Orte einer lokalisierten, sublichtmikroskopischen Spiralisierung des im übrigen noch weiter entspiralisierten und dadurch dünneren und unsichtbaren Chromosomenfadens sind, ist vorderhand noch nicht endgültig geklärt, doch hat die zweite Alternative viel für sich.

Bei den heterochromatischen Chromosomen bzw. Chromosomenteilen werden die beiden extremen Ausbildungsformen repräsentiert durch die schölligen kompakten Chromozentren auf der einen Seite und durch die lockeren Chromozentren auf der anderen, welche Areale aus Chromomeren darstellen, die sich nur durch ihre etwas größeren Dimensionen und eine gewisse Verklebungstendenz von den euchromatischen Ruhekernchromomeren unterscheiden. Diese Extreme sind beispielsweise bei *Impatiens* und *Lygaeus* und andrerseits bei *Trianea* realisiert und zwischen ihnen finden sich alle Übergänge. Auch innerhalb e i n e s Kernes kommen verschiedene Sorten von Heterochromatin vor, wie beispielsweise das α- und β-Heterochromatin in den Speicheldrüsenchromosomen von *Drosophila virilis* (HEITZ 1934 a). Wenn sie nebeneinander liegen, so neigen besonders die Chromozentren aus kompaktem Heterochromatin dazu, miteinander zu verschmelzen, sogenannnte Sammelchromozentren zu bilden, doch auch lockere, chromomerisch gegliederte Chromozentren können sich vereinigen, wie z. B. in den Kappenkernen von *Hordeum* und *Agapanthus* (HEITZ 1932, GEITLER 1933).

Die oben gegebene Charakterisierung von Eu- und Heterochromatin muß nach dem eben Gesagten also etwas modifiziert werden: das Euchromatin wird nicht bei allen Arten und nicht in allen Geweben einer Art in gleicher Weise e n t spiralisiert und aufgelockert und das Heterochromatin bleibt zwar stärker spiralisiert und kompakter als das Euchromatin, kann aber gleichfalls gewisse Veränderungen nach Art des Euchromatins erfahren. Vielleicht sind Euchromatin und Heterochromatin überhaupt nur verschiedene Zustandsformen ein und derselben Grundstruktur. Ob und wie weit auch stoffliche Unterschiede bestehen, weiß man vorderhand nicht (vgl. COOPER sowie über die Bezeichnung Euchromatin und Heterochromatin BAKER and

Callan) [6]. Daß eine scharfe Definition von Heterochromatin und Euchromatin sich nicht geben läßt, hebt auch Barigozzi (1950) hervor. Trotzdem ist gewöhnlich die praktische Unterscheidung nicht schwierig und auch der heuristische Wert dieser Unterscheidung unterliegt keinem Zweifel.

Wie man das oben erwähnte Verhalten solcher euchromatischer Chromosomenabschnitte auffassen soll, die sich beim Übergang in den Ruhekernzustand so weit auflockern, daß sie nicht mehr lichtmikroskopisch nachweisbar sind, ist fraglich. Am nächstliegenden sind wohl die zwei folgenden Deutungsmöglichkeiten. Nimmt man mit Darlington (1955) eine Stufenfolge von Spiralen verschiedener Ordnung im Chromosom an, so könnte die Entspiralisierung auch die Spiralen einer so niedrigen Ordnung erfassen, daß ein dünner, lichtmikroskopisch nicht mehr auflösbarer Faden resultiert. Die zweite Deutung geht von der derzeit herrschenden Auffassung aus, nach der das Chromosom aus einem Bündel von Längselementen, den Mikrofibrillen besteht (eine andere Hypothese bringt Freese und Taylor 1962). Schreibt man den euchromatischen Chromosomenteilen die Fähigkeit zur Aufspaltung in die einzelnen Mikrofibrillen zu, so käme man mit der Annahme einer Entspiralisierung geringeren Grades aus (vgl. hiezu auch Ris 1956, S. 388). Für die erste Deutung spricht das Verhalten der Riesenchromosomen im allgemeinen und insbesondere das der Riesenchromosomen von *Chironomus,* die in den Balbianiringen ihre Fähigkeit zu einer zusätzlichen reversiblen Streckung offenbaren (Beermann 1952, Beermann und Bahr) [7].

Eine weitere auffallende Eigenschaft heterochromatischer Chromosomenabschnitte ist ihre Fähigkeit, unter bestimmten physiologischen Bedingungen von der bisher behandelten positiven Heterochromasie in den Zustand der negativen Heterochromasie überzugehen. Diese tritt bei einer Reihe von Tieren und Pflanzen als Folge der Einwirkung relativ tiefer Temperaturen auf und zeigt sich an den mitotischen Chromosomen, indem bestimmte Teile, die sogenannten Spezialsegmente, sich etwas weniger als unter normalen Bedingungen kontrahieren und nur eine schwache oder überhaupt keine Feulgenreaktion geben (Darlington und La Cour 1940, Geitler 1940 a, u. a.). Ob es sich nur um einen Spiralisierungseffekt, einen Mangel an DNS oder deren Blockierung handelt, ist noch nicht geklärt. Daß die Spezialsegmente den unter normalen Bedingungen positiv heterochromatischen Teilen der Chromosomen entsprechen, ist sehr wahrscheinlich, aber vorderhand nicht

---

[6] Ob die Asynchronie der DNS-Synthese zwischen Eu- und Heterochromatin, wie Lima-de-Faria (1959 b) auf Grund der H³-Thymidin-Einlagerung sie bei *Melanoplus* und *Secale* feststellte, allgemein verbreitet ist und zur Charakterisierung der verschiedenen „Sorten" von Chromatin herangezogen werden kann, muß sich erst herauskristallisieren (vgl. auch Pelc und La Cour, Taylor, zusammenfassend 1962, Wimber).

[7] In diesem Zusammenhang von Interesse sind vielleicht die schönen und übereinstimmenden (z. T. allerdings deutlich retuschierten) elektronenmikroskopischen Bilder des Kerninhaltes von *Amoeba proteus.* die Pappas 1956, 1959, Lehmann, Darlington und La Cour (1960, nach Mercer), Pappas und Brandt sowie Roth et alii wiedergeben; einer eingehenden Deutung wurden sie noch nicht unterzogen (siehe auch Taylor 1962, S. 42 f.).

eindeutig belegt. Die positive Heterochromasie der R u h e k e r n e bleibt auch trotz Kälteeinwirkung erhalten, so daß also die negative Heterochromasie der Spezialsegmente für die hier behandelten Fragen keine unmittelbare Bedeutung hat. Allerdings wäre es nötig, den Ruhekernen der kältebehandelten Organismen noch mehr Aufmerksamkeit als bisher zu widmen.

Kerngrundsubstanz. Die mehr oder weniger weitgehend entspiralisierten Chromosomen sind im Ruhekern eingebettet in die Kerngrundsubstanz (= Karyoplasma, Karyolymphe u. a.). Diese besteht, soweit sie bisher untersucht ist, hauptsächlich aus Proteinen in wäßriger Phase und enthält außerdem wahrscheinlich eine Reihe von Enzymen sowie zumindest in manchen Fällen Ribonukleinsäure (RNS; vgl. BRACHET). Das Mengenverhältnis von Chromatin zu Kerngrundsubstanz ist artspezifisch verschieden und auch für größere systematische Einheiten charakteristisch. So besitzen beispielsweise die Ranunculaceen, Liliaceen, Commelinaceen, Heteropteren und Salamandriden vorwiegend chromatinreiche Kerne von dichtem Bau, während beispielsweise bei vielen Cruciferen und Lepidopteren das Chromatin nur in Form von Schollen locker verteilt der Kernmembran und dem Nukleolus anliegt.

Innerhalb des größeren Rahmens der systematischen Bindung wird das Mengenverhältnis von Chromatin zu Kerngrundsubstanz außerdem gewebespezifisch, funktionsbedingt und in Abhängigkeit von anderen noch kaum erfaßten Faktoren abgewandelt. Damit trägt es zur Abwandlung der Kernstruktur innerhalb des gleichen Organismus wesentlich bei. Es zeigt also auf der einen Seite eine gewisse Stabilität, was beispielsweise auch aus dem rhythmischen Wachstum im Verlauf der Endopolyploidisierung hervorgeht (TSCHERMAK-WOESS und HASITSCHKA 1953, u. a.); auf der anderen Seite besitzt es eine deutliche Wandelbarkeit, was sich aus den gewebespezifischen und funktionsabhängigen Veränderungen bei gleichem Polyploidiegrad ergibt. — Ganz besonders dicht gebaut, nämlich homogen chromatisch, sind die Kerne der Spermien der meisten Metazoen. Auf Grund ihrer Morphologie könnte man sie für frei von Kerngrundsubstanz halten, doch sind noch cytochemische Befunde abzuwarten, da es vorderhand nicht entschieden ist, ob die in Spermienkernen nachgewiesenen Proteine nur den Chromosomen angehören oder vielleicht auch von einer in verkappter Form vorliegenden Kerngrundsubstanz herrühren (vgl. HIMES et al.).

Was den Veränderungen in der Menge der Kerngrundsubstanz zugrunde liegt, ist nicht allgemein bekannt und wahrscheinlich auch nicht in allen Fällen übereinstimmend. Für bestimmte Fälle ist eine Zunahme des Eiweißgehaltes parallel mit der Zunahme der Kerngrundsubstanz und des Kernvolumens nachgewiesen (z. B. HIMES et al., ALFERT und BERN, ALFERT et al.); für andere kann man wohl eine bloße Verwässerung annehmen, insbesondere dann, wenn die Volumenzunahme zeitlich mit der Bildung der Zellsaftvakuolen zusammentrifft, wie in der Streckungszone pflanzlicher Vegetationsscheitel (vgl. GEITLER 1941, 1953, TSCHERMAK-WOESS und HASITSCHKA 1953, DOLEŽAL und TSCHERMAK-WOESS).

Ob Chromatin und Kerngrundsubstanz weitgehend unabhängige Bestandteile des Ruhekernes sind, läßt sich vorderhand nicht mit Sicherheit entscheiden. Vollständig unabhängig sind sie jedenfalls nicht, was sich z. B. aus der bereits erwähnten Tatsache ergibt, daß mit der endomitotischen Vermehrung des Chromatins offensichtlich auch die Kerngrundsubstanz rhythmisch zunimmt. Darüber hinaus meint aber Manton, die Chromosomen von Arten wie *Allium, Vicia* u. a. würden in der Telophase förmlich anschwellen und schließlich, abgesehen von den Nukleolen, praktisch den ganzen Kernraum einnehmen. Nur in Kernen von einem Bau wie bei *Biscutella* und anderen Cruciferen wäre Kernsaft außerhalb der von den relativ kleinen Chromosomen stammenden Prochrosomen vorhanden. Eine ähnliche Auffassung vertreten Ris und Mirsky, und auch Pollister sowie Tischler

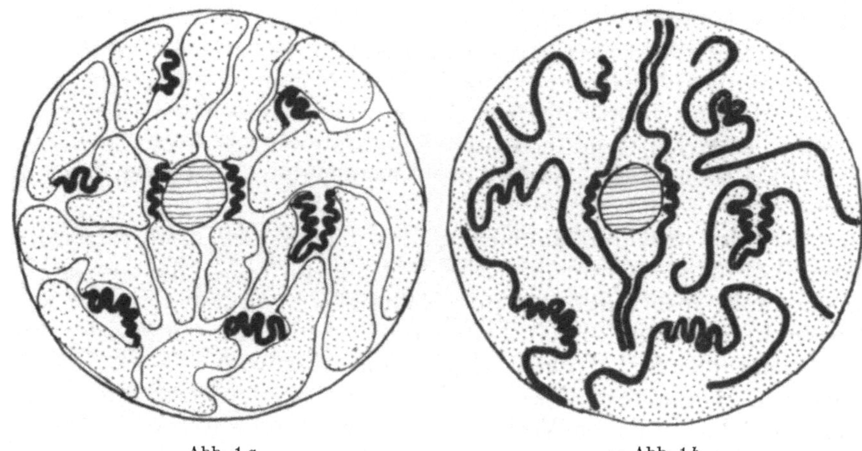

Abb. 1 a.   Abb. 1 b.

Abb. 1 a, b. Schematische Darstellung des Verhaltens der Chromosomen im Ruhekern. Die heterochromatischen Teile bleiben spiralisiert und färbbar, die euchromatischen sind entspiralisiert und nach der in Fig. a wiedergegebenen Auffassung angeschwollen, so daß sie praktisch den ganzen Kernraum rund um den Nukleolus erfüllen; nach der in Fig. b dargestellten Auffassung sind die euchromatischen Chromosomenteile als dünne Fäden im Kernsaft eingebettet (nach Pollister).

(1953) neigen ihr zu (vgl. Abb. 1). Auch Schwartz führt das Fehlschlagen seiner Versuche, die Chromosomen aus dem Makronukleus von *Paramecium bursaria* durch Auflösung der Kerngrundsubstanz freizulegen, darauf zurück, daß möglicherweise beide Komponenten ein eng verflochtenes Funktionssystem bilden. Auf der anderen Seite gibt es zwischen den von Chromatin dicht erfüllten relativ festen und den saftreichen, an Chromatin ärmeren Kernen alle Übergänge; auch können sich trotz der gedrängten Raumverhältnisse in den dicht chromatischen Ruhekernen bestimmte Chromosomenteile gegeneinander und in bezug auf die Kerngrundsubstanz verschieben, wie beispielsweise bei der Bildung von Sammelchromozentren in der Rhizodermis von *Rhoeo discolor* (Doležal und Tschermak-Woess). Wenn auch so wie bei *Allium* die entspiralisierten Chromosomen den Kernraum dicht erfüllen, so bleibt zwischen ihren aufgelockerten Windungen noch reichlich Raum für die Kerngrundsubstanz. Sehr sinnfällig wird das gesonderte Bestehen von Chromosomen und Kerngrundsubstanz nebeneinander und das selbständige Verhalten der Chromosomen in den endopolyploiden Ruhekernen des Embryosackes, wie sie gerade bei *Allium* vorkommen — nämlich dann, wenn die endomitotischen Abkömmlinge eines Ausgangschromosoms zu Bündeln vereinigt sind (HASITSCHKA-JENSCHKE 1957, 1958); das gleiche gilt für die Speicheldrüsenkerne der Dipteren im allgemeinen und insbesondere für die der Cecidomyiden. Wie WHITE feststellte, verlaufen in den letzteren nämlich die endomitotisch vermehrten Chromosomen entweder getrennt und gleichmäßig über den Kernraum und in der Kerngrundsubstanz verteilt („retikulärer" Kerntyp) oder die identischen bleiben eng vereinigt und bilden Riesenchromosomen. Dies ist in verschiedenen Teilen der Speicheldrüse verschieden. Nach BIER muß sich dagegen in den Nährzellen der Oocyten der Muscide *Calliphora* der Übergang vom getrennten in den gebündelten Zustand im g l e i c h e n Kern vollziehen. Auch BEERMANN (1959) nimmt auf Grund seiner eigenen und anderer vergleichender Strukturuntersuchungen an Riesenchromosomen von Dipteren an, daß die Elementarfibrillen in den Querscheiben dicht gepackt (gefaltet) und in den Regionen dazwischen weiträumiger verteilt sind, so daß eine freie Passage des Kernsaftes möglich ist — mit anderen Worten also eine gewisse Selbständigkeit beider Komponenten besteht. Da die Riesenchromosomen nichts anderes als endomitotisch vermehrte gebündelte Ruhekernchromosomen darstellen, lassen sich die Verhältnisse von ihnen ohne weiteres auf Chromosomen übertragen, die nur in einfacher oder zweifacher Auflage im Ruhekern vorhanden sind. Die Zentrifugierungsversuche von LUYET und ERNST an Wurzeln von *Allium cepa* zeigen gleichfalls, daß das Chromatin sich in der Kerngrundsubstanz verlagern kann, und zwar schon bei Anwendung von Kräften von 5000 g. Der Lebenszustand der Zellen wurde in diesem Versuch zwar nicht überprüft, doch sprechen die Abbildungsbelege von Kernen nach Beendigung der Zentrifugierung für einen guten Erhaltungszustand des Chromatins und außerdem weiß man von anderen Experimenten, daß selbst Kräfte von 40.000 g unschädlich sind (HEILBRUNN 1958, S. 9). Auch OHNO und KINOSITA (1956) sprechen sich auf Grund von Untersuchungen am Omentum der Ratte gegen die Ansicht aus, daß die Chromosomen im Ruhekern anschwellen, bis sie ihn ganz erfüllen; ob ihnen — wie sie meinen — wirklich lebende, ungestörte Kerne vorlagen, ist nach den Bildbelegen allerdings zu bezweifeln.

Abgesehen von den Fällen, in denen die Auflockerung des Euchromatins extrem weit getrieben wird und es dann förmlich in der Kerngrundsubstanz optisch untergeht, läßt sich jedenfalls zwischen Kerngrundsubstanz und Chromatin rein morphologisch gut unterscheiden; die chemisch-physikalischen Kräfte und Wechselbeziehungen, die zwischen diesen beiden Komponenten höchstwahrscheinlich bestehen, bedürfen dagegen noch einer eingehenden Untersuchung.

Nukleolus. Allgemein verbreitete und offenbar in der Regel lebenswichtige Bestandteile des Kernes sind schließlich noch die Nukleolen. Sie entstehen bekanntlich normalerweise durch Ansammlung der Nukleolarsubstanz an bestimmten anuklealen Regionen, den SAT-Zonen bestimmter Chromosomen während der Telophase (Nukleolen-kondensierende Chromosomen, SAT-Chromosomen). Mit diesen bleiben sie auch während der Kernruhe in Verbindung. In der Regel oder zumindest sehr häufig besitzen die SAT-Chromosomen auf einer oder auf beiden Seiten der SAT-Zone heterochromatische Abschnitte, welche im Ruhekern als Chromozentren hervortreten, die dem Nukleolus anliegen, sich gelegentlich etwas und manchmal auch tief in ihn einsenken oder wie etwa in der Leber von Maus und Ratte die Nukleolen umhüllen [8]. Beim Mais wies McClintock (1934) nach, daß ein bestimmtes, knopfförmiges Chromozentrum, der „nucleolar organizing body" für die Nukleolenbildung maßgebend ist; die Translokation eines Teiles des „nuleolar organizer" zieht die Bildung von je einem Nukleolus an den beiden Teilstücken nach sich. Analoge Befunde erbrachte Beermann (1960) für *Chironomus* [9]. — Aneinander grenzende Nukleolen verschmelzen miteinander, so daß in Ruhekernen, die zwei oder mehr SAT-Chromosomen enthalten, meist nur eine geringere Anzahl von Nukleolen (sehr oft nur einer) vorliegt. Auch die ihnen zugehörigen Chromozentren können sich zu entsprechend größeren Sammelchromozentren vereinigen. Gewöhnlich enthalten die Nukleolen RNS und färben sich infolgedessen mit einer Reihe basischer Farbstoffe an (im übrigen vgl. über ihre chemisch-physikalischen Eigenschaften sowie ihre vermutliche Funktion den Beitrag V, B, 3). Besonders an großen Nukleolen fällt das Vorhandensein von nicht oder nur schwach färbbaren, offenbar von Flüssigkeit erfüllten Vakuolen auf (über Besonderheiten in endopolyploiden Kernen sowie bei bestimmten Protisten vgl. S. 125 f. bzw. 68 ff.). Zumeist haben die Nukleolen Kugelform, doch nehmen sie in länglichen Kernen auch ellipsoidische Formen an; in relativ großen Kernen, wie beispielsweise im Endosperm vieler Angiospermen, in den Spinndrüsen mancher Insekten und in Nervenzellen von Säugetieren besitzen sie oft unregelmäßig lappige Umrisse. — Größe und Bau der Nukleolen sind wandelbar, was offenbar mit ihrer wechselnden physiologischen Leistung zusammenhängt. Die Unter-

---

[8] Der Nukleolus mitsamt dem ihm anliegenden und von ihm umschlossenen Chromatin wurde vor allem in der älteren Protistencytologie häufig als Karyosom und auch Endosom bezeichnet (auch die im Zentrum des Kernes artifiziell oder spontan zusammengeballte Masse des Chromatins wurde gelegentlich so genannt). Diese mit falschen Vorstellungen belasteten Ausdrücke sind durchaus entbehrlich und sollten endgültig fallen gelassen werden. Ebenso verhält es sich mit dem veralteten Ausdruck Nukleolini für die dem Nukleolus anliegenden oder in ihn eingesenkten Chromozentren. In der medizinischen Literatur werden vielfach die heterochromatischen Schollen und Schalen an den Nukleolen mit dem gleichfalls entbehrlichen Ausdruck „Randkörperchen" bezeichnet. Völlig unhaltbare Ansichten über ihre Entstehung als Abscheidungsprodukte der Nukleolen äußerte noch im Jahre 1957 Hertl.

[9] Ob die SAT-Zone zusammen mit dem wahrscheinlich allgemein vorkommenden „nucleolar organizer" nur Sammelfunktionen hat oder den Chromosomenabschnitt darstellt, an dem Nukleolarsubstanz entsteht oder an dem bestimmte Komponenten entstehen bzw. sich vereinigen, ist offen (vgl. zuletzt Vincent 1955, Swift 1959); doch mehren sich die Befunde, die für die zweite Alternative sprechen (etwa Crosby. Longwell und Svihla, Beermann 1960). — In bezug auf das Nucleolonema, das Estable und Sotelo (zusammenfassend 1954) lichtmikroskopisch durch Silberimprägnation sowie ein bestimmtes Färbeverfahren. andere Autoren, z. B. Horstmann und Knoop, auch elektronenmikroskopisch darstellten, meint Serra (1958, 1959) wohl mit Recht. daß es sich nicht um ein permanentes Strukturelement, sondern um temporäre Entmischungsprodukte handelt.

schiede im Bau drücken sich vor allem im Fehlen oder mehr minder reichlichen Vorhandensein der Vakuolen aus; diese können rückgebildet und nach einer Reihe von Autoren auch ausgestoßen werden (ersteres gibt z. B. GIRBARDT 1955, letzteres unter anderen WOLL 1956 an).

Zwischen Kerngrundsubstanz und Nukleolarsubstanz besteht eine deutliche Phasengrenze. Die Konsistenz der Nukleolen ist zähflüssig, was sich aus der Formveränderung parallel zu Formveränderungen des ganzen Kernes ergibt (vgl. weiter unten). Sie sind fester als die Kerngrundsubstanz und werden in der Regel allseitig von dieser umgeben. Sofern nur ein Nukleolus vorhanden ist, liegt dieser meistens zentral; dies gilt insbesondere für kugelige Kerne. Abweichend verhalten sich auffallenderweise manche Ascomyceten, Basidiomyceten und Dinoflagellaten, bei welchen die Nukleolen völlig exzentrisch liegen und sie sich z. T. auch an der Kernmembran abplatten (GEITLER 1934 b, 1955 a). Auf diese und weitere Besonderheiten in der Lage, Anzahl und Form der Nukleolen bei Protisten wird auf S. 68 ff. gesondert eingegangen. Das Fehlen von Nukleolen in den Mikronuklei der Ciliaten, in den Spermien der Metazoen und vieler Kormophyten ist wohl funktionell zu deuten; diese Kerne haben offenbar keine cytoplasmatische Proteinsynthese zu steuern und das hierfür nötige System ist infolgedessen reduziert.

Eiweißkristalloide. Eine weitere bemerkenswerte Tatsache ist das Vorkommen von Eiweißkristalloiden in den Kernen mancher Pflanzen und Tiere (ältere, detaillierte Angaben bei KÜSTER, MEYER, TISCHLER 1934, eingehende neue Darstellung in Band II B des vorliegenden Handbuches). Es ist für manche Arten, wie beispielsweise *Galtonia candicans,* und auch für bestimmte größere systematische Einheiten, etwa die Rhinanthoideen und auch zahlreiche andere Scrophulariaceen, offenbar charakteristisch. Die Eiweißkristalloide befinden sich eingebettet in die Kerngrundsubstanz an beliebigen Stellen des Kernes und stehen anscheinend nicht zu bestimmten Chromosomen oder zu Nukleolen in Beziehung. Nicht bekannt ist es, ob etwa zwischen verschiedenen Sippen und Populationen Unterschiede im Vorkommen bestehen, was von Interesse wäre im Hinblick auf die Frage, ob die Eiweißkristalloide nicht im Zusammenhang mit einem Virus-Befall entstehen. Anderweitige Veränderungen in den Kernen bei Virus-Erkrankungen sind nämlich von Kulturpflanzen und Säugetieren (bzw. Gewebekulturen) bekannt (z. B. REITBERGER 1956, BOYER et al., BLOCH and GODMAN, BAKER et al., OHNO and KINOSITA 1954).

Kernmembran. Nach außen wird der Kernraum durch die Kernmembran begrenzt. Diese stellt nach elektronenoptischen Untersuchungen ein komplex gebautes Organell dar, das mit dem endoplasmatischen Retikulum zusammenhängen soll (vgl. die gesonderte Behandlung im Beitrag V, B, 2).

Form und Formveränderungen. Die Form des Kernes entspricht am häufigsten der Kugelform oder einem Rotationsellipsoid mit zwei oder drei verschiedenen Achsen oder der Form einer plankonvexen Linse. Doch gibt es auch in diesem Punkt die mannigfachsten Abwandlungen, und zwar gewebespezifische (z. B. Spindelform in der Epidermis von *Vicia faba* und anderen Angiospermen) wie artspezifische (im optischen Schnitt ungefähr viereckige Form bei bestimmten *Spirogyra*-Arten; zahlreiche andere Beispiele bei Küster und Tischler 1934). Vor allem große Kerne, die endopolyploid oder infolge Restitutionskernbildung polyploid geworden sind, zeigen oft die vielfältigsten Umrisse. Seit langem bekannt ist dies beispielsweise von den offenbar endopolyploiden vielfach verästelten Kernen in den Spinndrüsen der Lepidopteren- und Trichopteren-Larven (Abb. 31, 34, Wilson 1925, S. 79, Risler 1950); gleichfalls verästelte hochendopolyploide Kerne beschreibt Geitler (1938 b, S. 157 ff.) für die Speicheldrüsen von Heteropteren (Abb. 68 *e*).

Auch zu Formveränderungen der Kerne kommt es einerseits bei amöboiden Zellen im Zuge der Gestaltsveränderung der Zelle, andererseits bei einem Transport der Kerne, wie etwa beim Durchtritt der Kerne der zukünftigen Basidiosporen durch die Sterigmen (Meyer) und schließlich im Zusammenhang mit physiologischen Vorgängen innerhalb der Zelle. Einen rhythmischen Wechsel der Kernform in Abhängigkeit vom Öffnungszustand stellte Weber in den Schließzellen von *Vicia faba* fest. Bünning und Schöne-Schneiderhöhn beschreiben für die Schließzellen von *Allium cepa* und die Blattepidermis von *Phaseolus multiflorus* einen tagesrhythmischen Wechsel des Kern v o l u m e n s; da dieses jedoch auf Grund der Messung von n u r z w e i Kerndurchmessern bestimmt wurde, könnte es sich auch in diesem Fall bloß um eine Veränderung der Kern f o r m handeln [10].

Wie sich aus dem Vorhergehenden ergibt, kommt den Zellkernen also eine ganz bestimmte Architektonik zu. Diese darf man sich jedoch keineswegs als einmalig gegebenes, starres System vorstellen. Daß einzelne Komponenten sich gegeneinander verschieben können, wurde bereits erwähnt. Die Verschiebung gelingt offenbar leichter, wenn relativ viel und wahrscheinlich stärker hydratisierte Kerngrundsubstanz vorhanden ist, schwerer bei Vorhandensein von relativ wenig und relativ fester Kerngrundsubstanz. Dies läßt sich aus einer Reihe von Beobachtungen an fixierten Kernen erschließen, doch stellte Soran in Bestätigung eines älteren Befundes an einem neuen Objekt, nämlich in den Kernen der Epidermis der Zwiebelschuppe von *Galanthus* im Leben fest, daß die Chromatingranula oszillieren und gelegentlich auch dauernde Verlagerungen erleiden.

IV. Die Kerntypen und die Kernstruktur in ihrer Abhängigkeit von verschiedenen Faktoren

Die Kernstruktur ist in erster Linie systematisch gebunden, mit anderen Worten also offensichtlich e r b l i c h bedingt. Als Belege hiefür ließen sich etwa anführen: 1. die Cruciferen, die vorwiegend Prochromosomenkerne haben; 2. die Commelinaceen mit dicht von Chromatin erfüllten Kernen (Typ des Chromomerenkerns mit Chromozentren), ähnlich verhalten sich

---

[10] Nach Tschermak-Woess und Doležal-Janisch (1956) ergibt bei *Vicia faba* und wohl ebenso bei anderen Objekten die Berechnung des Kernvolumens auf Grund von Messungen an der Projektionsfläche ein völlig falsches Bild; das richtige erhält man nur bei Berücksichtigung aller drei Durchmesser.

die Urodelen und Anuren; 3. die Heteropteren und Lepidopteren mit Chromosomenkernen (vgl. S. 20); 4. die Ciliaten mit häufig homogenen, dichten Mikronuklei.

Wie aus diesen Beispielen hervorgeht, lassen sich in manchen Verwandtschaftskreisen auch über die Familie hinaus enge Beziehungen im Kernbau erkennen. Innerhalb der Familie kann Einheitlichkeit herrschen, nämlich nur ein einziger Kerntypus vorliegen; oder es besteht ein gewisser einheitlicher Grundzug, wobei zwischen den Gattungen und selbst Arten so deutliche Unterschiede vorkommen, daß man ihre Kerne verschiedenen Typen zuordnen muß. Dies rührt vor allem daher, daß die relative Menge des Heterochomatins in manchen Verwandtschaftskreisen ein durchaus konservatives Merkmal darstellt, in anderen aber von Art zu Art verschieden ist. Letzteres zeigt sich z. B. in der Gattung *Allium,* in der der Formenkreis von *Allium carinatum* das eine Extrem darstellt, nämlich Kerne besitzt, die neben der euchromatischen Struktur zahlreiche heterochromatische Schollen enthalten, während bei *Allium amnophilum* und anderen Arten fast überhaupt kein Heterochromatin vorhanden ist (TSCHERMAK-WOESS 1947, HASITSCHKA-JENSCHKE 1958).

Neben den artspezifischen bestehen auch g e w e b e s p e z i f i s c h e Unterschiede auf rein diploider Basis. So sind bei vielen Angiospermen die Kerne in der Epidermis kleiner und dichter gebaut als die angrenzender parenchymatischer Gewebe oder finden sich etwa bei der Maus in der Wandung der Blutgefäße bedeutend dichtere Kerne als im Parenchym der Leber und der Bauchspeicheldrüse [11]. Bei den Vertebraten ist die Abwandlung der Kernstruktur mit der Gewebedifferenzierung allem Anschein nach überhaupt sehr ausgeprägt.

Sehr häufig stellen wohl die gewebespezifischen gleichzeitig f u n k t i o n s b e d i n g t e Unterschiede dar. Doch kommen auch Veränderungen der Kernstruktur in Abhängigkeit von der Funktion im g l e i c h e n Gewebe vor (vgl. S. 129 ff.). Auch die Temperatur und wahrscheinlich andere Umwelteinflüsse sowie die Ernährung üben einen Einfluß aus. Schließlich kann sich die Kernstruktur auch pathologisch und während der natürlichen Degeneration verändern.

Endlich treten auf e n d o p o l y p l o i d e r Basis mannigfaltige Unterschiede der Kernstruktur auf; und zwar sind in manchen Fällen die endopolyploiden Kerne durch eine gewisse Zeit nach der endomitotischen Polyploidisierung anders strukturiert als später. Noch viel auffälliger sind aber die verschiedenartigen Abwandlungen der Struktur, die die hoch endopolyploiden Kerne bestimmter Gewebe zumeist dauernd annehmen. Am bedeutendsten sind von diesen wohl die Riesenchromosomen der Dipteren, welche in diesem Handbuch (VI D) gesondert behandelt werden. Analoge Bildungen kommen auch im Bereich des Embryosackes bei bestimmten Angiospermen vor, und sowohl bei den Dipteren wie im pflanzlichen Embryosack gibt es noch verschiedene andere Bautypen endopolyploider Ruhekerne.

---

[11] Diploide und durch Restitutionskernbildung polyploide Kerne der Leber unterscheiden sich in der Struktur nicht.

In der vorliegenden Bearbeitung werden in erster Linie die am weitesten verbreiteten Kerntypen charakterisiert, wie sie sich auf Grund des artspezifischen Verhaltens fassen lassen. Des weiteren werden Besonderheiten bestimmter Organismengruppen und der Bau endopolyploider Kerne besprochen, sowie die gewebe-, funktions- und geschlechtsgebundenen Unterschiede behandelt.

V. Bisherige Versuche einer Aufstellung und Gegenüberstellung von Kerntypen

Das Bestreben, die Herkunft bestimmter Ruhekernstrukturen zu verstehen und bestimmte Typen aus der Fülle der Kernstrukturen herauszugreifen, setzte bereits um die Jahrhundertwende ein. Aus dieser Zeit stammt der von Overton (1906) — ausgehend von Untersuchungen Rosenbergs (1904) — geprägte Begriff der Prochromosomen bzw. des Ruhe- und Interphasekerns mit Prochromosomen [12]. Zu einem besseren und allgemeineren Verständnis konnte man jedoch erst kommen, nachdem Heitz (1928 b, 1929) die Unterscheidung von Eu- und Heterochromatin traf und erkannte, daß die Chromozentren des Ruhekerns von ganz bestimmten Chromosomenabschnitten oder in manchen Fällen auch vollständig heterochromatischen Chromosomen herrühren. Außerdem zeigte es sich durch die Untersuchungen von Heitz, Geitler und anderen, daß die vorher für reell gehaltenen n e t z i g e n Strukturen Fixierungsartefakte darstellen und das Chromatin — wenn überhaupt — so in Form von Schollen, Körnchen oder getrennt verlaufenden Fäden im Ruhekern sichtbar bleibt. Unter Berücksichtigung dieser Tatsachen wurden in der Folgezeit die Ruhekerne von Protisten, Moosen, Angiospermen und Metazoen analysiert (Heitz 1931, 1933, Geitler 1929, 1935 a. 1937 a, b, 1938 b, c, Olszewski, Baffoni 1956 a, b, 1959 a, b, Marini u. a. [13]). Dies geschah allerdings häufig mehr nebenbei im Zusammenhang mit anderen Fragestellungen. Unter anderem stellte Heitz (1932) den Typus des Kappenkernes auf. Auch mehrere belgische und französische Autoren befaßten sich eingehend mit den Kernen von Gymnospermen und Angiospermen und brachten Klassifizierungsversuche (z. B. Dangeard 1937. 1945, 1947, Doutreligne 1933. 1939, Eichhorn 1931, 1933, 1957, Grégoire, Guilliermond et al.). Vor allem weil sie auch in neuerer Zeit bei den alten, zum Großteil nicht adäquaten Methoden blieben und sich von den veralteten Vorstellungen und Termini einer retikulären Struktur nicht freimachen konnten, setzten sich ihre Ansichten und ihre Vorschläge zur Klassifizierung der Kernstrukturen nicht durch. Dies gilt auch für den groß angelegten Versuch von Delay (1946/48), die Kerntypen der Phanerogamen zu charakterisieren. Als Haupttypen werden nämlich unterschieden: noyaux euréticulés, réticulés, semiréticulés und aréticulés. Wie schon aus diesen Bezeichnungen und noch

---

[12] Die seinerzeitige Fassung des Begriffes Prochromosomen stimmt allerdings mit der jetzigen nicht völlig überein.

[13] Die fädigen und netzigen Strukturen, die Baffoni und Marini zum Teil beschreiben, stellen offensichtlich Fixierungsartefakte dar.

deutlicher aus der Mehrzahl der Abbildungsbelege hervorgeht, sind der Autorin fast durchwegs schlecht fixierte Kerne vorgelegen [14].

Einen neuen Impuls erhielt die Erforschung der Ruhekernstruktur mit der Entdeckung der Endomitose und mit der Erkenntnis, daß die endomitotische Polyploidie in vielen Tiergruppen und bei Angiospermen sehr weit verbreitet ist (GEITLER 1939 a und zusammenfassend zuletzt 1953). Vielfach läßt sich nämlich aus den Volumenrelationen der Kerne unter Berücksichtigung ihrer Struktur (letzteres ist sehr wichtig) schon auf das Vorkommen und den Grad der Endopolyploidie schließen und außerdem vollzieht sich die Endomitose bei Angiospermen unter einem so wenig auffallenden Formwechsel, daß man ihn nur bei genauer Kenntnis der Ruhestruktur erkennen kann (TSCHERMAK-WOESS und HASITSCHKA 1953, 1954 u. a.). Auch gewebespezifische und von anderen, vorderhand zum Teil unbekannten Umständen abhängige Unterschiede im Bau der endopolyploiden Kerne stellten sich heraus. Im Zusammenhang damit wurden einige Strukturtypen endopolyploider Ruhekerne aufgestellt (HASITSCHKA 1956, SCHLICHTINGER).

Auch das Interesse, das das Geschlechtschromatin im letzten Jahrzehnt in steigendem Maß gewann, trug zu einer eingehenderen Erforschung von Ruhekernstrukturen bei; doch blieb diese im allgemeinen ziemlich streng auf das Geschlechtschromatin ausgerichtet.

Unter Einbeziehung von Untersuchungen an endopolyploiden Kernen brachte BARIGOZZI (1947, 1949) zwei im wesentlichen übereinstimmende Vorschläge zur Gliederung der mannigfaltigen Kernstrukturen hauptsächlich tierischer Kerne. Gegen die Definierung bzw. Bezeichnung einiger seiner Typen lassen sich allerdings Einwände erheben: so ist es z. B. irreführend und entspricht es nicht den Tatsachen, Kerne nach dem Muster von *Spirogyra* mit mehreren heterochromatischen Schollen als a c h r o m a t i s c h zu bezeichnen. Die Auffassung, die Kerne im Integument von *Artemia salina* hätten einen alveolisierten Bau und die Chromosomen würden anastomisieren und ihre Individualität einbüßen (1947), wurde vom Autor (1949) anscheinend bereits fallen gelassen, doch kehren Schilderungen und schematische Bilder von anastomisierenden und in chromatischen Schollen sich vereinigenden Chromatinfäden auch in der neueren Veröffentlichung wieder (so bei Typ 2). Vor allem behandelt BARIGOZZI jedoch systematisch gebundene, gewebespezifische und im Zusammenhang mit der Endopolyploidie auftretende Kernstrukturen in einem, worunter das Verständnis und die Übersichtlichkeit leidet. — Eine kurze, vor allem auf den Ergebnissen von HEITZ fußende Übersicht der Kerntypen bei Pflanzen gibt auch STEBBINS.

Eine umfassende und gleichzeitig eingehende Übersicht, die tierische und pflanzliche Kerne behandelt und die karyologischen Befunde der letzten Jahrzehnte berücksichtigt, existiert jedenfalls nicht. In neueren zusammenfassenden Darstellungen werden zumeist nur Chromonemakerne, Chromo-

---

[14] Es wird allerdings die Frage offen gelassen, ob die Anastomosen zwischen den Chromatinfäden reell oder artifizieller Natur sind.

zentrenkerne und schließlich — abgesehen vom Nukleolus — strukturlose
Kerne unterschieden und andere Erscheinungsformen als Mischtypus aufge-
faßt [15] (Geitler 1955 a, S. 150, Reese, S. 191; — beide nur über pflanzliche
Kerne). Tatsächlich bieten sich einer weitergehenden Gliederung gewisse
Schwierigkeiten. Wie Reese bei Besprechung der Einteilung von Delay mit
Recht betont, bestehen zwischen allen Typen so viele Übergangsformen, daß
eine Zuordnung zu einem bestimmten Typus oft sehr schwierig wird und
sich das subjektive Moment nicht völlig ausschließen läßt. Auch ist die
Kenntnis der Kernstruktur noch sehr lückenhaft und damit die Grundlage
für eine Klassifizierung vielleicht noch nicht ausreichend. Auch über die
Deutung mancher Strukturen (beispielsweise der Ruhekernchromomeren,
siehe S. 19) bzw. der Strukturlosigkeit ist sicher noch nicht das letzte Wort
gesprochen. Andererseits besteht jedoch die Notwendigkeit, einen Überblick
auf breiterer Basis und auf Grund des derzeitigen Wissensstandes zu gewinnen, als Grundlage für die weitere elektronenmikroskopische Erforschung der Kernstruktur, die Klärung der Funktion des Kernes im einzelnen, der Rolle der endomitotischen Polyploidisierung und vieler anderer
Probleme.

VI. Die verbreitetsten Kerntypen auf artspezifischer Grundlage

Bei der folgenden Gegenüberstellung und Übersicht wird von der morphologischen Beschaffenheit und Verteilung des Chromatins ausgegangen.
Wie aus den Ausführungen im vorhergehenden Abschnitt schon hervorgeht,
kann auf die wenigen eingehenderen Versuche, eine Gliederung der mannigfaltigen Kernstrukturen durchzuführen, nur in geringem Maße zurück-
gegriffen werden. In dem Bestreben, an bereits geläufige Vorstellungen und
Bezeichnungen anzuknüpfen, werden die wichtigsten Kerntypen als Chromo-
meren-, Chromozentren-, Chromonema- und Chromosomenkerne sowie
strukturlose Kerne herausgegriffen. Zum Teil wird innerhalb dieser größeren Kategorien noch zwischen kleineren unterschieden, zum Teil umfassen
sie nur einen einzigen Kerntyp. Daß dabei Grenzen gezogen werden, wo in
Wirklichkeit Übergänge bestehen, läßt sich nicht vermeiden.

Der Begriff Chromonemakern wird im folgenden in einem
engeren Sinn als bisher verwendet, nämlich auf solche Kerne beschränkt,

---

[15] Chromonemakerne im Sinn dieser Terminologie sind durch eine gleichmäßige feine euchromatische Struktur gekennzeichnet, die von gewundenen Chromonemen herrührt, deren Querschnitte das Vorhandensein von Körnchen vortäu-
schen sollen (in der vorliegenden Bearbeitung wird dagegen die Auffassung vertreten, daß die meisten in diese Kategorie gerechneten Kerne eine echte körnige
Struktur haben: sie werden als Chromomerenkerne den Chromonemakernen in
einem viel engeren Sinn gegenübergestellt). In Chromozentrenkernen bleiben nur die heterochromatischen Chromosomenteile in Form von Brocken, Stäben
oder unregelmäßig geformten Gebilden sichtbar, während in den leer erscheinen-
den Kernen die Chromosomen so weitgehend entspiralisiert sind und das färbbare
Material wahrscheinlich so verdünnt ist, daß es nicht mehr sichtbar wird.

in denen das Chromatin in seiner Hauptmasse in Form relativ deutlich sichtbarer, dünner, meist in unregelmäßigen Windungen verlaufender F ä d e n vorliegt; über die Funktionseinheiten und weitere Untereinheiten des Chromosoms sowie einen vielleicht gegebenen Matrix-Formwechsel soll dagegen mit dem Ausdruck Chromonema nichts ausgesagt werden [16]. Kerne, wie die von *Allium* und *Tradescantia*, die man früher als typische Vertreter der Chromonemakerne auffaßte, werden dagegen den C h r o m o m e r e n - k e r n e n zugerechnet (vgl. auch die Fußnote auf S. 18). Durch diese Bezeichnung soll nämlich hervorgehoben werden, daß für die betreffenden Kerne im Leben und bei guter Fixierung eine granuläre Struktur kennzeichnend ist, wenn ihrem Aufbau auch fädige Elemente — die weitgehend entspiralisierten Chromosomen — zugrunde liegen müssen und an manchen Stellen auch eine Anordnung der Chromomeren in Reihen zu erkennen ist. Die hier gebrachte Auffassung wird allerdings nicht allgemein geteilt; insbesondere in bezug auf die dicht gebauten Kerne nach dem Muster von *Allium* und *Tradescantia* herrschen andere Ansichten. So meinen KUWADA und NAKAMURA, daß die knotigen Konfigurationen im Ruhekern von *Tradescantia* Spiralumgänge darstellen, und auch HEITZ (1957) hält sie im allgemeinen für optische Querschnitte durch die im Zuge der Telophase aufgelockerten Spiralen; GEITLER (1955 a) betrachtet die „scheinbaren" Körnchen als optische Querschnitte der Chromonemen, läßt es aber offen, wie weit ein zusätzlicher Chromomerenbau sichtbar werden kann. Klare Anzeichen für das Vorhandensein eines solchen finden sich jedenfalls in etwas lockerer gebauten Chromomerenkernen und zwischen diesen und den dicht gebauten gibt es alle Übergänge, so daß es naheliegt, keine prinzipiellen Unterschiede anzunehmen. Auch nimmt in manchen hoch endopolyploiden Kernen und im Verlauf der Kerndegeneration das Chromatin neben Chromomerenbau deutlich fädigen Bau an, wobei die spiraligen oder gestreckten Fäden oft nicht dicker sind als dem Durchmesser der Chromomeren entspricht. Auf Grund dieser Erfahrungen müßte man nach Ansicht der Verfasserin auch in den fraglichen Kernen mit dichter Struktur öfter, als es tatsächlich der Fall ist, zumindest kurze Fadenabschnitte verfolgen können, wenn Fäden von e i n h e i t l i c h e m D u r c h m e s s e r vorliegen; dieser kann also nicht einheitlich sein und die dickeren Regionen treten als Chromomeren hervor. Da es sich um Strukturen von Dimensionen handelt, die an der Grenze des Auflösungsvermögens des Lichtmikroskopes stehen, läßt sich eine endgültige Entscheidung vorderhand jedoch nicht treffen und sind klare elektronenmikroskopische Befunde abzuwarten. Trotzdem empfiehlt es sich wohl, die

---

[16] In seiner bisherigen Fassung ist der Begriff Chromonema nämlich z. T. mit Vorstellungen und Spekulationen belastet, die nicht mehr haltbar sind. Zu den von BAUER (1955, S. 345) bereits angeführten Argumenten ließe sich noch das folgende hinzufügen; als Chromonema bezeichnete man unter anderem auch das vermeintlich vollständig gestreckte — und wie man annahm — von seiner feulgenpositiven Hülle befreite Chromosom, wie es in der frühen meiotischen Prophase vorliegt; höchstwahrscheinlich sind aber die Chromosomen der meiotischen Prophase n i c h t vollständig gestreckt und auch das feulgenpositive Material macht n i c h t den früher angenommenen Formwechsel durch (vgl. auch S. 6).

echt oder auch nur scheinbau granuläre Struktur der deutlich fädigen gegenüberzustellen; denn in der älteren und neueren karyologischen Literatur
wurden auf Grund von Fixierungsartefakten oft falsche Beschreibungen
von fädig und netzig strukturierten Kernen gegeben.

Der Typus des Chromosomenkerns reiht sich an den des
Chromonemakerns an, indem die Chromosomen noch weniger oder anders
entspiralisiert sind als im Chromonemakern; sie bleiben als getrennte Körper von meist mittel- bis spätprophasischer oder sogar metaphasischer Ausbildung erhalten. Der Begriff Chromosomenkern ist übrigens nicht neu: er
wurde von Skoczylas (unter Berufung auf Geitler 1934 b, der ihn aber nicht
gebraucht) in einer etwas engeren Fassung zur Charakterisierung der auffallenden Kernstrukturen bestimmter Dinoflagellaten und von Barigozzi
(1947) — zwar nicht unter dieser Bezeichnung, aber dem Sinn nach — für
seinen Typ 5 verwendet.

Bei den Chromozentrenkernen handelt es sich nach der üblichen
und auch hier übernommenen Auffassung um Ruhekerne, in denen gewöhnlich nur die heterochromatischen Chromosomenabschnitte hervortreten,
während sich die euchromatischen der Beobachtung entziehen.

Wenn zunächst die Kernstrukturen behandelt werden sollen, wie sie
gebunden an systematische Einheiten auftreten, so bedeutet dies folgendes.
Trotz aller funktionsbedingten, gewebespezifischen, altersabhängigen und
von verschiedenen anderen Umständen beeinflußten Abwandlungen der
Kernstruktur läßt sich bei den meisten Arten ein bestimmter, bei weitem
vorherrschender und für sie spezifischer Grundtypus relativ leicht erkennen.
Dieser ist der folgenden Übersicht zugrunde gelegt.

A. Ruhekerne mit lichtmikroskopisch sichtbaren Chromatinstrukturen

Die weitaus überwiegende Zahl der Kerne führenden Organismen besitzt
Ruhekerne, die Chromatinstrukturen von ganz bestimmter Beschaffenheit
zeigen.

1. Chromomerenkerne

Bei dieser Kategorie handelt es sich um Kerne, in denen die euchromatischen Chromosomenabschnitte sichtbar bleiben in Form von kleinen feulgenpositiven Körnchen, den Ruhekernchromomeren: diese haben Dimensionen
in der Größenordnung von 0.3 μ Durchmesser und gewöhnlich kugelige,
manchmal auch unregelmäßige Formen. So gut wie sicher stehen sie so wie
die Leptotän- und Pachytänchromomeren durch anukleale Fibrillen in Verbindung, doch sind diese in den Ruhekernen gewöhnlich unsichtbar [17a]. Ihr
Vorhandensein kommt nur darin gelegentlich zum Ausdruck, daß die
Chromomeren in Reihen angeordnet sind; insbesondere an Chromomeren,
die sich in dem häufig schmalen Raum zwischen Nukleolus und Kern-

---

[17a] Der Ausdruck „anukleal" bedeutet: im Lichtmikroskop nach Feulgenfärbung
ungefärbt erscheinend. Darüber, ob eine Farbreaktion erfolgt ist oder nicht, kann
man insbesondere bei Strukturen wie den Fibrillen, deren Dimensionen an der Auf-
lösungsgrenze des Lichtmikroskopes liegen, nichts aussagen. Bei entsprechender
Verdünnung der gefärbten Partikeln ist nämlich auch eine positive Reaktion lichtmikroskopisch nicht mehr nachweisbar.

membran befinden, läßt sich dies beobachten. Nur selten schließen die Chromomeren in kurzen Abschnitten etwas enger zu ungleich dicken Fäden zusammen, die gleichfalls Chromomerenbau zeigen. Bei gleicher Polyploidiestufe der Kerne dürfte die Größe und Zahl der Chromomeren innerhalb gewisser oberer und unterer Grenzen konstant sein und ein Artcharakteristikum darstellen, wenn auch gewisse gewebespezifische und von Umweltsfaktoren abhängige Unterschiede bestehen, welche im einzelnen erst zu überprüfen sind.

Zu der euchromatischen Struktur tritt bei verschiedenen Arten in verschiedenem Maß Heterochromatin von kompakt-scholliger oder lockerkörniger Beschaffenheit oder auch beiderlei Heterochromatin. Je nach der relativen Menge der Kerngrundsubstanz und der Verteilung der Chromomeren kann man zwischen zwei Kategorien von Chromomerenkernen unterscheiden, nämlich den relativ dichten, mit praktisch gleichmäßiger Verteilung des Chromatins und den lockeren mit ungleichmäßiger Verteilung.

a) Chromomerenkerne mit relativ dichter und praktisch gleichmäßiger Struktur

In vielen Verwandtschaftskreisen, so bei Protisten, zahlreichen höheren Pflanzen, bei Dipteren, Lurchen und Säugern, enthalten die Ruhekerne eine nahezu gleichmäßige, dichte euchromatische Grundstruktur von Chromomerenbau (vgl. die Abbildungen 2 bis 9). Ob dieser Kerntyp in rein euchromatischer Ausbildung auftritt und ob es überhaupt rein euchromatische Kerne gibt, ist nicht geklärt. Gemäß den Vorstellungen von CASPERSSON soll das Heterochromatin im Zellhaushalt eine besondere Funktion ausüben, nämlich auf dem Wege über den Nukleolus den RNS-Stoffwechsel und die Eiweißsynthese in der Zelle regeln; danach müßte man annehmen, daß alle Zellen zumindest geringe Mengen von Heterochromatin enthalten[17b]. Extrem kleine heterochromatische Schollen lassen sich allerdings nicht immer mit Sicherheit von euchromatischen Strukturelementen unterscheiden; auch nähern sich in gewissen Grenzfällen Heterochromatin und Euchromatin in ihrer Erscheinungsform so an, daß es schwierig wird, eine bestimmte Zuordnung durchzuführen (siehe auch S. 7 f.; über chromomerische Chromozentren vgl. HEITZ 1932, S. 622 bezüglich *Vicia musquinez* und S. 629). Immerhin sprechen die morphologischen Daten zugunsten der Auffassung, daß Heterochromatin allgemein vorkommt (vgl. unten).

Dichte Chromomerenkerne in nahezu rein euchromatischer Ausbildung, die also nur verschwindende Mengen von Heterochromatin enthalten, sind von einigen Protisten, Bryophyten, Pteridophyten und Angiospermen bekannt (Beispiele in Abb. 2 und 3). Da bei vielen Organismen bisher zwar die chromosomalen Verhältnisse untersucht worden sind, den Ruhekernen jedoch nur geringe Beachtung geschenkt wurde, kann man annehmen, daß auch in anderen Verwandtschaftskreisen und bei einer größe-

---

[17b] Ob und wie sich die bahnbrechenden Vorstellungen von CASPERSSON (1941) in den derzeitigen Stand des Wissens und der Hypothesen über die Festlegung der genetischen Information in den DNS-Makromolekülen der Chromosomen und die Mittler-Rolle der „messenger"-RNS einbauen lassen, ist noch offen.

ren Anzahl von Arten dieser Kerntyp vertreten sein wird. Als Beispiele seien die Liliacee *Uvularia grandiflora*, der Farn *Cyrtomium falcatum* und die Chlorophycee *Coleochaete soluta* angeführt. Bei *Uvularia* ist der Kern-

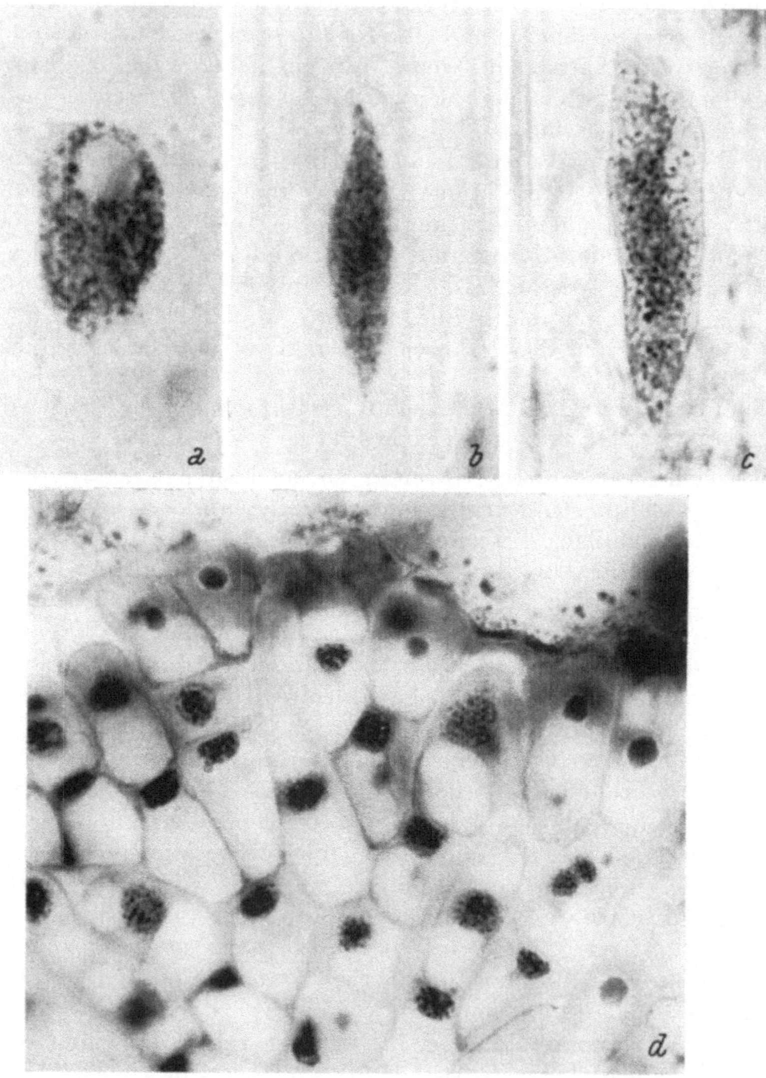

Abb. 2 *a—d*. Relativ dicht und gleichmäßig von Chromomeren erfüllte Kerne in nahezu rein euchromatischer Ausbildung. *a Uvularia grandiflora*, Ruhekern aus der Epidermis des Blattes. am Nukleolus drei von den insgesamt vier kleinen Chromozentren zu sehen; *b, c Cyrtomium* (= *Polystachium*) *falcatum. b* kleinerer. dicht gebauter Ruhekern aus dem Zentralzylinder. *c* größerer. lockerer gebauter aus dem Rindenparenchym der Wurzel (im unteren Viertel des letzteren ein kleines Chromozentrum an einem — nicht scharf eingestellten — Nukleolus, außerdem ist das Absinken der Chromomerengröße gegen die Kernperipherie zu erkennen); *d Coleochaete soluta*, Chromomerenkerne im Rand eines Thallus. rechts oberhalb der Mitte etwas lockerer gebauter Kern eines Sporangiums (die übrigen dichter gebauten Kerne befinden sich nur zum Teil in der Einstellungsebene).
a—c AE, KE. Phot., Vergr. 1600fach. Orig., *d* AE, KE etwa 1100fach, nach Geitler (1960).

raum dicht und praktisch gleichmäßig von einer feinkörnigen euchromatischen Struktur erfüllt, nur den Nukleolen (1—4 kommen in somatischen Kernen vor) liegen zwei kleine und zwei noch kleinere schollige Chromozentren an[18]; die letzteren entziehen sich ihrer geringen Größe wegen mitunter der Beobachtung (Abb. 2 a). Beiderlei Chromozentren stammen wahrscheinlich von den Trabanten der SAT-Chromosomen; *Uvularia* besitzt nämlich im haploiden Satz zwei voneinander etwas verschiedene SAT-Chromosomen (GEITLER 1934 b, Abb. 105). Die Trabanten sind bei vielen Organismen, höchstwahrscheinlich sogar ganz allgemein heterochromatisch. Ähnlich wie *Uvularia* verhält sich *Cyrtomium*; bei diesem finden sich mit einer gewissen Regelmäßigkeit zwei kleine Chromozentren, und zwar liegen sie gewöhnlich am gleichen Nukleolus, und zu diesen kommen wahrscheinlich noch weitere winzige, die sich nicht sicher von Euchromomeren unterscheiden lassen (Abb. 2 b, c). Wieviele SAT-Chromosomen diese Art besitzt, ist nicht bekannt (2 n = 123, apomiktische Fortpflanzung). Bei *Choleocheate* gibt es dagegen keine klar abgegrenzten Chromozentren. Immerhin ist die Chromomerenstruktur (stellenweise läßt sich auch ein fädiger Bau ahnen) an der Kernperipherie etwas feiner als im Zentrum (Abb. 2 d); offenbar liegt mäßige proximale Heterochromasie vor nach dem Muster von *Agapanthus* und anderen Blütenpflanzen, bei denen sie jedoch viel stärker ausgeprägt ist (GEITLER 1960, über *Agapanthus* vgl. auch S. 27). Sehr wenig, aber klar erkennbares Heterochromatin in Form mehrerer kleiner Chromozentren enthalten auch die Kerne von *Tradescantia virginiana* und *Bellevalia romana*; bei *Bellevalia* kommen dazu

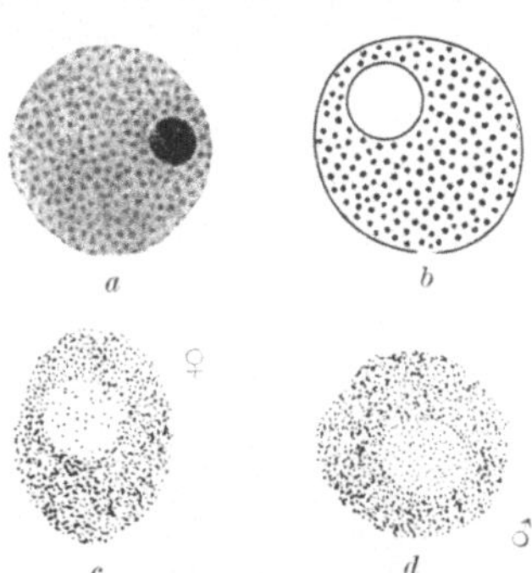

Abb. 3 a—d. Rein euchromatische oder nahezu rein euchromatische Chromomerenkerne. *a* aus einem Perigonblatt von *Paris quadrifolia*. *b* von *Pinnularia nobilis* *c. d* Interphasekerne von weiblichen bzw. männlichen Gametophyten von *Haplomitrium hookeri*. — *a* Flemming-Benda, 1600fach, nach GEITLER (1955 a); *b* nach dem Leben, ca. 900fach nach GEITLER (1937 b); *c, d* KF, 3000fach nach HEITZ (1928 b).

noch geringe Unterschiede in der Größe der Chromomeren ähnlich wie bei *Coleochaete*. Sie zeigen sich übrigens auch bei *Cyrtomium* (Abb. 2 c) und treten bei den erwähnten Kormophyten in den Ruhekernen von Dauergeweben deutlicher hervor als in den etwas weniger aufgelockerten interphasischen Kernen von Meristemen.

GEITLER (1955 a) führt weiter als Beispiel für Kerne ohne jedes Heterochromatin *Paris quadrifolia* an (Abb. 3 a): doch wäre dieser Fall einer eingehenderen Untersuchung wert, da an den mitotischen und meiotischen Chromosomen nach Behandlung mit NH_3-Alkohol, HNO_3-Dämpfen oder destilliertem Wasser winzige, proximale heterochromatische Abschnitte zum Vorschein kommen (GEITLER 1944 a, S. 336). Auch die Lebermoose *Haplomitrium hookeri, Aneura pinguis* f. *typica* und einige andere, sowie die Diatomeen *Pinnularia nobilis, Eunotia maior* und eine weitere *Eunotia*-Art besitzen offenbar nahezu rein euchromatische Kerne (Abb. 3 b—d: HEITZ 1928 b, für die Gametophyten der Moose: GEITLER 1929. 1937 a): die Autoren spre-

---

[18] Dies gilt wie alle folgenden Angaben über Kormophyten und Metazoen für diploide Kerne; sofern in diesen Verwandtschaftskreisen haploide oder polyploide Kerne behandelt werden, wird dies besonders vermerkt.

chen von euchromatischen Kernen, doch dürften sie auf das Vorkommen winziger Chromozentren damals noch nicht geachtet haben; bei *Aneura* stellte Jachimsky später ein kleines Chromozentrum fest [19].

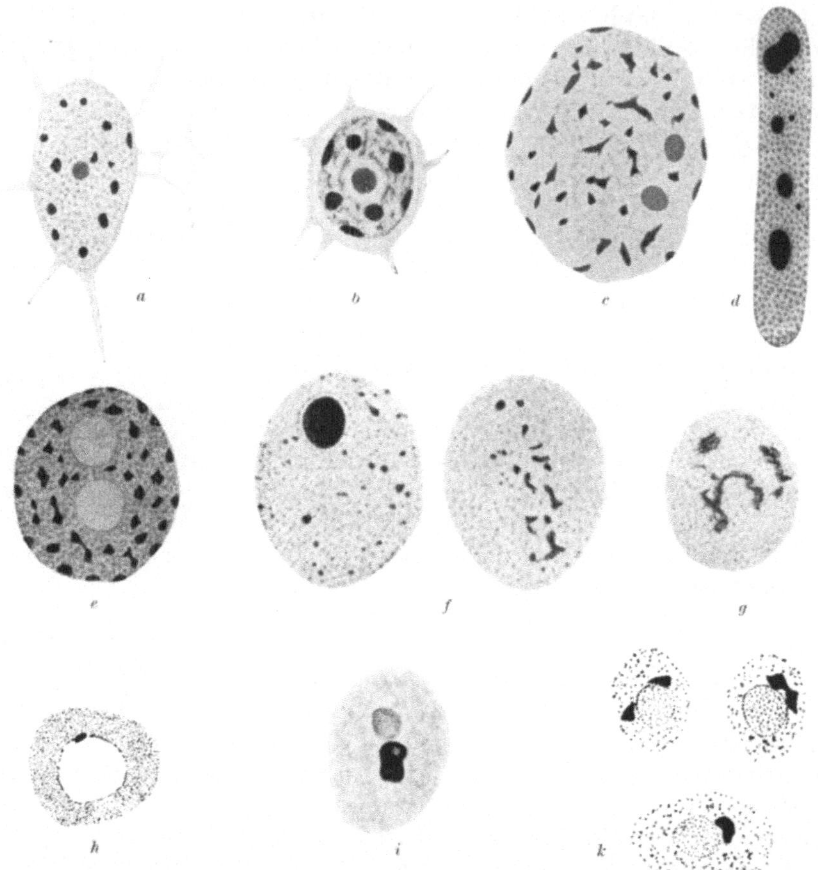

Abb. 4*a—k*. Chromomerenkerne mit kompakten Chromozentren. *a. b* von der Diatomée *Eunotia formica* (bei *b* ist die periphere Lage der Chromozentren zu erkennen, die fädige Beschaffenheit der euchromatischen Grundstruktur und der Schrumpfungshof rund um den zentralen Nukleolus geht auf artifizielle Veränderungen zurück): *c* flacher Kern aus dem Epithel der Schwanzflosse von *Amblyostoma tigrinum* (Axolotl); *d* Kern aus einer langgestreckten Zelle des Nuzellus von *Ornithogulum boucheanum* (Liliacee) mit 4 Nukleolen und kleinen Chromozentren; *e* aus der Antherenwand von *Lilium regale*; *f* aus der Verlängerungszone der Wurzel von *Allium cepa* in zwei Einstellungsebenen, links die distalen, rechts die proximalen Chromozentren bzw. Sammelchromozentren zeigend; *g* aus älteren Teilen der Wurzel von *Allium cepa* mit proximalen Sammelchromozentren; *h* *Nitella* sp. Ruhekern mit einem einzigen Chromozentrum; *i* Ruhekern von *Drosophila virilis* mit einem großen Sammelchromozentrum; *k* *Calliergon richardsonii*, oben Interphasekerne, unten Ruhekern zu Beginn des Streckungswachstums der Zelle mit 2 Chromozentren bzw. einem Sammelchromozentrum. — *a* Osmiumtetroxyd, Flemming-Benda, Safranin-Lichtgrün, *b* Subl.-Alk. Hämatoxylin, nach Geitler (1929); *c* Helly, *d* Flemming-Benda. *e* AE, KE, 1600fach, nach Geitler (1934b): *f—h* KE. *f. g* 1370fach. *h* 1300fach. nach Heitz (1932); *i* KE. ca. 1700fach, nach Heitz (1934b): *k* KE, 3000fach, nach Heitz (1928b).

---

[19] Darlington (1947) erkennt anscheinend überhaupt nur relativ große Chromozentren als Heterochromatin an, wie man aus der Gegenüberstellung von *Fritillaria lanceolata* und *Fr. sieheana* (seine Tafel 2) ersieht; die von ihm unter den Heterochromatin-losen angeführten Arten besitzen jedenfalls, soweit sie überprüft wurden, ganz kleine (*Hyacinthus orientalis. Tulipa silvestris*) und zum Teil auch etwas größere Chromozentren (*Tradescantia virginiana*).

Dichte Chromomerenkerne mit kompakten Chromozentren, welche sich infolge ihrer größeren Ausmaße deutlicher von den euchromatischen Strukturelementen unterscheiden und die daher regelmäßig und klar erkennbar sind, treten bei zahlreichen Protisten, Metazoen und Kormophyten auf (Abb. 4 und 5a, b). Unter den Chromomerenkernen ist dieser wohl der am weitesten verbreitete Kerntyp. Bei vielen Arten liegen die Chromozentren peripher und nur die von den SAT-Chromosomen stammenden befinden sich tiefer im Inneren des Kernes an den Nukleolen. Worauf diese periphere Anordnung zurückzuführen ist, weiß man nicht. Einerseits könnte sie durch unmittelbar auf die Chromozentren einwirkende Faktoren bedingt sein, wie etwa Kräfte der Oberflächenspannung; andererseits mag sie zumindest in manchen Fällen dadurch gegeben sein, daß die betreffenden Chromozentren

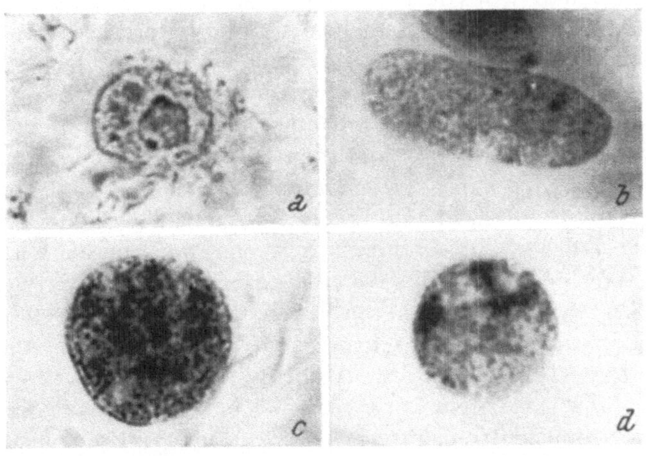

Abb. 5a—d. Dicht strukturierte Chromomerenkerne mit kompakten (a, b) bzw. lockeren (c, d) Chromozentren. a von der Chlorophycee *Cladophora glomerata*. b aus menschlichen Eihäuten, c aus dem Blattmesophyll von *Clivia miniata* (Polfeld in der Aufsicht). d aus der Epidermis des Blattes von *Agapanthus africanus* (Polfeld in Seitenansicht). — a—d AE, KE. Phot., Vergr. 1600fach. a, b, d Orig., c nach TSCHERMAK-WOESS (1957b).

von proximalem Heterochromatin herrühren und mit den Spindelansatzstellen, denen vielleicht eine besondere Affinität zur Kernmembran eigen ist, an der Peripherie verbleiben (vgl. auch VANDERLYN, S. 272). Ein eingehender Vergleich von Arten mit ausschließlich proximalem Heterochromatin mit solchen, die auch distales und interkalar in den Chromosomenschenkeln befindliches besitzen, könnte möglicherweise zu einer Klärung führen. Auch die Chromosomengröße bezogen auf die Kerngröße wäre dabei zu berücksichtigen. Denn bei Vorhandensein relativ kleiner Chromosomen wäre im Anschluß an die Telophase eine allmähliche Umlagerung, die die Chromozentren an die Kernperipherie bringt, wohl leichter möglich, als wenn der Kernraum von langen Chromosomen dicht erfüllt ist. (Befunde an den relativ locker gebauten, diploiden und endopolyploiden Kernen von *Sauromatum guttatum* sprechen dafür, daß nur die proximale Lage bestimmter Chromozentren für ihre Anordnung an der Kernperipherie maßgebend ist; vgl. auch S. 32 f. und S. 108 f.).

Jedenfalls gibt es auch Arten mit Chromomerenkernen, in welchen die kompakten Chromozentren peripher, am Nukleolus und an anderen Stellen im Inneren des Kernes liegen. Zu ihnen gehören *Allium cepa* und *Vicia faba*. Die Kerne von *Allium cepa* enthalten eine körnige euchromatische Grundstruktur (obwohl bereits gute Abbildungen vorlagen, wurde sie 1948 von Vanderlyn neuerlich a l v e o l i s i e r t dargestellt) und, wie Heitz (1932) konstatierte, zweierlei Chromozentren; nämlich in einem Polfeld liegend größere, etwas schwächer färbbare, unregelmäßig umrandete und kleinere, stärker färbbare, kugelförmige, die sich distal befinden; dazu kommen noch zwei kugelige am Nukleolus (Abb. 4 *f, g*). Die Chromozentren des Polfeldes gehen aus proximalen Chromosomenabschnitten hervor und verschmelzen gelegentlich zu einem Sammelchromozentrum; sie liegen stets peripher. Die distalen stammen von den Chromosomenenden, sie bleiben getrennt und verteilen sich zwar meist gleichfalls über die Peripherie, doch bleiben einzelne auch im Inneren des Kernes (eigene Beobachtungen). In den Kernen von *Vicia faba* fallen besonders mehrere große heterochromatische Schollen auf, die aus annähernd mittleren Regionen einiger langer Chromosomenschenkel hervorgehen; daneben gibt es noch kleinere, überwiegend wohl mehr proximal gelegene Chromozentren. (Nach den grundlegenden Untersuchungen von Heitz 1932, beschäftigten sich mit den Chromozentren von *Vicia faba*: La Cour, McLeish sowie Tschermak-Woess undDoležal 1956: eine genaue Erfassung ihrer Zahl und Verteilung ist bisher jedoch nicht gelungen.) Auch bei dieser Art finden sich neben peripheren Chromozentren häufig einzelne vom Nukleolus unabhängige, die allseitig von Chromomeren umgeben sind, also im Inneren liegen. Wie erwähnt, bestehen zwischen den proximalen und distalen Chromozentren bei *Allium cepa* deutliche Unterschiede in der Beschaffenheit: Ähnliches zeigt sich etwas weniger deutlich bei *Vicia faba*. Trotzdem kann man bei beiderlei Sorten wohl noch von kompakten Chromozentren sprechen. Die hier sich eben anbahnenden Unterschiede werden bei anderen Arten sehr ausgeprägt (vgl. S. 27 ff.).

Die Z a h l der Chromozentren entspricht in Chromomerenkernen gewöhnlich nicht der Chromosomenzahl. Denn die Chromozentren gehen zwar aus ganz bestimmten Chromosomenabschnitten oder auch vollständig heterochromatischen Chromosomen hervor, aber nicht alle Chromosomen besitzen solche Abschnitte bzw. manche enthalten mehrere (anders verhält es sich bei den Prochromosomenkernen). Es gibt aber auch vereinzelt Arten mit Chromomerenkernen, die Chromozentren in einer Anzahl enthalten, die praktisch der Chromosomenzahl gleichkommt: die Chromozentren stammen bei diesen offensichtlich so wie bei den typischen Prochromosomenkernen von den heterochromatischen Mittelstücken, welche in allen Chromosomen vorhanden sind (vgl. S. 36 f.). So verhält sich beispielsweise *Tetragonia expansa* (Tschermak-Woess und Hasitschka 1954) und *Dianella coerulea* (Heitz 1932). Die Chromozentrenzahl beträgt daher je nach der Spezies eins bis zahlreiche. Ein einziges enthalten z. B. die Kerne von *Nitella mucronata* (Abb. 4 *h*; Heitz 1932 bzw. Geitler 1935 b, Fußnote S. 34). Auch bei mehreren *Drosophila*-Arten — deren diploide Kerne man dem Typus der Chromomerenkerne zurechnen kann (die Chromomerenstruktur ist allerdings sehr fein) — findet man häufig nur ein Chromozentrum (Abb. 4 *i*): dieses stellt ein Sammelchromozentrum dar, das sich bei *D.*

melanogaster und *virilis* aus den proximalen heterochromatischen Teilen der Autosomen und dem Heterochromatin der Geschlechtschromosomen zusammensetzt, während bei *D. funebris* und *hydei* praktisch nur die Geschlechtschromosomen Heterochromatin führen und somit am Aufbau des Sammelchromozentrums beteiligt sind (HEITZ 1933, 1934 b)[20]. Bei Vorhandensein mehrerer Chromozentren ist die Chromozentrenzahl bei vielen Arten infolge Bildung von Sammelchromozentren in verschiedenen Kernen verschieden und auch mehr oder minder regelmäßigen gewebespezifischen Abwandlungen unterworfen.

Dichte Chromomerenkerne mit lockeren, körnigen Chromozentren, die also außer einer gleichmäßigen euchromatischen Grundstruktur das Heterochromatin in Form von Arealen aus größeren, intensiver färbbaren und mitunter etwas zur Verklebung neigenden Chromomeren enthalten, treten in reiner Ausbildung anscheinend nur verhältnismäßig selten auf, so z. B. bei der Iridacee *Clivia miniata* und der Liliacee *Agapanthus africanus* (Abb. 5 c, d). Die Chromozentren stammen bei diesen Arten von proximalen Chromosomenteilen; sie

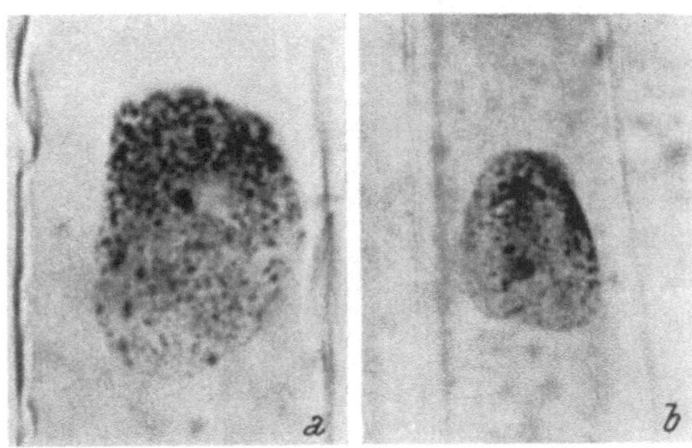

Abb. 6 a. b. Kappenkerne mit lockerem und kompaktem Heterochromatin. a aus der Wurzelrinde von *Hordeum vulgare*, b aus dem Hypokotyl von *Polemonium coeruleum*. — a, b AE, KE, Phot. Vergr. a 1600fach. b 1000fach (Orig.).

liegen daher im Ruhekern gewöhnlich nahe beisammen in einem Polfeld und vereinigen sich zum Teil auch zu Sammelbildungen (GEITLER 1933, TSCHERMAK-WOESS 1957 b). Mit HEITZ (1932) kann man von einer Kernkappe bzw. Kappenkernen sprechen.

Dichte Chromomerenkerne mit lockeren und kompakten Chromozentren. Bei diesem Kerntyp bestehen Übergänge einerseits in bezug auf das Mengenverhältnis der beiden Sorten von Heterochromatin und andererseits in bezug auf ihre Beschaffenheit. Wie auf S. 7 bereits erwähnt, kann sich nämlich das lockere Heterochromatin im Ruhekern aus isolierten Chromomeren zusammensetzen; weiters können diese schwach und schließlich auch

---

[20] Zu überprüfen wäre es, ob sich in den diploiden Kernen von *D. melanogaster* und *virilis* außer dem kompakten nicht auch lockeres Heterochromatin findet; für die Speicheldrüsenkerne beschreibt HEITZ (1934 a) nämlich beiderlei Heterochromatin (von ihm als *α*- und *β*-Heterochromatin bezeichnet). In den diploiden kann sich das lockere allerdings der Beobachtung entziehen, wenn es nur wenige Chromomeren umfaßt. Letzteres trifft aber nach den Verhältnissen in den Riesenchromosomen für die genannten Arten nicht zu. Vielleicht wird es auch bei benachbarter Lage in den diploiden Kernen mit in die kompakten Chromozentren einbezogen und tritt erst mit der Polyploidisierung hervor; für letzteres sprechen Befunde an *Rhinanthus* (TSCHERMAK-WOESS 1957 a).

stärker verkleben, so daß ihr Vorhandensein sich nur mehr an den mehr oder minder regelmäßig vorspringenden Konturen und eventuell auch an dem Vorhandensein von Vakuolen erkennen läßt. Letztere stellen in manchen Fällen nämlich nicht etwa Fixierungsartefakte dar, sondern lassen sich nach Anwendung verschiedener Fixierungsmittel und auch im Leben beobachten (Heitz 1928b, 1932 für die allerdings anderen Kerntypen angehörenden Arten *Pellia neesiana*, *P. epiphylla* und *Victoria regia*). Auch die kompakten

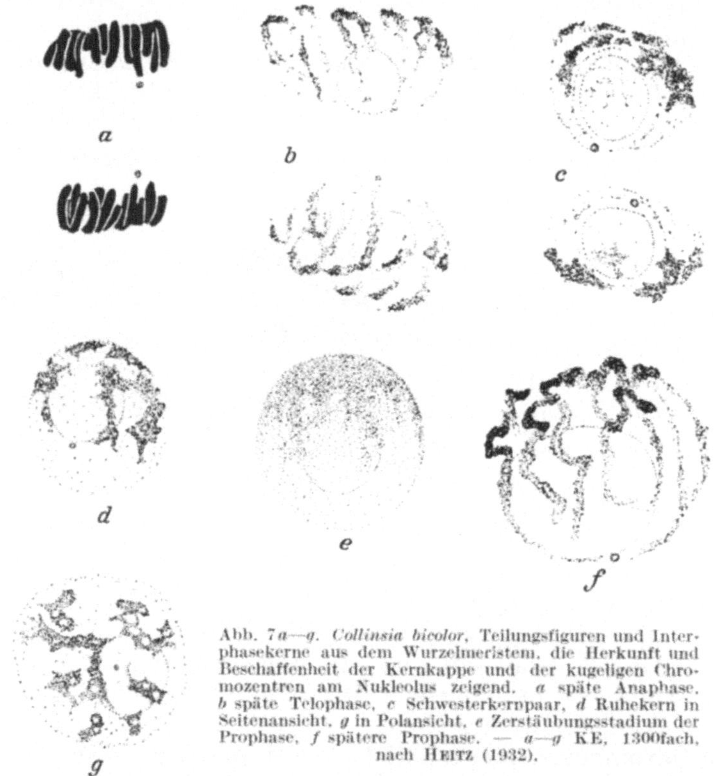

Abb. 7a—g. *Collinsia bicolor*, Teilungsfiguren und Interphasekerne aus dem Wurzelmeristem, die Herkunft und Beschaffenheit der Kernkappe und der kugeligen Chromozentren am Nukleolus zeigend. *a* späte Anaphase, *b* späte Telophase, *c* Schwesterkernpaar, *d* Ruhekern in Seitenansicht, *g* in Polansicht, *e* Zerstäubungsstadium der Prophase, *f* spätere Prophase. — *a—g* K.E, 1300fach, nach Heitz (1932).

Chromozentren setzen sich aus Chromomeren zusammen, wie man bei der prophasischen und endomitotischen Zerstäubung sieht und es sich gelegentlich auch im Zuge der gewebespezifischen Auflockerung zeigt. In manchen mäßig kompakten Chromozentren schließen die Chromomeren anscheinend weniger dicht zusammen und ist die Abrundungstendenz des ganzen Gebildes geringer als in den extrem kompakten, so daß unregelmäßig geformte, oft in mehrere Äste und Fäden auslaufende Körper zustandekommen, während extrem kompakte Chromozentren runde Umrisse und stärkere Lichtbrechungsunterschiede gegenüber der Kerngrundsubstanz haben [21].

[21] Gelegentlich enthalten kugelförmige Chromozentren, die also eine beträchtliche Abrundungstendenz besitzen müssen, auch kräftige Lichtbrechungsunterschiede zeigen und somit als kompakt angesprochen werden müssen, eine zentrale Vakuole. Das Auftreten von Vakuolen kann also für sich allein nicht als Maßstab für die Beschaffenheit des Heterochromatins bewertet werden (vgl. Geitler 1938c, bzw. Tschermak-Woess 1954, über die nuklealen Körper von *Sauromatum guttatum*).

Ein Mengenverhältnis, bei dem das lockere Heterochromatin bei weitem überwiegt, zeigt sich in den Kernen von *Hordeum vulgare*. In diesen bilden die proximalen heterochromatischen Chromosomenteile eine einheitliche Kernkappe; sie setzt sich aus großen, ziemlich dicht liegenden, bei guter Fixierung aber nicht verklebten Chromomeren zusammen und hebt sich sehr deutlich ab von der euchromatischen Kernhälfte mit ihren wesentlich kleineren, lockerer verteilten Chromomeren (Abb. 6a, HEITZ 1932). Außer dem chromomerisch gegliederten gibt es bei *Hordeum* aber auch noch kompaktes Heterochromatin, das z. T. von den Satelliten und wahrscheinlich auch von den proximal an die SAT-Zone anschließenden Teilen der SAT-Chromosomen herrührt und in Form von unregelmäßig gestalteten Schollen den Nukleolen anliegt und außerdem in Form von Körnchen in der euchromatischen Kernhälfte verstreut ist. (*Hordeum vulgare* hat nach MECHELKE im

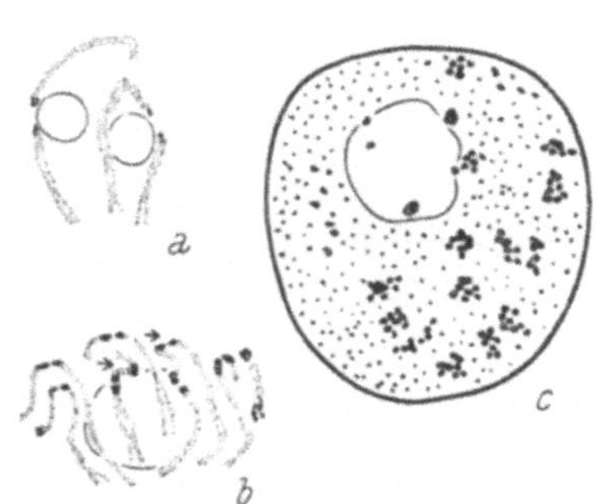

Abb. 8 *a*—*c*. Prophasechromosomen und Ruhekern aus der Wurzelspitze von *Papaver rhoeas* (bei *a* nur die beiden SAT-Chromosomen dargestellt, bei *b* diese durch Pfeile bezeichnet: vgl. im einzelnen den Text). — *a*—*c* AE. KE. Vergr. 1550fach, nach HASITSCH (1956).

diploiden Satz vier SAT-Chromosomen. und zwar zwei mit etwas größeren und zwei mit kleineren Trabanten.) Ähnlich wie *Hordeum* verhalten sich *Collinsia bicolor, Polemonium coeruleum* und andere Pflanzen (Abb. 6*b*, 7, HEITZ 1932); doch ist bei *Collinsia* und *Polemonium* die Kernkappe nicht so einheitlich wie bei *Hordeum*, sondern häufig vom Pol ausgehend strahlenförmig. Die vier Trabanten bleiben bei *Collinsia* im Ruhekern als kugelförmige, kompakte Chromozentren erhalten, und auch bei *Polemonium* sind die Nucleolus-assoziierten Chromozentren kompakter als die Kernkappe. In dieser macht sich jedoch gleichfalls eine Verklebungstendenz bemerkbar.

Sehr häufig verhalten sich proximales und distales Heterochromatin verschieden: und zwar im gleichen oder entgegengesetzten Sinn wie in den Kappenkernen. Oft ist also das proximale etwas oder deutlich lockerer und das distale kompakt. Eine Anbahnung solcher Unterschiede zeigt wie schon erwähnt *Allium cepa*. Sehr ausgeprägt sind sie in der Wurzel von *Papaver rhoeas* (HASITSCHKA 1956)[22]. Alle Chromosomen (2 n = 14) tragen nämlich zu beiden Seiten der Spindelansatzstelle kurze heterochromatische Regionen. welche sich im Ruhekern zu 14 oder — infolge Bildung einiger Sammelchromozentren — etwas weniger lockeren. deutlich in Chromomeren gegliederten Chromozentren umwandeln. Diese behalten die ursprüngliche Anordnung in einem Polfeld in der Regel bei. Kompakte Chromozentren befinden sich am Nukleolus und in der dem Polfeld gegenüber liegenden Kernhälfte: sie stammen von interkalaren. die SAT-Zone flankierenden und

---

[22] Die Ruhekerne der Dauergewebe der Wurzel haben den gleichen Bau wie die von HASITSCHKA untersuchten Interkinese- und Ruhekerne im Meristem der Wurzel. Etwas. aber nicht prinzipiell anders gebaut sind die kleineren. dichteren Kerne im Nuzellus.

distalen heterochromatischen Chromosomenteilen (Abb. 8). Daß sich in diesem Fall die proximalen Chromozentren nicht zu einer einheitlichen Kernkappe vereinigen, liegt wahrscheinlich an ihrer relativ geringen Größe; vielleicht ist auch der Spindelpol verhältnismäßig breit und trägt dies zu einer weiträumigen Verteilung bei.

Das umgekehrte Verhalten, nämlich kompakt-schollige proximale Chromozentren und etwas lockerere distale, repräsentiert *Rhoeo discolor* (Doležal und Tschermak-Woess). Nur entspricht bei dieser Art auch die maximale Zahl der proximalen Chromozentren nicht der Chromosomenzahl und ist an den distalen der Chromomerenbau nur undeutlich zu erkennen (2 n = 12, bis zu 6 große proximale Chromozentren). Beim Übergang von jüngeren in ältere Teile des Dauergewebes vereinigen sich die proximalen Chromozentren zu Sammelbildungen; im Blatt und in den Staub-

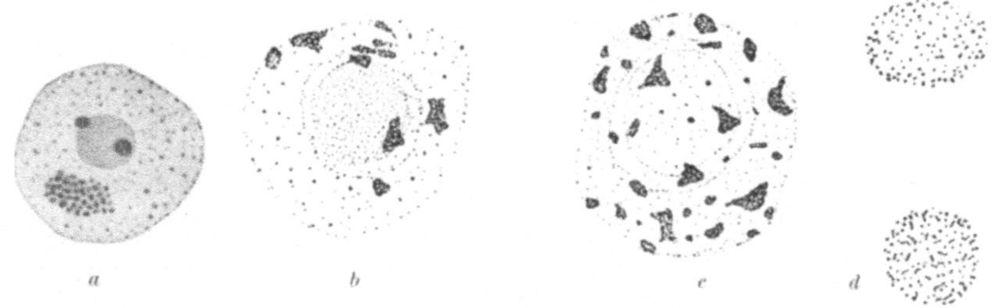

Abb. 9*a—d*. Verschiedenartige Chromomerenkerne. *a* aus einer Paraphyse von *Ceratodon purpureus* (zwei kompakte Chromozentren am Nukleolus, ein lockeres links unten); *b* aus dem Wurzelmeristem von *Lactuca denticulata*; *c* aus dem Wurzelmeristem von *Impatiens holstii*; *d* aus dem Fettgewebe und dem Gehirn von Larven der Diptere *Simulium*. — *a* AE, KE, 3000fach nach Heitz (1928b); *b*, *c* AE, KE, nach Heitz (1929); *d* KE. ca. 670fach nach Geitler (1934a).

fadenhaaren führt dies nach Geitler (1940b) meist zur Entstehung eines einzigen kompakten Sammelchromozentrums; die distalen Chromozentren bleiben isoliert.

Lockeres und kompaktes Heterochromatin enthalten auch die Chromomerenkerne des Laubmooses *Ceratodon purpureus* (Heitz 1928b). In den Kernen weiblicher Gametophyten liegt das lockere in Form eines großen chromomerisch gegliederten Chromozentrums vor und kompaktes befindet sich am Nukleolus (Abb. 9 a); dies ist den Abbildungen von Heitz zu entnehmen, wenn auch zum Zeitpunkt der Untersuchung noch nicht zwischen verschiedenen Sorten von Heterochromatin unterschieden wurde und man sich noch nicht klar war über die Natur der sogenannten Nukleolini (= feulgenpositiver Körper an oder in den Nukleolen), welche man jetzt als Chromozentren deuten muß, die von den SAT-Chromosomen herrühren. Das erwähnte lockere Chromozentrum stammt übrigens von dem größtenteils oder vielleicht auch vollständig heterochromatischen X-Chromosom; im Sporophyten kommt dazu noch ein zweites, das das Y-Chromosom darstellt (Heitz 1928b, Jachimsky 1935). Auch andere Laubmoose, wie etwa *Pogonatum urnigerum* besitzen offenbar kompaktes Nukleolus-assoziiertes und außerdem lockeres Heterochromatin (Jachimsky 1935, S. 216).

Kompaktes und lockeres Heterochromatin verhalten sich übrigens gegenüber Auflockerungsvorgängen verschieden. Solche spielen sich regelmäßig ab während der prophasischen und endomitotischen Zerstäubung sowie gelegentlich im Zuge gewebespezifischer Veränderungen und während der Degeneration der Kerne. Das lockere Heterochromatin wird von ihnen zuerst erfaßt und erreicht früher einen Zustand, in welchem es sich vom Euchromatin nicht unterscheidet, als das kompakte (z. B. Doležal und Tschermak-Woess).

Ob bei Tieren Kappenkerne vorkommen, ist nicht bekannt. Chromomerenkerne mit anders verteilten lockeren und kompakten Chromozentren treten aber höchstwahrscheinlich auch bei Metazoen und Protisten auf, wenn sie bisher auch nur bei Kormophyten beachtet wurden.

Von den bisher behandelten Kernen, bei denen der Kernraum verhältnismäßig dicht und praktisch gleichmäßig von Chromatin erfüllt ist, führt eine Reihe von Übergangsformen zur folgenden Kategorie von Chromomerenkernen und zu anderen Kerntypen. Solche Übergangsformen stellen etwa die Kerne mehrerer Leber- und Laubmoose und die von *Lactuca denticulata* und *Impatiens holstii* dar, bei denen die Chromomerenstruktur verhältnismäßig locker und nicht sehr gleichmäßig ist (Abb. 9 *b, c*, Heitz 1928 b, 1929). Das gleiche gilt für die Maus und andere Muriden, und auch bei der Diptere *Simulium* ist die Verteilung der Chromomeren weniger regelmäßig als bei *Tradescantia, Lilium* u. a. (Abb. 9 *d*, Abb. 56).

b) C h r o m o m e r e n k e r n e   m i t   l o c k e r e r ,   u n g l e i c h m ä ß i g e r
S t r u k t u r

Bei zahlreichen Arten enthalten die Kerne nur kleine Gruppen, Reihen oder Areale von Euchromomeren und dazu Heterochromatin verschiedener Beschaffenheit. Das Mengenverhältnis Chromatin zu Kerngrundsubstanz ist zugunsten der letzteren verschoben und es handelt sich durchgehend um Arten mit mittelgroßen bzw. kleinen Chromosomen, während die vorher besprochenen Arten vielfach große, zum Teil allerdings auch kleinere Chromosomen besitzen. Diese Kategorie entspricht dem 3. Typ von Delay (1946/48), nämlich den „noyaux semiréticulés". Gerade bei den hierher gehörigen Kernen wird es bei lebensgetreuer Fixierung dank dem lockeren Aufbau jedoch besonders klar, daß das Chromatin n i c h t   n e t z i g e   o d e r   s i c h t b a r f ä d i g e ,   s o n d e r n   k ö r n i g e   B e s c h a f f e n h e i t hat; nur sofern lockeres Heterochromatin vorhanden ist, besteht in diesem eine mehr oder weniger ausgeprägte Verklebungstendenz. Es gibt nämlich auch bei dieser Kategorie von Kernen neben den euchromatischen Strukturen kompakte, lockere und beiderlei Chromozentren.

Lockere Chromomerenkerne mit kompakten Chromozentren verkörpern beispielsweise die Braunalge *Halydris siliquosa*, die Angiospermen *Urtica pilulifera, Blumenbachia hieronymi, Geranium phaeum* und andere (Abb. 10, 11 *a, b*; Naylor, Tschermak-Woess und Hasitschka 1953, 1954). Eine Zuordnung der Chromomeren zu den Chromozentren zeigt sich auf der diploiden Stufe gewöhnlich nicht. Bei Angiospermen tritt sie jedoch häufig mit der Endopolyploidisierung hervor. — Es handelt sich um einen Kerntyp, der in manchen Verwandtschaftskreisen von Angiospermen sehr verbreitet sein dürfte, wenn ihm auch bisher wenig Beachtung geschenkt wurde. Der folgende Typ tritt dagegen anscheinend relativ selten auf.

Lockere Chromomerenkerne mit lockeren Chromozentren. Die Ausbildung meist nicht ganz scharf getrennter Areale, die zentral lockeres Heterochromatin und peripher oder einseitig anschließend Euchromomeren enthalten, ist für die Hydrocharitaceen *Trianea bogotensis* und *Stratiotes aloides* charakteristisch (Abb. 12: Geitler 1938 c, 1940, Tschermak-Woess und Hasitschka 1953). Das Heterochromatin zeigt den Aufbau aus Chromomeren besonders klar, da diese nur in geringem Maß miteinander verkleben. Bei *Trianea* sind die Übergänge so gleitend, daß die genaue Abgrenzung von Eu- und Heterochromatin schwer wird. Bei *Stratiotes* sind die Chromozentren etwas dichter gebaut.

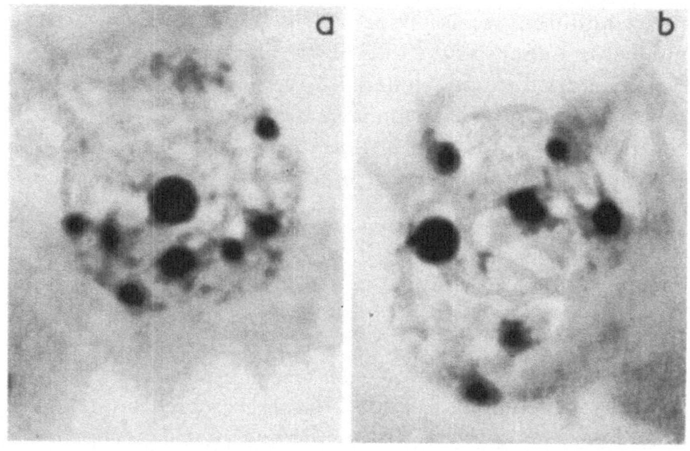

Abb. 10. Lockere Chromomerenkerne mit kompakten Chromozentren aus dem Mark von *Halydris siliquosa*. — Karpechenko, KE, Phot.. Vergr. 3000fach. nach Naylor.

Lockere Chromomerenkerne mit kompakten und lockeren Chromozentren finden sich z. B. bei *Hydrocharis morsus ranae*, einer Hydrocharitacee, deren Kernbau dem von *Trianea* entspricht bis auf den Umstand, daß das Nukleolus-assoziierte Heterochromatin kompakt ist (Geitler 1948). Von anderen Vertretern dieses Typus schließen sich *Sauromatum guttatum* (und sicherlich auch andere Araceen) sehr eng an das Verhalten der Hydrocharitaceen an (Abb. 11 c, d; vgl. auch Abb. 65). Zu den peripher liegenden Arealen aus Hetero- und Euchromomeren kommen bei dieser Art jedoch noch zwei mehr minder kompakte Chromozentren am Nukleolus und einige kleine kompakte in dem Raum zwischen Nukleolus und Kernmembran (Geitler 1938 c, Grafl 1940, Tschermak-Woess 1954). Die Architektonik dieser Kerne wird verständlich auf Grund des Chromosomenbaus [23]. Alle Chromo-

---

[23] Das Verständnis des Baues der diploiden Kerne wird bei *Sauromatum*, den Hydrocharitaceen und vielen anderen Arten durch die Strukturanalyse endopolyploider Kerne sehr gefördert, da diese vieles förmlich in vergrößertem Maßstab zeigen. Besonders die kleinen kompakten scheinbar frei im Kernraum liegenden Chromozentren von *Sauromatum* lassen sich auf der diploiden Stufe schwer erkennen.

somen besitzen heterochromatische Mittelstücke, euchromatische Endabschnitte und viele außerdem terminal winzige heterochromatische Knöpfe.
Die SAT-Zone ist in einem heterochromatischen Abschnitt eingeschaltet
(Abb. 11 *e*). Im Ruhekern liegen die Mittelstücke der Chromosomen als
lockere Chromozentren bzw. Sammelchromozentren an der Kernmembran;
an sie schließen die euchromatischen Teile an und ihre Enden mit den
terminalen Knöpfen ragen ins Kerninnere. Das Heterochromatin der Satelliten und der proximalen Teile der SAT-Chromosomen vereinigt sich meist
zu einem einzigen Chromozentrum, so daß also aus den beiden SAT-

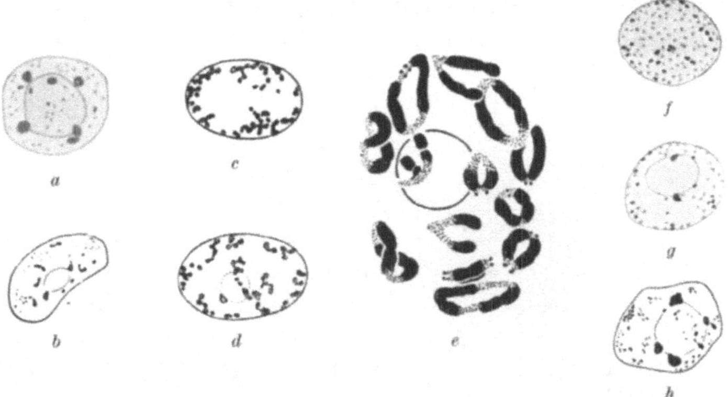

Abb. 11*a—d* und *f—h* verschiedene Typen lockerer Chromomerenkerne (bez. Fig. *e* siehe unten). *a. b* mit kompakten Chromozentren aus Köpfchenhaaren, *a* von *Urtica pilulifera*, *b* von *Geranium phaeum*; *c—d* und *f—h*
mit lockeren und kompakten Chromozentren, *c* aus einer Schließzelle der Innenepidermis der Spatha, *d* aus der
Epidermis einer voll entwickelten Anthere von *Sauromatum guttatum*, *f. g* aus der Epidermis eines jungen Blattes
von *Portulaca grandiflora* (*f* Oberflächenbild, *g* optischer Schnitt), *h* aus der Epidermis eines jungen Laubblattes
von *Tropaeolum maius*; *e Sauromatum guttatum* frühe Diakinese. — *a, b* AE, KE, 1250fach, nach TSCHERMAK-
WOESS und HASITSCHKA (1953, 1954); *c, d* KE 1800fach, nach GEITLER (1938 c); *e* AE, KE + Eisenalaun, 1500fach,
nach TSCHERMAK-WOESS (1954); *f, g* AE, KE, 1400fach, nach CZEIKA; *h* AE, KE, 1250fach, nach TSCHERMAK-
WOESS und HASITSCHKA (1954).

Chromosomen des diploiden Satzes zwei Nukleolus-assoziierte Chromozentren entstehen. Man kann also nicht jedes Nukleolus-assoziierte Heterochromatin ohne nähere Überprüfung als Trabant ansprechen; bei den
meisten Arten verschmelzen zwar Trabant und proximales Heterochromatin im Ruhekern nicht oder nur selten, doch ist der Trabant oft relativ
klein und wenig auffallend und das Chromozentrum, das aus dem proximalen Heterochromatin hervorgeht, bedeutend größer; dies gilt beispielsweise für *Cereus spachianus* und *Portulaca grandiflora* (Abb. 11 *f, g*;
CZEIKA). Außer diesen beiden Arten zeigen Kerne mit lockerem und kompaktem Heterochromatin unter anderen auch *Saponaria ocymoides, Melandrium viscosum, Dianthus gigantea* und *Tropaeolum maius* (Abb. 11 *h*,
TSCHERMAK-WOESS und HASITSCHKA 1954). Auffallenderweise ist bei allen das
Nukleolus-assoziierte Heterochromatin kompakt oder kompakter als das
übrige, was übrigens auch für die analogen d i c h t gebauten Chromomerenkerne gilt. In vielen Fällen liegt das Chromatin bevorzugt an der
Kernmembran, und zwar in Arealen so wie bei *Sauromatum* oder etwas
gleichmäßiger verteilt wie bei *Portulaca;* sehr deutlich wird die ungleich-
mäßige Gesamtverteilung jedenfalls bei Betrachtung des optischen Schnit-
tes.

Wahrscheinlich sind auf Grund ihres Kernbaues auch zahlreiche Gattungen der Palmen hier einzureihen, da Eichhorn (1957) sie bei den „noyaux réticulés a résau périphérique et chromocentres composés" anführt.

2. Chromozentrenkerne

In typischen Chromozentrenkernen bleiben nur die heterochromatischen Teile der Chromosomen als feulgenpositive Körper sichtbar erhalten, während das Euchromatin so weitgehend aufgelockert wird, daß es lichtmikroskopisch nicht mehr wahrnehmbar ist. In manchen Fällen äußert sich sein Vorhandensein in einer diffusen Feulgenreaktion des Kernes, in anderen ist es offenbar so stark „verdünnt" daß die Feulgenreaktion — abgesehen von den Chromozentren — negativ ausfällt. Es besteht aber kein zwingender Grund, einen Abbau des DNS-Materials anzunehmen, so wie es nach der alten Auffassung vom Formwechsel einer DNS-enthaltenden Matrix geschah. Denn auch während der Wachstumsphase von Oocyten kann das Chromatin sich so weit ausbreiten und so fein verteilen, daß es keine oder nur eine schwer sichtbare Feulgenreaktion gibt. Trotzdem bleibt der DNS-Gehalt konstant bzw. erhalten — zumindest nach Ansicht vieler, wenn auch nicht aller Autoren; z. B. Alfert (1950), Govaert und Swift und Kleinfeld äußern sich positiv, Marshak und Marshak (zuletzt 1956) dagegen negativ. Auch läßt sich in den Oocyten das Chromatin durch Zentrifugierung zusammenballen und dann gut durch eine intensive Feulgenreaktion nachweisen (Brachet 1940, zit. nach Brachet 1957, S. 124). Weiters tritt im Verlauf der gewebespezifischen Abwandlung der Kernstruktur und in endopolyploiden Kernen auch bei Arten, die im allgemeinen typische Chromozentrenkerne haben, das Euchromatin gelegentlich in Form feiner Chromomeren oder zarter, eben noch auflösbarer chromomerisch

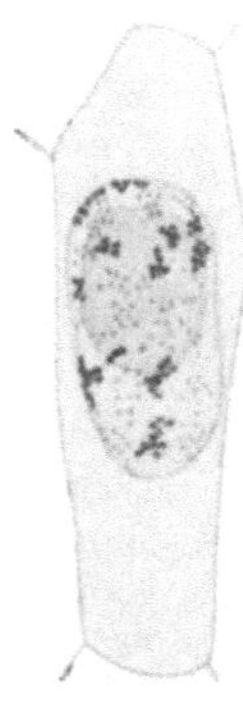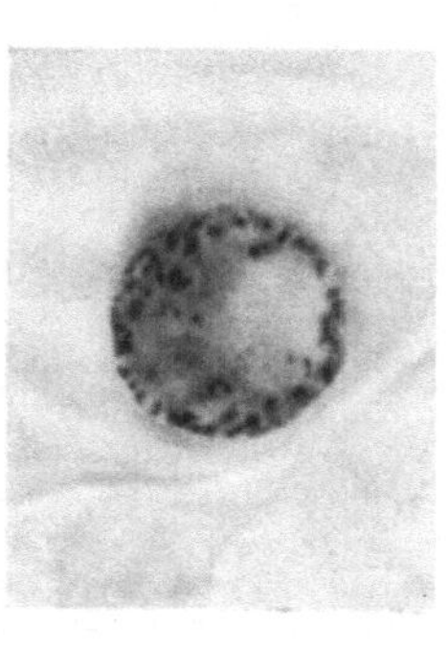

Abb. 12*a*, *b*. Lockere Chromomerenkerne mit lockeren Chromozentren. *a* aus der Rhizodermis von *Stratiotes aloides*, *b* aus dem Rindenparenchym der Wurzel von *Trianea bogotensis*. — *a*, *b* AE, KE, *a* 1250fach, nach Tschermak-Woess und Hasitschka (1953). *b* Phot., Vergr. 1600fach. Orig.

Abb. 13*a—l*. Prochromosomenkerne. *a*, *b Luffa acutangula*, *a* Interphasekern und *b* mittlere Prophase (die proximale Heterochromasie aller Chromosomen zeigend) aus der Wurzelspitze; *c—e Thalictrum aquilegifolium*, Wurzelmeristem, *c* Schwesterkernpaar mit je 16 Chromozentren, 14 von den Mittelstücken der Chromosomen stammend (2 n = 14), und außerdem 2 ± kugelige Trabantenchromozentren (durch Pfeile bezeichnet) in der distalen Region, *d* mittlere Prophase (proximale Heterochromasie). *e* mehrere Schwesternkernpaare, die die charakteristische Verteilung der proximalen Chromozentren und z. T. auch die distale Lage der Trabantenchromozentren zeigen, rechts unten Kern in Aufsicht; *f Cucurbita pepo*, diploider Ruhekern aus einem jungen Trichom von der Korolle mit zahlreichen kleinen und 4 größeren, von den SAT-Chromosomen stammenden Chromozentren; *g Glottiphyllum longum*, diploider Ruhekern aus der Wurzelrinde mit stabförmigen Prochromosomen; *h, i Valeriana dioica*. *h* Kern aus jungen, aber nicht mehr wachsenden Teilen der Wurzel mit stabförmigen Chromozentren, die z. T. zu zweit beisammen liegen, *i* Kern aus großer ausgewachsener Parenchymzelle der Wurzel mit Sammelchromozentren (sämtliche Chromozentren eingezeichnet); *k, l Luffa cylindrica*, Ruhekerne mit locker gebauten Prochromosomen, *k* aus der Epidermis eines jungen Korollblattes, *l* aus der Rinde der Achse. — *a*, *b* Benda, Eisen-Hämatoxylin, 4200fach, nach Doutreligne (1933); *c, d* KE, 1300fach. *e* Champy, Säurefuchsin, 800fach, *c—e* nach Heitz (1932); *f—l* AE, KE, *f* 1250fach, nach Tschermak-Woess und Hasitschka (1953); *g* ca. 1050fach, nach Tschermak-Woess und Doležal (1953); *h, i* 1500fach, nach Heitz (1950); *k, l* 1250fach, nach Tschermak-Woess und Hasitschka (1954).

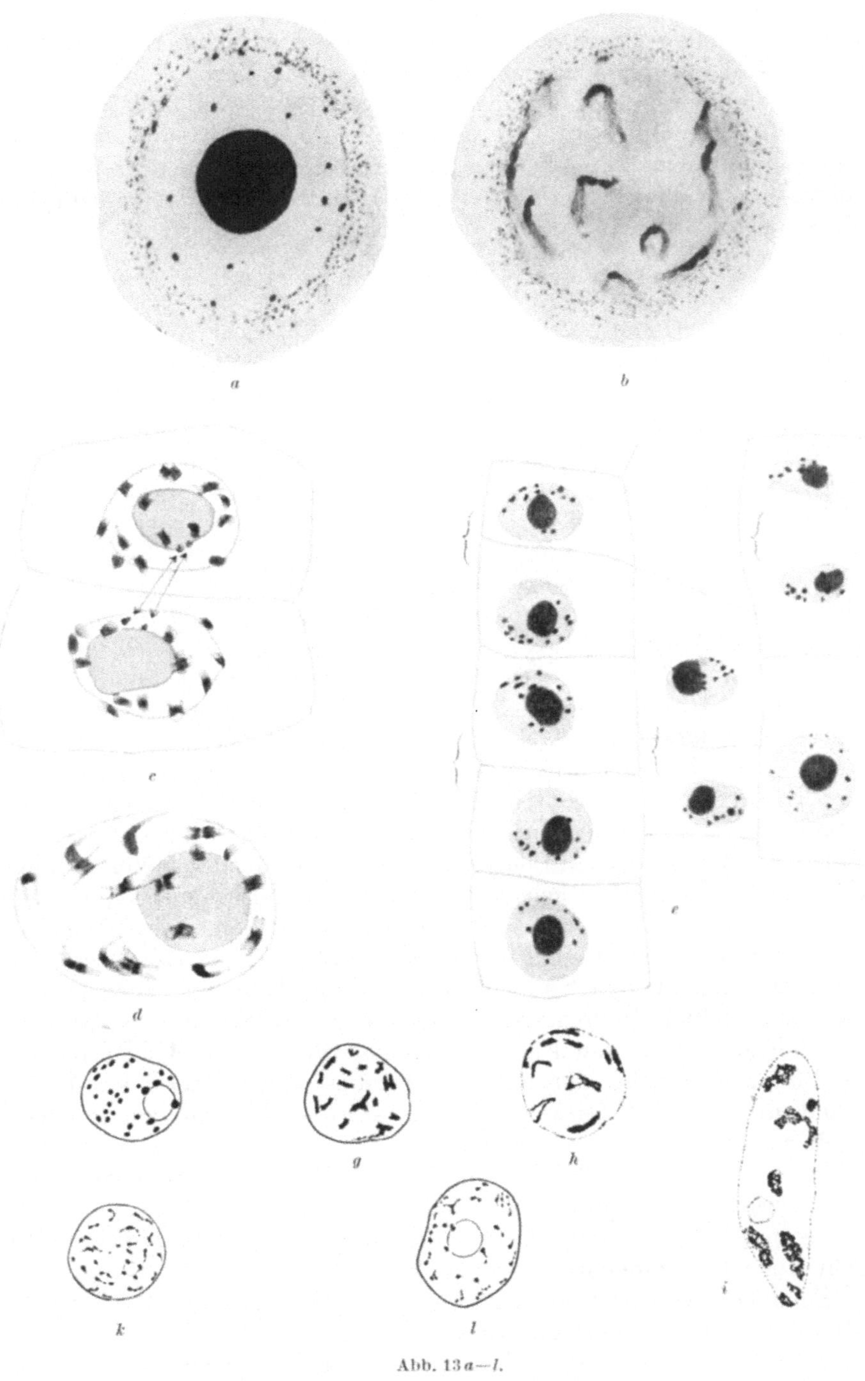

Abb. 13 a—l.

3*

gegliederter Fäden hervor. Es besteht also offensichtlich auch zwischen diesem Kerntyp und den früher besprochenen kein grundlegender Unterschied, sondern nur ein gradueller. Dieser Unterschied hängt offenbar damit zusammen, daß bei den Chromozentrenkernen das Kernvolumen im Vergleich zum Chromosomenvolumen relativ groß ist bzw. relativ viel Kerngrundsubstanz vorhanden ist (vgl. auch S. 9); dadurch ist die Möglichkeit gegeben zu einer sehr weitgehenden Entspiralisierung der euchromatischen Abschnitte (und vielleicht auch zu einer Aufspaltung in Elementarfibrillen – vgl. S. 8).

a) Prochromosomenkerne

Wie Rosenberg (1904) erstmalig und später zahlreiche Autoren feststellten, stimmt bei vielen pflanzlichen Arten die Zahl der Chromozentren mit der Chromosomenzahl praktisch überein. Sie gleicht ihr allerdings oft nicht ganz genau, sondern liegt infolge Bildung einiger Sammelchromozentren etwas niedriger und manchmal auch etwas höher, letzteres dadurch, daß aus einem SAT-Chromosom oft zwei Chromozentren hervorgehen, nämlich eines aus seinem proximalen Teil und eines aus dem Satelliten (Heitz 1932). Dieser Chromozentrentyp wird in der deutschsprachigen Literatur mit Overton (1906) Prochromosomen (englisch prochromosomes), in der französischsprachigen nach Grégoire (1932) euchromocentres genannt. In einer Reihe genau untersuchter Fälle, so nach Doutreligne (1933, 1939) bei *Impatiens balsamina, Luffa acutangula, Calycanthus floridus* u. a., stellte es sich heraus, daß die Chromozentren den Mittelstücken der meist isobrachialen Chromosomen entsprechen, während die Chromosomenenden euchromatisch sind (Abb. 13). Bei den SAT-Chromosomen ist allerdings gewöhnlich bloß ein Ende euchromatisch (Heitz 1932, Schlichtinger). Die euchromatischen Endstücke sind bei manchen Arten im kontrahierten Zustand während der mittleren Mitosestadien relativ kurz, so daß der Längenunterschied zwischen den Metaphasechromosomen und den stabförmigen (vgl. unten) Prochromosomen gering ist, und auch während der Prophase und Telophase sind die euchromatischen Enden in manchen Fällen schwer zu erkennen; ob sie außer einseitig an den SAT-Chromosomen auch an einzelnen anderen Chromosomen fehlen können, ist fraglich. Heitz (1950) hält es für einen Teil der Chromosomen von *Valeriana dioica* für zutreffend oder möglich. Daß es Pflanzen gibt, bei denen a l l e Chromosomen t o t a l heterochromatisch sind und im Ruhekern zur Gänze sichtbar bleiben, wie Eichhorn seinerzeit meinte und es neuerdings (1957) — zwar etwas vorsichtiger formuliert — für einige Palmen angibt, ist nicht wahrscheinlich. [Wenn Eichhorn recht hätte, könnte man nicht von Chromozentren und Heterochromasie sprechen; im Sinne der vorliegenden Gliederung würde es sich vielmehr um Chromosomenkerne handeln — vgl. S. 43 ff.; die älteren Befunde Eichhorns wurden von Grégoire und Doutreligne (1939) richtiggestellt (ältere Lit. bei Doutreligne)].

Bei Tieren gibt es — soweit bekannt — Prochromosomenkerne in dem hier verwendeten engen Sinn nicht. Zwar finden sich in mehreren Verwandtschaftskreisen Kerne mit Chromatinkörpern, die äußerlich den Prochromosomen weitgehend gleichen, doch handelt es sich prinzipiell um etwas anderes (siehe S. 45).

Die Größe der Prochromosomen innerhalb eines Kernes ist im allgemeinen mehr oder minder einheitlich — abgesehen von gelegentlichen Sammelbildungen; nur die von den SAT-Chromosomen stammenden sind bei manchen Arten etwas größer als die übrigen — vielleicht, weil sie die proximalen Teile u n d den Satelliten umfassen (Abb. 13 *f*). Weiter sind bei Pflanzen mit Prochromosomen die Chromosomensätze hinsichtlich der Größe relativ einheitlich und die Chromosomen durchgehend klein — nach DELAY (1946/48) 2,5 bis 3 μ lang. — Die Form der Prochromosomen ist artspezifisch und gewebespezifisch verschieden. Bei manchen Arten z. B. *Gibbaeum heathii* und *Glottiphyllum longum* sind sie in bestimmten Geweben mehr oder minder stabförmig und erscheinen gegenüber den mitotischen Chromosomen nur wenig verändert (Abb. 13 *g*; SCHLICHTINGER, TSCHERMAK-WOESS und DOLEŽAL 1953); bei anderen, wie *Thalictrum*, manchen Cucurbitaceen und Cruciferen, dagegen gewöhnlich abgekugelt (Abb. 13 *a, e, f*; HEITZ 1932, REITBERGER 1951, TSCHERMAK-WOESS und HASITSCHKA 1953). — In der Regel liegen die Prochromosomen an der Peripherie des Kernes, nur die von den SAT-Chromosomen stammenden befinden sich im Inneren an den Nukleolen.

Die Beschaffenheit des Chromatins, aus dem sich die Prochromosomen aufbauen, ist so wie bei mehreren bisher besprochenen Kerntypen verschieden, nämlich relativ locker bis ausgesprochen kompakt. Fälle extrem lockeren Baus, also die Zusammensetzung aus isolierten, nur wenig zur Verklebung neigenden Chromomeren wie etwa bei *Trianea* und *Sauromatum* (siehe S. 32), wurden bisher allerdings nicht beschrieben. Relativ locker sind die Prochromosomen bei *Valeriana dioica*; dies kommt durch eine leichte Entspiralisierung beim Abschluß der Mitose zustande und äußert sich in der länglichen Form und den rauhen Konturen (HEITZ 1950). Ähnlich verhalten sie sich bei *Glottiphyllum longum* (Abb. 13 *g, h*). *Luffa cylindrica* besitzt etwas andere relativ lockere Prochromosomen, nämlich längliche, an den Enden in Fäden und Körnchen aufgelöste Gebilde (Abb. 13 *k. l*). Kompakte Prochromosomen finden sich bei *Cucurbita pepo, Sinapis alba, Biscutella laevigata* und vielen anderen Pflanzen (MANTON, DELAY 1946/48. TSCHERMAK-WOESS und HASITSCHKA 1953). — Eine Besonderheit zeigen die oben erwähnten, locker gebauten Prochromosomen von *Valeriana dioica*; sie haben nämlich in interphasischen Kernen und oft auch in den Kernen heranwachsender Zellen der Wurzel die Tendenz, sich in Paaren bzw. Gruppen zusammenzuordnen (Abb. 13 *h*; HEITZ 1950); es handelt sich jedoch wahrscheinlich um unspezifische Paarung und offenbar führt diese in den meisten Kernen ausdifferenzierter Gewebe zur Bildung ungleich großer Sammelchromozentren (Abb. 13 *i*). Diese Art stellt somit den Übergang zum nächsten Kerntyp her. Auch bei *Ricinus communis* und *Mercurialis annua* besteht eine gewisse, über das übliche Maß wohl etwas hinausgehende Tendenz zur Bildung von Sammelchromozentren; auch kommen bei diesen Arten zwischen den unverschmolzenen Chromozentren kräftigere Größenunterschiede vor, als es bei den Prochromosomen üblich ist (DANGEARD 1937, DELAY 1946/48).

b) Chromozentrenkerne mit Sammelchromozentren
(bei proximaler Heterochromasie aller Chromosomen)

Bei manchen Arten enthalten so wie bei dem vorher beschriebenen Kerntyp alle Chromosomen proximales Heterochromatin, doch bleiben die Chromozentren im Ruhekern nicht isoliert, sondern vereinigen sich regelmäßig zu mehreren zu Sammelchromozentren. Dieses Verhalten erkannte Heitz (1932) als erster bei *Victoria regia*. Er fand in jungen posttelophasischen Kernen Chromozentren in einer Anzahl, die der Chromosomenzahl

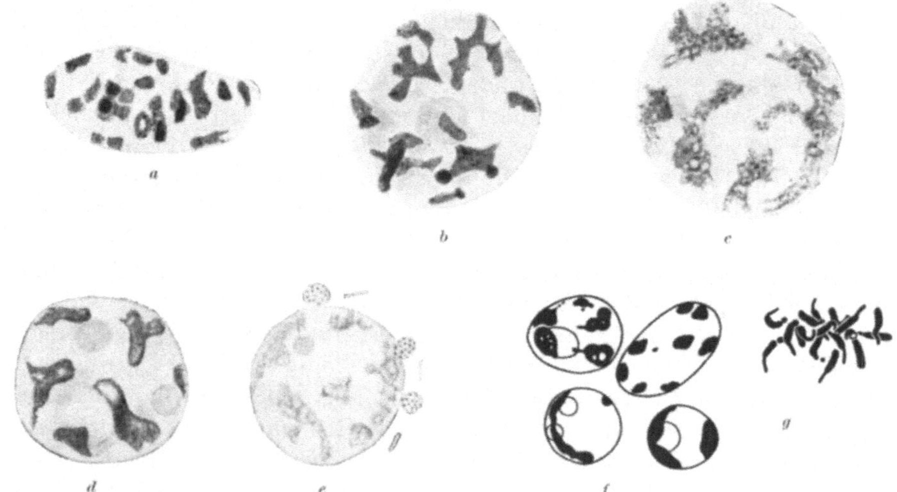

Abb. 14 a—g. Chromozentrenkerne mit Sammelchromozentren. a—e von *Victoria regia*, a junger Kern, Chromozentren noch unverschmolzen. b Bildung von Sammelchromozentren beginnend. c typischer ausgewachsener Kern aus dem Meristem, d Kern aus einer ausgewachsenen Wurzelzelle. e Kern nach dem Leben mit einigen der ihn umgebenden Chloroplasten und Chondriosomen, die Chromozentren enthalten Vakuolen (in 3%iger Rohrzuckerlösung); f, g *Rhinanthus alectorolophus*, f Ruhekerne aus dem Integument der Samenanlage, g Prometaphase aus dem „eigentlichen" Endosperm (Chromosomen — es sind nicht alle wiedergegeben — mit proximalem Heterochromatin und dünneren euchromatischen Endabschnitten am längeren Schenkel). — a—d KE. e nach dem Leben, 1300fach. nach Heitz (1932); f, g AE, KE. 1200fach. nach Tschermak-Woess (1957b).

von 2 n = 24 gleichkommt, stellte in etwas älteren die Verschmelzung von je 3 bis 4 Chromozentren zu Sammelchromozentren fest und beobachtete, daß diese zuerst sehr unregelmäßige, später etwas einfachere Formen haben und im Leben wie nach verschiedener Fixierung vakuolisiert sind (Abb. 14 a—e). Im wesentlichen den gleichen Kernbau fand er bei *Nymphaea lotus*. Eigenartige Ruhekerne mit gewöhnlich 2 bis 5, mitunter auch nur einem einzigen und manchmal mehr Sammelchromozentren von verschiedener Form kommen auch in der Gattung *Rhinanthus* (= *Alectorolophus*) vor (Witsch 1932, Dangeard 1937, Hambler 1953, Tschermak-Woess 1957 a) [24]. An der Bildung der Sammelchromozentren sind alle 14 Chromosomen mit ihrem proximalen Heterochromatin beteiligt. Ihre Centromeren

---

[24] Hambler meint, man sollte in diesem Fall von Prochromosomen und nicht von Sammelchromozentren sprechen; er berücksichtigt dabei nicht, daß zum Begriff Prochromosomen die Zahlengleichheit (allerdings mit den oben gemachten Einschränkungen) gehört.

liegen subterminal und nur die langen Schenkel besitzen euchromatische Endabschnitte. Diese lockern sich in den Ruhekernen der meisten Gewebe so auf, daß nichts von ihnen zu sehen ist [25]. Die Sammelchromozentren erscheinen nach Anwendung der Kochmethode oder der Feulgenreaktion kompakt oder von Vakuolen durchsetzt; allerdings dürften die Vakuolen im Unterschied zu *Victoria* erst bei den auf die Fixierung folgenden Manipulationen zustande kommen; denn in den daraufhin untersuchten Geweben der Samenanlage sind sie nach Alkohol-Eisessig-Fixierung in ungefärbtem Zustand oder nach Einwirkung von Karminessigsäure o h n e Erwärmung nicht festzustellen; dagegen kann man eingebettet in eine homogene, etwas schwächer färbbare Grundsubstanz intensiver färbbare Chromomeren erkennen (eigene unveröff. Beobachtungen); auch DANGEARD fand nach Bouin-Hollande-Fixierung die Chromozentren fein granuliert. Die Hauptmasse des Heterochromatins nimmt in seiner Beschaffenheit also eine Zwischenstellung zwischen kompakt und locker ein. Nach dem Verhalten der „Riesenchromosomen" in den hochendopolyploiden Endospermhaustorien sollte man erwarten, daß auch ausgesprochen kompaktes Heterochromatin vorhanden ist; möglicherweise geht es seiner geringen Dimensionen wegen in den diploiden Kernen optisch unter; weniger wahrscheinlich ist es, daß sich die zweierlei Sorten von Heterochromatin auf der diploiden Stufe nicht unterscheiden. Die Nukleolen (gewöhnlich in der Einzahl, mitunter auch zwei) stehen mit einem oder mehreren (nach HAMBLER 1953, bei *Rh. minor* maximal 4) Sammelchromozentren in Verbindung, werden von ihnen oft kahnartig umgeben oder zwischen zwei oder mehreren spindelförmig, drei- oder viereckig ausgezogen. Häufig liegen sie stark exzentrisch und einem der peripher angeordneten Chromozentren eng angepreßt; seltener befinden sie sich mehr im Zentrum und stehen mit fädigen Fortsätzen der Chromozentren in Verbindung (Abb. 14 *f, g*).

Ähnlich wie *Rhinanthus* verhält sich offenbar *Lathraea*. Die Anzahl der Chromozentren beträgt nach DANGEARD (1937), der sich mit *Lathraea clandestina* eingehend befaßte, 10 bis 20 (2 n = 42); ihre Größe und Wertigkeit ist verschieden, da sie aus der Vereinigung der heterochromatischen Regionen (Mittelstücke bzw. einseitig liegende Abschnitte) von zwei oder mehreren Chromosomen hervorgehen; einzelne kleine sind wahrscheinlich nur einwertig. Ihre Form ist gewöhnlich kugelig oder ellipsoidisch und weniger vielfältig als bei *Rhinanthus*, nur die mit dem Nukleolus in Verbindung stehenden peripheren sind zu dünneren oder dickeren Fäden ausgezogen, doch liegt das Nukleolus-assoziierte Heterochromatin oft auch zur Gänze dem Nukleolus an und auch andere Chromozentren befinden sich gelegentlich frei im Kernraum. Ob entgegen der Ansicht von DANGEARD nicht doch

---

[25] Bei *Rhinanthus maior* und *minor* und möglicherweise auch bei *Rh. alectorolophus* (vgl. die Fußnote auf S. 115) gibt es bei den bisher daraufhin untersuchten Sippen im diploiden Satz außer den 14 relativ großen Chromosomen noch 8 winzige mit medianer Spindelinsertion (vgl. zuletzt WITSCH 1950, HAMBLER 1954); ob sie heterochromatisch sind und im Ruhekern in die Chromozentren eingehen, ist nicht bekannt. Auch darüber, ob man sie als B-Chromosomen auffassen soll, sind die Meinungen geteilt (siehe auch GEITLER 1951 a).

alle Chromosomen Heterochromatin besitzen, was der Verfasserin sehr naheliegend erscheint, wäre nachzuprüfen. Dangeard meint, daß in der Prophase einzelne Chromosomen sich aus dem „achromatischen Retikulum" herausdifferenzieren ohne Zusammenhang mit Chromozentren; er dürfte diesem Punkt jedoch kein besonderes Gewicht zugemessen haben. Falls Dangeards Angaben zutreffen, wäre *Lathraea* dem folgenden Kerntyp zuzurechnen.

Auch bei tierischen Gattungen kommen Chromozentrenkerne mit Sammelchromozentren vor; so bei der Scarabaeidengattung *Aphodius*. Sämtliche oder fast sämtliche Chromosomen von *Aphodius* zeichnen sich durch proximale Heterochromasie aus, wie Virkki (1951) gelegentlich der Untersuchung der ersten meiotischen Prophase bei mehreren Arten feststellte. Während die Mehrzahl der somatischen Zellen im Hoden endopolyploid wird, bleiben die der Außenmembran diploid und ihre Kerne enthalten relativ wenige große Sammelchromozentren: sie sind kompakt und abgerundet (Virkki 1953; siehe seine Abb. 7 b). Vermutlich kommen in anderen diploiden Kernen so wie in endopolyploiden auch sternförmige Chromozentren und andere Kernstrukturen vor. doch bedarf dies noch der Überprüfung (der Autor befaßt sich vorwiegend mit den endopolyploiden Kernen). — Die isopode Crustacee *Anilocra* ist möglicherweise hier anzureihen (Abb. 15; Montalenti). Vielleicht gehören ihre Kerne aber auch einem Mischtypus zwischen Chromozentren- und Chromosomenkernen an (über letztere vgl. S. 43 ff.). Die diploiden Ruhekerne des vas deferens enthalten jedenfalls ein einziges kompaktes Sammelchromozentrum, von dem radiär ungefähr 20 etwas aufgelockerte Arme ausstrahlen; sie entsprechen den 20 langen Schenkeln des Chromosomensatzes. Es fragt sich, ob diese Arme euchromatisch sind — wie der Autor meint — oder lockeres Heterochromatin darstellen, was sich nur auf Grund der Untersuchung des prophasischen und telophasischen Chromosomenformwechsels sicher entscheiden ließe.

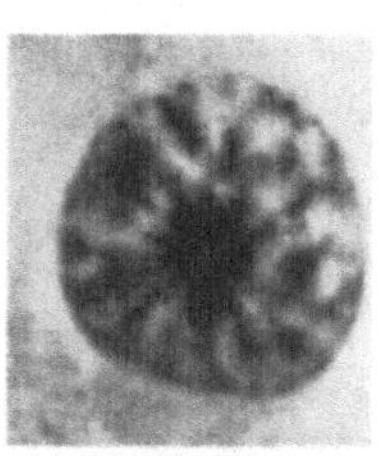

Abb. 15. *Anilocra physodes*, Diploider Kern aus dem vas deferens mit einem einzigen sternförmigen Sammelchromozentrum. — Eisenhämatoxylin, Phot., Vergr. ca. 1150-fach, nach Montalenti aus Geitler (1953).

c) C h r o m o z e n t r e n k e r n e   m i t   r e l a t i v   z a h l r e i c h e n
C h r o m o z e n t r e n

(mehr Chromozentren als Chromosomen)

Es gibt typische Chromozentrenkerne, in denen die Anzahl der Chromozentren die Chromosomenzahl zumeist übertrifft, und zwar offenbar dadurch, daß jedes Chromosom oder mehrere Chromosomen — nicht nur die SAT-Chromosomen wie im Fall der Prochromosomenkerne — mehrere heterochromatische Körper liefern. Dies ist bei *Physaria geyeri* verwirklicht (Jakowska): die diploide Chromosomenzahl beträgt 8, die Zahl der Chromozentren dagegen in verschiedenen Geweben 6 Wochen alter Keimpflanzen und in den Blättern herangewachsener Pflanzen 6 bis 21.

In der Telophase läßt sich die Bildung mehrerer Chromozentren aus jedem Chromosom verfolgen; welche Chromosomenteile heterochromatisch sind, ist nicht im einzelnen bekannt. In manchen Kernen kommt es anscheinend sekundär zur Vereinigung einzelner Chromozentren (Abb. 16).

Hier wäre auch *Psilotum triquetrum* anzureihen, wenn man sich der Ansicht von DELAY (1946/48) anschließt. Sie beschreibt nämlich Kerne mit zahlreichen stark färbbaren Chromatinkörnern, die isoliert liegen oder sich zu mehreren aneinander reihen und gelegentlich auch in feine Fäden auslaufen. Die Chromatinkörner werden als Chromozentren im herkömmlichen Sinn aufgefaßt. Es fragt sich aber, ob dies berechtigt ist. Denn nach eigenen stichprobenartigen Untersuchungen zeigt die Kernstruktur in den Dauergeweben von *Psilotum* sehr verschiedenartige Abwandlungen und

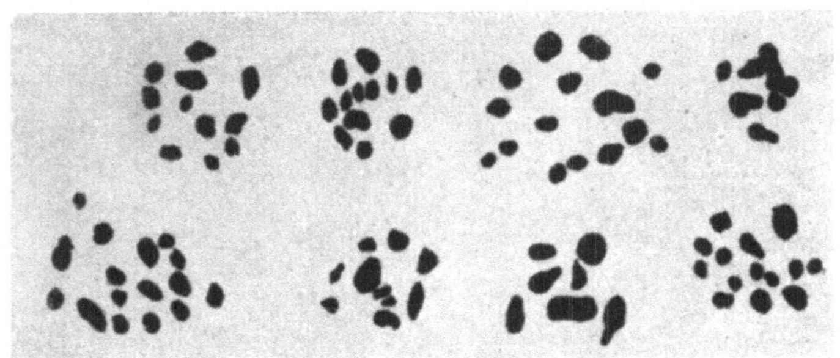

Abb. 16. *Physaria geyeri*. Chromatischer Inhalt der Kerne junger Blätter. — Feulgenquetschmethode. 2200fach. nach JAKOWSKA 1951.

auch Bilder in einer älteren Arbeit von DELAY (1941) deuten darauf hin: manche Kerne — besonders in der Epidermis gelegene — haben einen Chromomerenbau wie viele Liliaceen und wirken nahezu gleichmäßig euchromatisch; in anderen besteht offenbar ein nicht genau auflösbarer fädiger Bau und weiters gibt es Kerne, wie DELAY (1946/48) sie schildert, sowie verschiedene Übergänge. Es ließe sich daher erst nach einem gründlicheren Studium entscheiden, ob man eine bestimmte Struktur als typisch herausgreifen kann und wie die „Chromozentren" von DELAY zu interpretieren sind. — Chromozentrenkerne mit mehr Chromozentren als Chromosomen dürften jedenfalls nicht weit verbreitet sein.

3. Chromonemakerne

Fädige Kernstrukturen sind zwar häufig beschrieben worden, doch handelt es sich in sehr vielen Fällen eindeutig um Fixierungsartefakte: in anderen läßt sich aus den Schilderungen und Abbildungen kein klares Bild gewinnen. Chromonemakerne in dem auf S. 18 f. dargelegten engen Sinn kommen offenbar bei höheren Organismen nur relativ selten vor. Dies gilt für die Kerne, die man als typisch betrachten kann; im Zuge der gewebespezifischen Abwandlungen der Kernstruktur und im Zusammenhang mit der Endopolyploidie tritt dagegen etwas häufiger ein Fadenbau hervor. Darauf wird in den Abschnitten VIII und IX näher eingegangen. Weiters ist für einen Teil der Eugleninen und Dinoflagellaten eine fädige Beschaffenheit des Chromatins kennzeichnend. Diese wird gesondert im Zusammenhang mit anderen in diesen Gruppen auftretenden Kernstrukturen behandelt, da diese gemeinsam mit den fädigen offenbar eine Entwicklungsreihe bilden. Bei Protisten ist ein deutlich fädiger Kernbau anscheinend überhaupt etwas weiter verbreitet als bei Metazoen und Metaphyten; denn auch eine Reihe von Arten der Gattung *Oedogonium* zeigt das Chromatin in Form dünner Fäden. Der fädige Bau wurde an mehreren großzelligen Arten beobachtet, bei kleinzelligen herrscht dagegen Chromomerenbau vor (Tschermak 1943, S. 496, Ueda 1960 a); auch Übergänge zwischen diesen beiden Bautypen sind anzutreffen. Im folgenden mögen

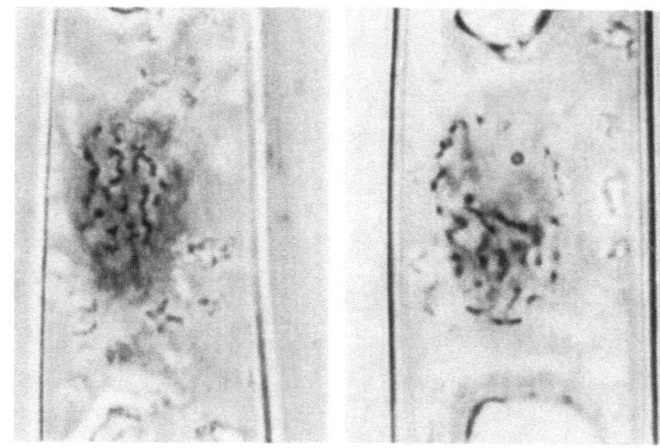

Abb. 17. Chromonemakern von *Oedogonium cardiacum* (Oberflächenbild und optischer Schnitt). — AE. KE. Phot.. 1600fach Orig.

die haploiden Chromonemakerne von *Oedogonium cardiacum* näher behandelt werden (unveröff. Beobachtungen). Sowohl jüngere interphasische, wie ältere „ruhende" Kerne [26] dieser Art enthalten in gleichmäßiger Verteilung feine Chromatinfäden, die in unregelmäßigen Windungen — Restspiralen — verlaufen (Abb. 17): ihr Durchmesser ist einheitlich und ihr Verlauf vorwiegend parallel oder etwas schräg zur Längsachse der Zelle, also entsprechend dem Verlauf der Telophasechromosomen, aus denen sie hervorgegangen sind. Man kann diese Chromonemen auf kürzere oder längere Strecke, aber nie so weit verfolgen als der Länge eines Chromosoms vermutlich entspricht. Wahrscheinlich beruht es darauf, daß im Längsverlauf des Chromosoms zwischen die sichtbaren Teile stärker entspiralisierte unsichtbare eingeschaltet sind. Der Durchmesser der Chromonemen ist in verschiedenen Kernen etwas verschieden, jedenfalls aber geringer als der der Anaphasechromosomen. Offenbar erfolgt beim Übergang in den Ruhekern eine Streckung unter Verminderung des Radius der Spiralumgänge. Letzteres und den Umstand, daß man nicht die einzelnen Chro-

---

[26] Infolge des besonderen Zellteilungsmechanismus von *Oedogonium* kann man die Kerne der älteren Scheidenzellen einer Zellfolge zwischen zwei Kappenzellen im allgemeinen als Ruhekerne ansprechen.

mosomen als solche zu erkennen vermag, kann man als Charakteristika der
Chromonemakerne ansehen. In den Ruhekernen von *Oedogonium cardiacum* fällt übrigens noch ein kugelförmiges Chromozentrum auf, das regelmäßig im Inneren des Nukleolus liegt und eine Vakuole enthält. Dazu
kommt noch eine zweite und vielleicht auch eine dritte kleine Scholle im oder
am Nukleolus. Es dürfte sich dabei um die Satelliten der drei SAT-Chromosomen handeln (vgl. Hasitschka-Jenschke 1960 a). Mehr Heterochromatin
findet sich in den Chromonemakernen anderer *Oedogonium*-Arten, bei
denen längere Fadenabschnitte sich durch einen größeren und oft nicht
einheitlichen Durchmesser von den übrigen unterscheiden.

Wie Barigozzi (1942 a) ausführlich berichtet, soll auch für die Mehrzahl der Ruhekerne der Nauplien und erwachsenen Individuen von
Artemia salina eine fädige
Struktur kennzeichnend sein;
und zwar enthalten sie angeblich feine, in unregelmäßigen Windungen verlaufende
Chromonemen, die Chromo-
meren-artige Verdickungen
aufweisen (Abb. 18 a). Der
einzige photographische Beleg
zeigt den Fadenbau allerdings
nicht klar[27]; es läßt sich daher nicht entnehmen, ob Chromonemen in dem hier verwendeten engen Sinn oder in dem

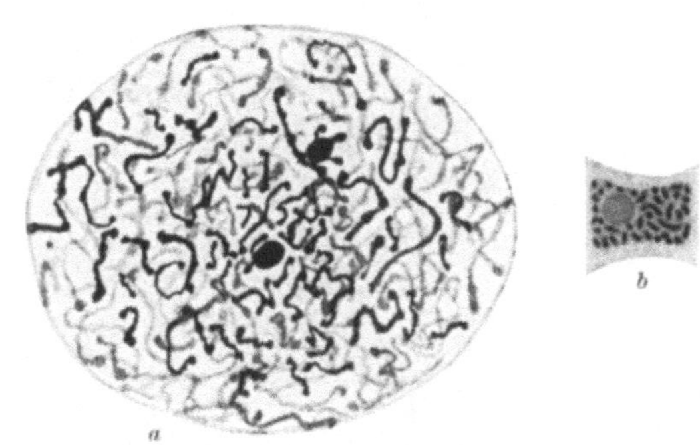

Abb. 18 a, c. Chromonemakerne. a von *Artemia salina* (Meta-
nauplius IV einer tetraploiden Rasse), b von *Diatoma vulgare*. —
a KE. 1750fach, nach Barigozzi (1941/44), b KE. 1600fach,
nach Geitler (1934 b).

weiteren, wie ihn viele Autoren verwenden, gemeint sind. — Kerne mit
gleichmäßig dünnen Chromonemen, die sich nur auf kurze Strecke
verfolgen lassen, besitzt nach Geitler (1934 b) auch *Diatoma vulgare*
(Abb. 18 b).

4. Chromosomenkerne

Bei einer Reihe von Metazoen und in bestimmten Verwandtschaftskreisen von Flagellaten erfahren alle Chromosomen beim Abschluß der
Mitose keine oder nur eine begrenzte Entspiralisierung. Sie bleiben als
Stäbe oder Fäden von prophasischer oder metaphasischer Ausbildung im
Ruhekern erhalten[28]; oder wenn es zu einer kräftigeren Auflockerung
kommt, so nimmt doch jedes Chromosom für sich ein abgegrenztes Areal
im Kern ein und ist somit als gesondertes Gebilde zu erkennen. Im

---

[27] Damit soll keineswegs der jetzt vielfach üblichen einseitigen Verwendung
photographischer Bildbelege das Wort gesprochen werden!

[28] Grell (1953) nennt solche Ruhekerne „nicht interphasische" Ruhekerne. —
Nach McClellan sollen auch in den Ruhekernen der Amoebe *Pelomyxa illinoisensis*
die Chromosomen als gesonderte, feulgenpositive Körper erhalten bleiben. Doch
findet er nur maximal 15 derartige Körper, was der sicher viel höheren Chromosomenzahl nicht entsprechen kann. Vielleicht stellen diese Körper heterochromatische
Chromosomen oder Chromosomenteile dar.

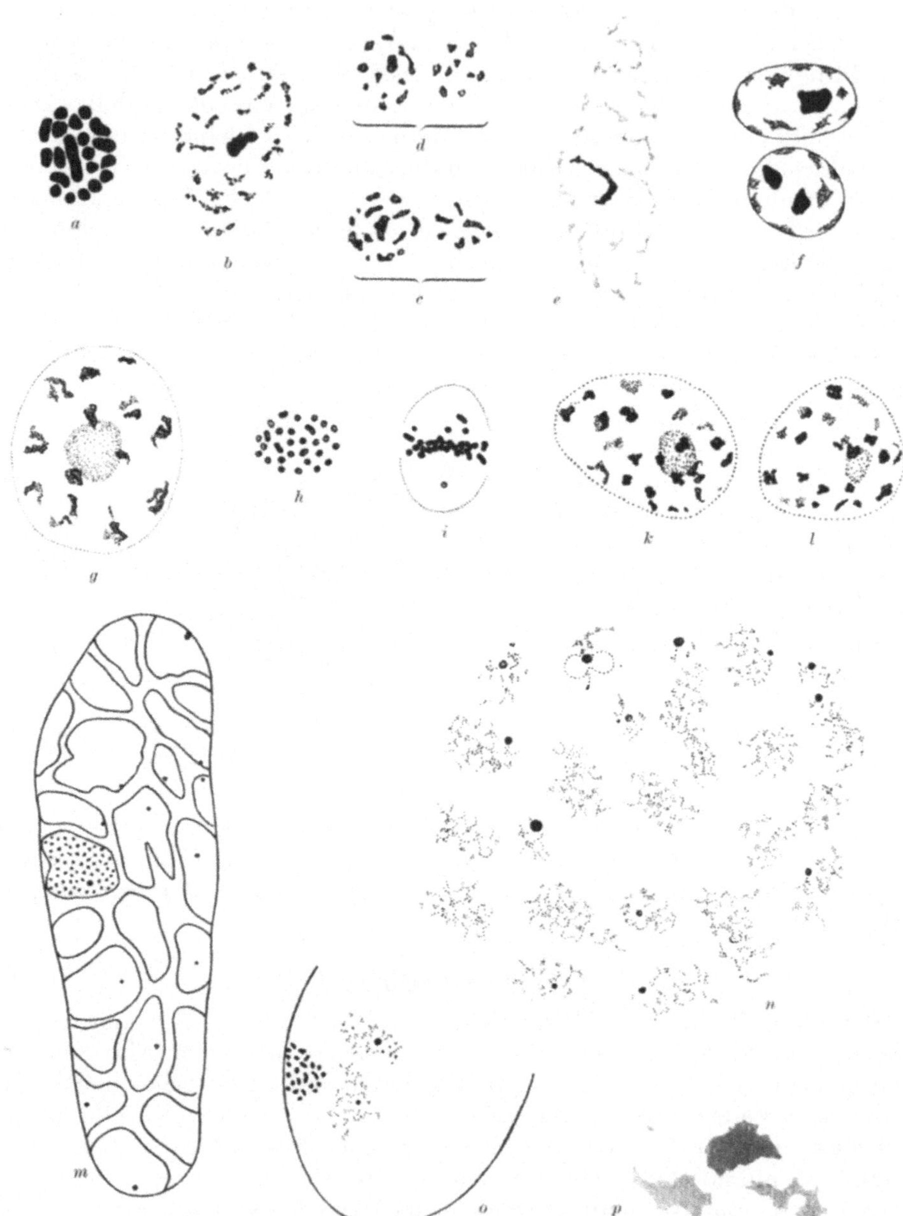

Abb. 19a—p. Chromosomenkerne. a—f *Gerris lateralis*, a spermatogoniale Metaphase, das große X-Chromosom im Zentrum, b—e diploide Ruhekerne aus verschiedenen Geweben von Männchen (Imagines und ältere Larven), die verschiedene (lockere oder dichtere) Beschaffenheit der heterochromatischen X-Chromosomen und der euchromatischen Autosomen zeigend, b aus den Hodensepten, c, d aus dem Fettkörper (die durch eine Klammer verbundenen Teilfiguren sind die Ansichten eines Kernes bei hoher und tiefer Einstellung), e aus Muskelzelle, f diploide Kerne aus dem Gehirn eines Weibchens (im oberen sind die 2 X-Chromosomen zu einem Sammelchromozentrum verschmolzen); g *Corixa punctata*, Interphasekern aus einer Borstenbildungszelle, homologe Chromosomen auf Distanz gepaart; h, i diploider Ruhekern und tetraploide Prometaphase (letztere zum Vergleich der Chromosomengröße, in beiden nicht alle Chromosomen wiedergegeben) aus dem Fettkörper einer Schmetterlingsraupe; k, l *Limnophilus flavicornis*, diploide Interphasekerne aus dem Flügelepithel einer Puppe (Homologenpaarung!); m—p *Psophus stridulus*, männliche Imago, m diploider Ruhekern aus dem äußeren Epithel der Hodenschlauchwand, Chromosomen als nahezu homogene Schollen ausgebildet (in einer Scholle ist die euchromatische Feinstruktur und in mehreren das proximale Heterochromatin dargestellt), n flacher diploider Kern aus der Cysten-

letzteren Fall — dagegen nicht bei metaphasischer Erhaltung — können auch verschiedene Chromosomen oder verschiedene Chromosomenteile sich verschieden verhalten und tritt ein Unterschied zwischen Eu- und Heterochromatin hervor.

Auf die Flagellaten wird auf S. 57 ff. näher eingegangen. Von den übrigen Organismen mit Chromosomenkernen sind die Wanzen und unter diesen *Gerris lateralis* am eingehendsten untersucht (GEITLER 1937 b, 1938 b) [29]; der Kernbau dieser Art soll daher zunächst besprochen werden. Der diploide Chromosomensatz des Männchens besteht aus 20 Autosomen und einem X, der des Weibchens aus 20 Autosomen und 2 X (XO-Typ der Geschlechtsbestimmung). Die X-Chromosomen zeichnen sich in beiden Geschlechtern durch totale somatische Heterochromasie aus; sie scheinen also in den Ruhekernen als kompakte stabförmige, abgerundete oder unregelmäßig begrenzte, meist längliche Gebilde auf und liegen von der Mitose her im Zentrum der Kerne (Abb. 19 a—f). Auch die Autosomen bleiben im Ruhekern zur Gänze als distinkte, in den meisten Geweben unregelmäßig stäbchenförmige und ziemlich dichte Gebilde bestehen. Im Vergleich zu den X-Chromosomen sind sie aber gewöhnlich weniger kompakt und in manchen Geweben zeigen sie sogar Chromomerenbau. Man muß sie daher als euchromatisch auffassen [30] und kann sie nicht etwa den Prochromosomen gleichsetzen, denn diese stellen — wie auf S. 36 auseinandergesetzt — proximale heterochromatische Teile von Chromosomen dar, deren euchromatische Enden in der Regel so weitgehend aufgelockert sind. daß sie sich im Ruhekern lichtmikroskopisch nicht nachweisen lassen. In den diploiden Ruhekernen der Weibchen vereinigen sich übrigens die beiden X-Chromosomen gelegentlich zu einem Sammelchromozentrum (Abb. 19 f).

Gerris lacustris verhält sich wie *Gerris lateralis* mit dem einzigen Unterschied, daß das relativ kleine X-Chromosom sich nur während der Meiose als heterochromatisch erweist, in somatischen Ruhekernen dagegen nicht nachweisbar ist (GEITLER 1937 b). Da 16 weitere Arten aus 4 Familien im wesentlichen den gleichen Kernbau haben wie die zwei genannten und eine weitere Gerride, ist er offensichtlich für die Hemipteren überhaupt kennzeichnend (GEITLER 1939 b). Gewisse Variationen ergeben sich nur auf Grund des Vorhandenseins oder Fehlens von heterochromatischen Abschnitten an den Autosomen und der somatischen Heterochromasie der Geschlechtschromosomen; bei mehreren Arten des XY-Typus ist nämlich das Y im Soma heterochromatisch, das X dagegen nicht; dazu kommt noch, daß in manchen Fällen bestimmte partiell heterochromatische Autosomen

---

[29] Auch in diesem Fall wurde so wie in vielen anderen die Analyse der Ruhekerne vor allem in Hinblick auf die innere Polyploidie durchgeführt.

[30] Nur die Trabanten der beiden nukleolenkondensierenden Autosomen sind wohl heterochromatisch.

---

wand mit lockeren Chromosomenschollen, *o* Teil eines Kernes aus der Cystenwand, zwei Autosomen und das X-Chromosom dargestellt, *p* Ausschnitt aus einem diploiden Kern des inneren Epithels der Hodenschlauchwand, im Bild links das X-Chromosom. — *a—f, h. i, m—p* AE, KE. *m—p* vorbehandelt mit destilliertem Wasser, *a—d, f, m—p* 1800fach, *e* 1600fach, *h. i* ca, 1500fach, *a. c, d* nach GEITLER (1932), *b. f* nach GEITLER (1939a). *e* nach GEITLER (1938b). *m—p* nach GEITLER (1944a); *g* Bouin-Allen, Feulgen-Lichtgrün. ca. 2850fach, nach LIPP (1953); *k. l* Bouin-Allen, Hämatoxylin, 3000fach. nach RÖNSCH.

und in anderen die total heterochromatischen Geschlechtschromosomen als SAT-Chromosomen fungieren.

Corixa punctata fügt sich in das allgemeine Bild ein (Lipp 1953). Die Geschlechtschromosomen zeichnen sich in diesem Fall wahrscheinlich nicht durch somatische Heterochromasie aus; doch ist eine sichere Entscheidung vorderhand nicht möglich, da in der Epidermis, die hauptsächlich untersucht wurde, alle Chromosomen relativ stark kondensiert sind (die Autorin spricht von hochgradiger Heteropyknose und Chromozentren. was auf Grund des Vergleiches mit anderen Wanzen nicht berechtigt erscheint). Ein an und für sich vielleicht bestehender und in anderen Geweben zutage tretender Unterschied zwischen Eu- und Heterochromatin könnte dadurch so wie in manchen Geweben von *Gerris lateralis* verwischt sein. Eine bemerkenswerte, bei anderen Wanzen nicht festgestellte Eigentümlichkeit zeigt sich bei *Corixa* insofern, als die Homologen in den somatischen Kernen auf Distanz gepaart sind (ebenso sind sie es nach Slack in den spermatogonialen Mitosen; Abb. 19 *g*).

Auch bei manchen isopoden Crustaceen (Asseln), bei Gastropoden und Collembolen enthalten die Ruhekerne offenbar individualisiert sichtbare Chromosomen in stark kondensiertem Zustand (Heitz 1944, 1951). Das gleiche ergibt sich nach Stichproben an Zikaden und Aphiden für die Homopteren (Geitler 1953, S. 16). Bei den Chromosomenkernen der Lepidopteren ist die Ausbildung der Chromosomen anscheinend artspezifisch verschieden, nämlich in manchen Fällen mehr kompakt und in anderen etwas lockerer (Abb. 19 *h, i*; Geitler 1940 d, Barigozzi 1947, Lipp 1955 [31]). Lipp fand außerdem bei vier Arten somatische Paarung verschiedenen Grades: in den Ruhekernen von *Ephestia kühniella* ist sie sehr ausgeprägt: auf der diploiden Stufe enthalten sie knopfförmige chromatische Körper in haploider Anzahl; zwei andere Arten vermitteln den Übergang zu *Pieris brassicae*, bei welcher die Homologen nur auf Distanz gepaart sind.

Die Kernverhältnisse bei den Coleopteren wurden zwar noch nicht eingehend bearbeitet, doch kann man den Angaben von Geitler (1940 d und 1953) über endopolyploide Kerne bei *Cassida viridis* entnehmen, daß auch in diesem Fall, und zwar höchstwahrscheinlich auch in diploiden Kernen. im Ruhezustand weitgehend kondensierte Chromosomen vorliegen. Barigozzi (1947) beschreibt für die vermutlich diploiden bzw. zum Teil möglicherweise niedrig endopolyploiden Ruhekerne der malpighischen Gefäße von *Lucanus* eine Struktur, die er den Prochromosomen bestimmter Pflanzen vergleicht, doch bleiben individualisierte Chromosomen sichtbar, die in den Endabschnitten etwas entspiralisiert und in den Mittelstücken kompakt sind. Bushnell spricht beim Intestinalepithelium von *Acanthoscelides obtectus* gleichfalls von Kernen mit Prochromosomen; wahrscheinlich handelt es sich aber so wie bei *Cassida* um Chromosomen, die im Ruhekern durchgehend stark kondensiert bleiben (über Chromozentrenkerne in der Scarabäidengattung *Aphodius* vgl. S. 40).

---

[31] Die Angaben von Barigozzi beziehen sich nur auf e n d o p o l y p l o i d e Kerne von *Bombyx,* sind aber so gut wie sicher auf diploide zu übertragen.

Schließlich sind so gut wie sicher hier noch die Trichopteren anzureihen. Diploide Ruhekerne analysierte Rönsch bei *Limnophilus flavicornis;* diese enthalten kontrahierte Chromosomen (nach Rönsch „Chromozentren") und die Homologen sind mehr oder minder eng gepaart (Abb. 19 *k, l*). Nach Angaben von Barigozzi (1947) über die endopolyploiden Kerne von *Odontocerum albicorne* und von Geitler (1953) über die zweier *Halesus*-Arten ist anzunehmen, daß in diesem Verwandtschaftskreis regelmäßig Chromosomenkerne vorkommen.

Uneinheitlich in bezug auf den Bau der Ruhekerne verhalten sich dagegen wahrscheinlich die Hymenopteren. In männlichen haploiden Larven von *Habrobracon* sollen sich nämlich nach Grosch haploide (und auch endopolyploide) Ruhekerne mit kontrahierten Chromosomen finden; die der Honigbiene besitzen dagegen nach Painter (1945) „granulär-retikuläre" Struktur (die fädigen Verbindungen zwischen den Granula sind offenbar artifizieller Natur). — In der Mehrzahl der zuletzt im Anschluß an die Wanzen genannten Fälle wurde nicht eigens darauf geachtet, ob die Chromosomen tatsächlich zur G ä n z e in kontrahiertem Zustand in den Ruhekern eingehen, doch trifft dies mit größter Wahrscheinlichkeit zu.

Einer näheren Behandlung bedürfen die Verhältnisse bei den Orthopteren. Sie wurden vor allem von Barigozzi (1942 b) bei *Gryllotalpa gryllotalpa* und von Geitler (1944 a) bei *Psophus stridulus* studiert. Allerdings sind die an den somatischen Kernen des Hodens von *Psophus* gewonnenen Resultate nicht ohne weiteres auf andere Gewebe zu übertragen, da die Kernstruktur in diesem Verwandtschaftskreis offenbar sehr stark gewebespezifischen und vielleicht auch alters- und funktionsbedingten Unterschieden unterliegt, was aber noch nicht näher verfolgt wurde. Auch läßt es sich vorderhand nicht entscheiden, welcher Bautypus vorherrschend ist. Bei *Psophus* sind die Chromosomen in den Ruhekernen der Hodenwand jedenfalls schollenförmig ausgebildet; diese Schollen erweisen sich im äußeren Epithel als sehr dicht, homogen und stark färbbar, in den Cystenwänden sind sie mehr aufgelockert (Abb. 19 *m—p*). Behandlung mit destilliertem Wasser vor der Fixierung und Färbung läßt auch in den dicht gebauten Schollen eine körnige Struktur hervortreten, und außerdem wird in mehreren Schollen ein kleiner heterochromatischer Körper sichtbar, der dem kurzen Arm der subtelozentrischen Chromosomen entspricht. In alten Kernen unterscheidet sich auch das X-Chromosom durch stärkere Färbbarkeit von den Autosomen; sein kurzer Schenkel ist aber so wie der der Autosomen n o c h stärker färbbar. Die lockerere oder dichtere Beschaffenheit der Schollen geht offensichtlich auf eine mehr oder weniger weitgehende, relativ regellose Entspiralisierung der Chromosomen zurück. Bei *Gryllotalpa* finden sich in manchen Kernen ähnliche Schollen, in anderen jedoch Chromosomen von länglichen nahezu spät-prophasischen Formen und in einzelnen sind Chromonemen von früh-prophasischer Beschaffenheit vorhanden. Die heterochromatischen Abschnitte von vier Chromosomen sollen in diploiden Ruhekernen gewöhnlich zu einem Chromozentrum verschmelzen (Barigozzi 1942 b). — Chromosomen in Form mäßig aufgelockerter bis kompakter Schollen oder Stäbchen dürften auch die Ruhekerne der malpighischen Gefäße von *Periplaneta americana* und *Apterygida albipennis* enthalten (Ries, Barigozzi 1947); doch bestehen hinsichtlich der Chromozentren bei letzterer noch Unklarheiten. In den malpighischen Gefäßen von *Stenobothrus* finden sich die gleichen verschiedenartigen Kernstrukturen wie in der Hodenwand von *Gryllotalpa,* und bei Larven von *Gryllotalpa* enthalten sie Ruhekerne mit Mitose-artigen Chromosomen (Barigozzi 1947).

Eine Araneide und eine Reihe von Insekten aus den bereits besprochenen Verwandtschaftskreisen haben anscheinend gleichfalls Chromosomenkerne (Baffoni 1960) und schließlich dürften auch die Schnecken hier anzureihen sein (Heitz 1944).

B. Ruhekerne ohne lichtmikroskopisch nachweisbare Chromatin-Strukturen

Manche Arten besitzen Ruhekerne, in denen sich auch nach Fixierung lichtmikroskopisch keine Chromatinstrukturen nachweisen lassen[32]; der Kernraum erscheint also abgesehen vom Nukleolus (meist ist nur ein einziger vorhanden) homogen. In einigen Fällen wurde eine schwache diffuse Feulgenfärbbarkeit festgestellt; in anderen fehlt auch diese[33]. Die Strukturlosigkeit ist wohl analog zu deuten wie das Fehlen euchromatischer Strukturen in den Chromozentrenkernen, nämlich mit einer sehr weitgehenden Entspiralisierung (und vielleicht auch einer zusätzlichen Auflockerung? — vgl. S. 8). Die Chromosomen bleiben also zwar als individualisierte Körper bestehen, haben aber offenbar einen so geringen Durchmesser, daß sie lichtmikroskopisch nicht wahrnehmbar sind. Bei entsprechend dichter Lage gibt der Kern eine schwache diffuse Nuklealreaktion, bei lockerer Verteilung fällt auch diese weg. — Eine Frage, die sich vielleicht in der Zukunft mit Hilfe der Elektronenmikroskopie lösen lassen wird, ist die, ob trotz der weitgehenden Entspiralisierung noch graduelle Unterschiede zwischen verschiedenen Chromosomenteilen bestehen.

Die Strukturlosigkeit tritt einerseits im Rahmen der gewebe- bzw. zellspezifischen Veränderungen des Kernbaus in bestimmten Zellen bei höheren

---

[32] Über die scheinbare Strukturlosigkeit lebender Ruhekerne vgl. S. 4 f.

[33] Über die besonderen Verhältnisse in den homogenen, dicht gebauten und intensiv feulgenpositiven Kernen der Spermien von Metazoen vgl. S. 79 ff.

Abb. 20*a—m.* Ruhekerne von Pilzen (Fungi) bzw. einem Myxomyceten. *a—e Geopyxis cupularis. a* Zelle aus dem lockeren Hyphengespinst vom Rande eines Apotheziums, im Ruhekern ein großes, eine einzige Vakuole umschließendes Chromozentrum und kleinere heterochromatische und euchromatische Elemente. *b* Ruhekerne aus den gleichen Hyphen (Nukleolen bei *a* und *b* nicht zu sehen, möglicherweise in Form von „Vakuolen" vom Chromozentrum umschlossen). *c* Teil eines Ascus mit drei von den insgesamt 8 noch nicht vollständig ausgereiften Sporen, Chromatin in den Ruhekernen aufgelockert. Nukleolen regelmäßig peripher (in älteren Sporen liegt der Kern an der Zellwand, zwischen dieser und dem großen Öltropfen eingezwängt, trotz der ungünstigen optischen Verhältnisse kann man in ihm ein vakuolisiertes Chromozentrum und den Nukleolus erkennen). *d* Endabschnitt einer Paraphyse aus einem nicht völlig herangewachsenen Apothezium, Kernstruktur relativ locker, Heterochromatin im unteren Kern in Form eines Fadens, im oberen in Form von Bröckchen rund um den Nukleolus. *e* Ruhekern, wie er für Paraphysen voll entwickelter Fruchtkörper typisch ist; *f—h Cucurbitaria laburni, f* Ruhekerne aus Periphysen und anderen Hyphen im Perithezium mit deutlichen kleinen Chromozentren. *g* nahezu reife Spore (nur zur Hälfte und im optischen Schnitt dargestellt), Ruhekerne ohne sichtbare Chromatinstruktur, Nukleolen mehr oder minder zentral, *h* Spitze eines einkernigen Ascus, in dem enorm herangewachsenen Kern keine Chromatinstrukturen zu sehen; *i Pleospora herbarum,* Abschnitte von Hyphen aus dem Bereich des Peritheziums mit kleinen Chromozentrenkernen; *i, k Lecanora dispersa,* Zelle bzw. Kerne (und zwar Chromozentrenkerne) aus den Hyphen, die im Rande des Apotheziums die Algenzellen umspinnen; *l Coprinus* sp. Ruhekerne. oben aus dem Stiel des Fruchtkörpers, unten aus Paraphysen; *m Didymium nigripes,* Ruhekern. (Die Membran der Kerne in den Figuren *c, d, i, l* ließ sich nur undeutlich erkennen und ist bei Fig. *c* und *d* nicht eingetragen; bei den Kernen, wie sie in Fig. *f* und *i—l* dargestellt sind, ließen sich keine Nukleolen auffinden; für Fig. *a, c, d* gilt der links oben angebrachte Maßstab, für die übrigen Figuren der links unten befindliche). — *a—l* AE, KE + Eisenalaun, *m* AE, Feulgen, *a—m* Orig.

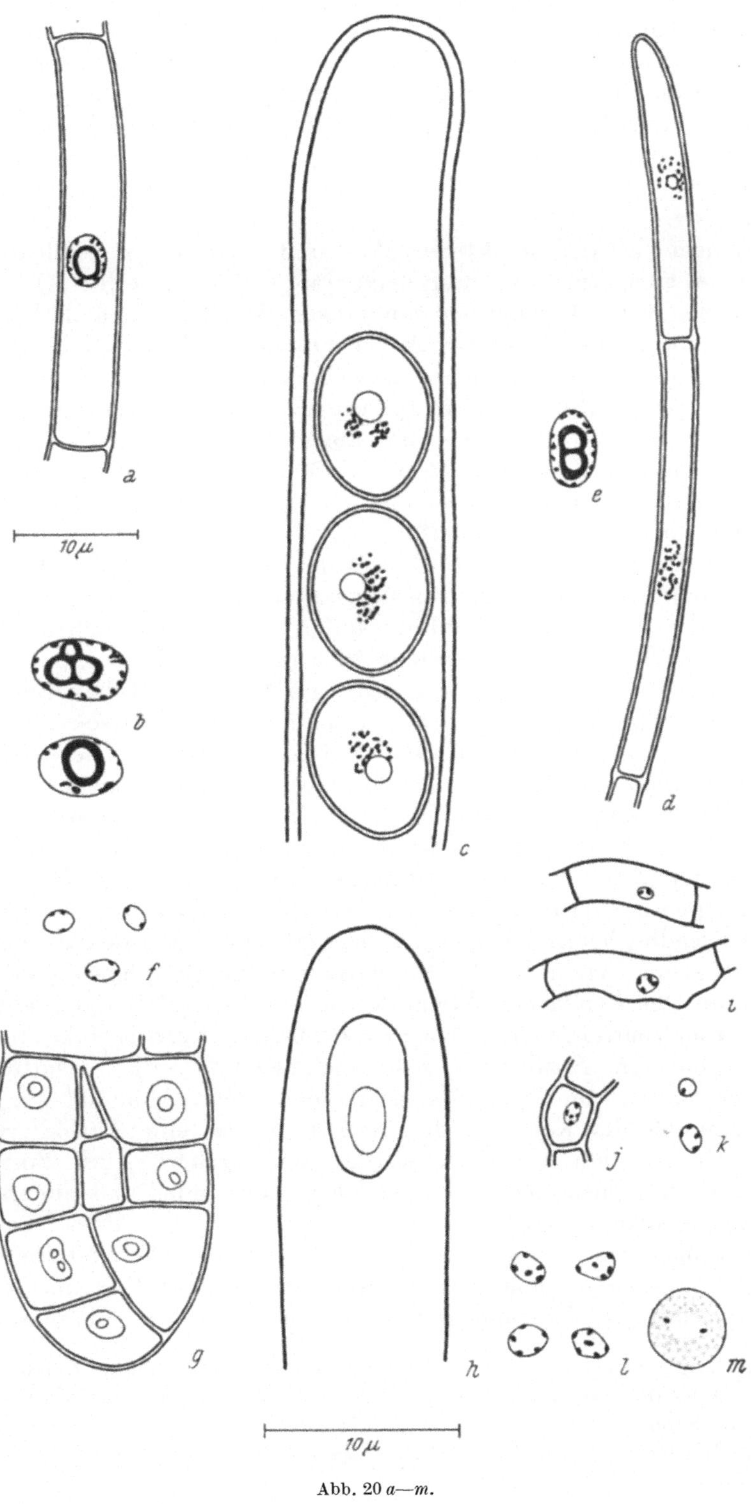

Abb. 20 *a—m.*

Tieren und Pflanzen (siehe S. 88 ff.) und — wie weiter unten gezeigt wird — auch bei Protisten auf; andererseits ist sie für manche Protisten ganz allgemein typisch. Ob sie bei diesen so weit verbreitet ist, wie allgemein angenommen wird, erscheint allerdings zweifelhaft, da die Durchsicht der Literatur nach konkreten Beispielen sich nicht als ergiebig erweist und auch die Überprüfung an einigen Stichproben nicht die erwarteten Befunde zeitigt.

Von einem Fall der Strukturlosigkeit und der diffusen Nuklealreaktion bei einer Angiosperme berichtet Dangeard (1937). Er erhielt bei *Oxalis stricta* in den Interphasekernen von jungen Blütenknospen nach Regaud-Fixierung eine diffuse Nuklealreaktion. Ob sich nach Anwendung anderer Fixierungsmittel und in anderen Geweben, insbesondere Dauergeweben, das gleiche zeigt, müßte jedoch erst überprüft werden. Allgemeine Angaben über Ruhekerne von Protisten, die abgesehen von den Nukleolen leer erscheinen, machen Schussnig (1953, S. 430), Geitler (1955 a) und Grell (1956); es werden niedere bzw. höhere Pilze, Rhodophyceen, viele Amöben, Flagellaten und Sporozoen angeführt.

Was die Pilze betrifft, so dürften wohl bei einigen strukturlose Ruhekerne vorkommen: so bei dem von Geitler (1934 b) angeführten *Ascobolus immersus* (*Pezizaceae*), der allerdings außer wie bisher im Leben auch nach Fixierung und Färbung untersucht werden müßte (Abb. 35 a, b, S. 69). Bei einer anderen Pezizacee: *Geopyxis cupularis*[34] sind die Ruhekerne reich an Chromatin (Abb. 20 a—e); für *Peziza rutilans* gibt Wilson „retikuläre" Kernstrukturen an. — Strukturlose Ruhekerne hat wahrscheinlich auch *Glomerella cingulata* (*Sphaeriales*), bei der nach Lucas die zwei vor der Verschmelzung stehenden haploiden Kerne im jungen Ascus und ebenso die der Ascosporen den Nukleolus umgeben von einer hyalinen Zone zeigen. Allerdings kann man nicht mit Sicherheit schließen, daß auch in anderen Zellen der gleiche Kernbau besteht. Dies ergibt sich aus den Verhältnissen bei zwei Pseudosphaerialen: *Cucurbitaria laburni* (Pers.) de Not. und *Pleospora herbarum* Tul[35]. Bei beiden enthalten die Periphysen und andere Hyphen aus den Perithezien kleine Kerne mit einigen wenigen, aber deutlichen Chromozentren; in den enorm vergrößerten Kernen einkerniger Asci sind dagegen keine Strukturen wahrzunehmen und auch die mittelgroßen Kerne der Sporen von *Cucurbitaria* erscheinen leer (Abb. 20 f—i). Mit der Größenzunahme der Kerne in den Asci kann also eine Auflockerung des Chromatins bis zum Unsichtbarwerden einhergehen. Auch Pinto-Lopez spricht von zwei Zustandsformen der Kerne „expanded and unexpanded", die homogen, dispers oder fädig bei ein und derselben Pilz-Spezies vorkommen sollen. Nach seiner allerdings sehr knappen Darstellung dürften strukturlose Kerne in dem hier gebrauchten Sinn für *Coprinus radiatus*, *C. ephemerus* sowie *Leptoporus imberbis* charakteristisch sein. Nach eige-

---

[34] Das mir vorliegende Material stimmt überein mit den von Keissler ausgegebenen Exsiccaten Nr. 1730: *G. cupularis,* zu denen er bemerkt, daß sie zu *G. catinus* überleiten.

[35] Die Beschaffung und Bestimmung dieser beiden Arten verdanke ich Herrn Dr. H. Riedl.

nen Untersuchungen kommen jedoch in der Gattung *Coprinus* auch Arten mit Chromozentrenkernen vor (Abb. 20 *l*).

Nach OLIVE (1953, S. 484) soll bei Pilzen das Chromatin infolge einer besonderen Sensibilität gegenüber vielen Fixierungsmitteln leicht kollabieren, sich dem Nukleolus anlagern und mit bestimmten Farbstoffen sich mit ihm gemeinsam als e i n Körper färben. Dies hätte zu der falschen Vorstellung geführt, daß die Kerne aus einem Karyosom (= Nukleolus plus in ihm befindliches Chromatin) umgeben von einer hyalinen Zone und der Kernmembran bestehen. Zu dieser Ansicht kommt er auf Grund älterer Untersuchungen WAKAYAMAS an mehreren *Aspergillus*-Arten sowie seiner eigenen an *Aspergillus fischeri* und der Anwendung der KE-Technik, die in geringerem Maß als andere Methoden zu den besagten Artefakten führen soll. Er findet bei *Aspergillus fischeri* den Nukleolus, der auch das Chro-

matin umfassen soll, umgeben von einer „clear area" (OLIVE 1944). Eine solche strukturlose Zone konnte die Verfasserin bei der Überprüfung an *Aspergillus ochraceus* WILHELM jedoch nicht finden (AE, KE mit einer Spur Eisenalaun). Vielmehr schienen die winzig kleinen Kerne in den Konidienträgern und vegetativen Hyphen intensiv gefärbt, und zwar zum Teil einheitlich, zum Teil ließen sich drei bis vier etwas stärker gefärbte Körn-

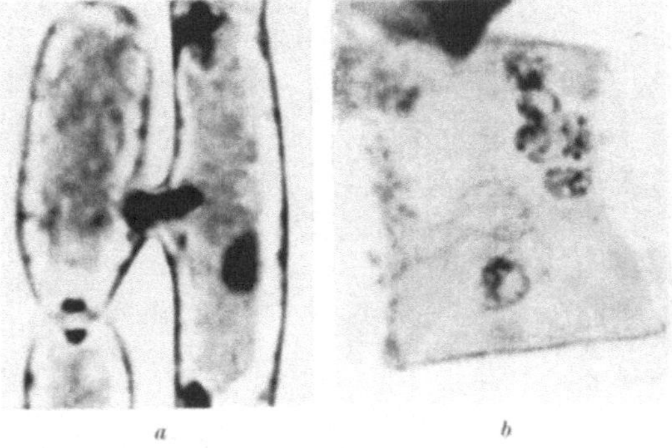

Abb. 21 *a, b*. Ruhekerne von *Agaricus campestris. a* Zellen eines auf Agar kultivierten Myceliums mit Kernen von homogener Beschaffenheit. *b* Teil einer großen vakuolisierten Zelle aus dem Hut, in den Kernen körnige Chromatinstrukturen. — *a, b* Phot., Vergr. ca 2000fach, nach EVANS.

chen rund um einen gleichmäßigen, eine Spur helleren zentralen Teil, wahrscheinlich den Nukleolus, erkennen. Ähnliche Unterschiede, nämlich homogene, intensiv färbbare Kerne und andere, die in der Kerngrundsubstanz den Nukleolus und Chromatinschollen klar erkennen lassen (beide sicher „ruhend"), fand übrigens auch EVANS in gut belegten Untersuchungen bei *Agaricus campestris* (Abb. 21); und in einer Mitteilung aus neuester Zeit berichtet NAHA von homogenen, stark färbbaren Kernen bei dem Hymenomyceten *Trametes cingulata* (die kleinen, in diesem Punkt vielleicht schematisierten Abbildungen stellen allerdings keine klaren Belege dar); auch in den Sporen von *Schizophyllum commune* sind nach EHRLICH und McDONOUGH die Kerne sehr kompakt und homogen. Es gibt also möglicherweise bei Pilzen noch einen anderen Typus strukturloser Ruhekerne, nämlich die intensiv färbbaren. Man könnte sich vorstellen, daß die Chromosomen in ihnen stark kontrahiert und vielleicht infolge einer besonderen „stickiness" oder unter Mitwirkung der Nukleolarsubstanz zu einer einheitlich aussehenden Masse verbacken sind. Jedenfalls sind noch eingehendere Untersuchungen nötig, um ein klares Bild über diesen Typus der Kerne bei Pilzen zu gewinnen (die Nuklealreaktion gelang EVANS bei *Agaricus* nicht).

Zusammenfassend kann man also über das Vorkommen von Ruhekernen ohne lichtmikroskopisch nachweisbare Chromatinstrukturen bei Pilzen folgendes sagen: wenn auch die eingehendere Analyse durch die zumeist geringe Größe der Kerne erschwert ist, so ist doch bei zahlreichen Arten Chromatin in Form von Chromozentren, Fäden, Körnchen oder artifiziell veränderten Gebilden beobachtet worden; offenbar für einen geringen Prozentsatz sind „leere" Kerne typisch, Bei einem vorderhand noch unbekannten Anteil kann man auf Grund der Verhältnisse im jungen Ascus und in den Ascosporen infolge des zellspezifischen Verschwindens sichtbarer Kernstrukturen den Eindruck gewinnen, daß sichtbares Chromatin fehlt; wie das Beispiel von *Cucurbitaria* zeigt, darf man diesen jedoch nicht verallgemeinern und auf die vegetativen Teile übertragen. [Außer bei den bereits genannten Arten wurden Ruhekerne mit sichtbaren Chromatinelementen gefunden bei Vertretern bzw. weiteren Vertretern der: Plasmodiophoralen, Chytridialen, Blastocladialen, Saprolegnialen, Peronosporalen, Mucoralen, Sphaerialen, Hypocrealen, Pseudosphaerialen, Erysiphalen, Aspergillalen, Saccharomycetalen, Sphaeropsidalen, Uredinalen, Ustilaginalen, Polyporalen, Agaricalen und Lycoperdalen und außerdem beim Pilzpartner von *Lecanora dispersa* (Abb. 20 j, k); Ajello, Backus and Keitt, Baker-Spigel 1957, 1958, 1959 a, b, c, 1960 a b, Bosc, Callen, Cutter 1942, Delaporte et Saccas, Girbardt 1958, Hatch, Heim, Horne, Jung und Rochelmeyer, McClintock 1945, McDonough, Olive 1947, 1952, Ritchie, Robinow, Shanor, Stevens, Wang, Ziegler] [36].

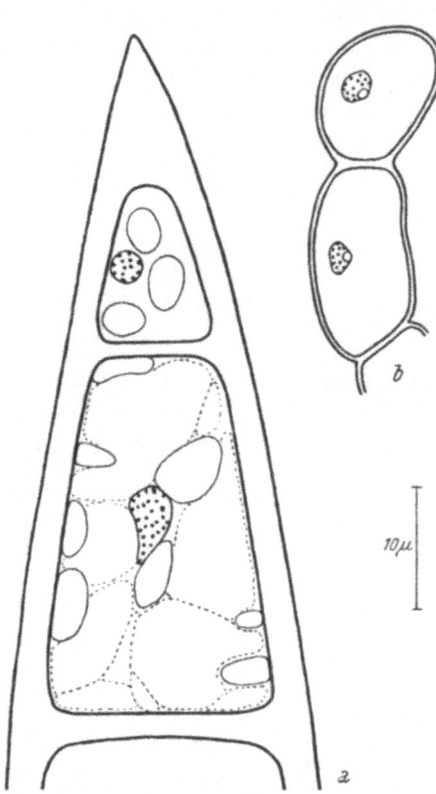

Abb. 22 a, b. Ruhekerne von Rotalgen. a *Ceramium ciliatum*, Endabschnitt eines Stachels, Kernstruktur granulär, im unteren Kern zwei etwas größere, offenbar heterochromatische Schollen; b *Batrachospermum moniliforme*, Zellen aus Berindungsfaden, Kernstruktur fein granulär, Nukleolen peripher. — a, b AE, KE + Eisenalaun, Orig.

Nach der Darstellung und den Abbildungen von Milovidov könnte man meinen, daß die Kerne von *Plasmodiophora brassicae, Fuligo varians* und *Didymium nigripes* nur eine diffuse Nuklealreaktion geben. Die Überprüfung an *Didymium nigripes* zeigt jedoch das Chromatin in Form feiner schwach färbbarer (KE bzw. Feulgenreaktion) Granula und auch zwei heterochromatische Teilchen, die dem Nukleolus anliegen, sind regelmäßig

---

[36] Auf offenbar unzureichenden Beobachtungen beruhende, unhaltbare Vorstellungen über den Bau der Interphasekerne von *Marasmius* entwickelt MacDonald.

zu erkennen (Abb. 20 *m*). Für *Plasmodiophora* gibt HEIM das Vorhandensein chromatischer Strukturen an (allerdings in Form eines Netzes, das einige Chromatingranula trägt!).

Außer der oben erwähnten Angabe GEITLERS über das Vorkommen von strukturlosen Kernen bei R h o d o p h y c e e n gibt es nur wenige neuere Mitteilungen, in denen auf den Bau der Ruhekerne in diesem Verwandtschaftskreis eingegangen wird. KYLIN (1956) berichtet zusammenfassend (wobei er sich hauptsächlich auf seine Untersuchungen von 1923 stützt), daß das „Chromatingerüst" bei den höheren Florideen gut entwickelt ist und zahlreiche Chromatinkörnchen vorhanden sind. Bei den Bangiaceen und niederen Florideen (z. B. *Nemalion* und *Batrachospermum*) sollen dagegen die Chromatinkörnchen und das „Kerngerüst" sehr schlecht entwickelt sein und die Kerne beinahe inhaltsleer erscheinen. Über die Größe der vegetativen Kerne teilt er folgendes mit. Der Durchmesser beträgt durchschnittlich 3 μ, in manchen Zellen wachsen sie jedoch beträchtlich heran, so in den Zentralzellen von *Plocamium coccineum,* wo sie 30 bis 35 μ Durchmesser erreichen. Ähnliche Unterschiede dürften bei den meisten Arten, die nach dem Zentralfadentypus gebaut sind, bestehen. Das Wachstum der Kerne beruht offenbar nicht auf einer endomitotischen Vermehrung der Chromosomen, sondern auf einer Zunahme der Kerngrundsubstanz.

Die stichprobenartige eigene Überprüfung der Verhältnisse bei *Batrachospermum* und *Ceramium* ergab folgendes. Nach Fixierung in AE und Färbung mit KE, der etwas Eisenalaun zugesetzt ist, beobachtet man in den Zellen der Wirteläste und Berindungsfäden von *Batrachospermum moniliforme* kleine Kerne, in denen sich der kugelige Nukleolus regelmäßig völlig exzentrisch, und zwar der Kernmembran unmittelbar anliegend befindet; das Chromatin liegt in Form kleiner, locker verteilter Körnchen vor (Abb. 22 *b*). In voll entwickelten Zellen der Zentralachse sind die Kerne vergrößert, sie enthalten einen mehr oder minder zentralen Nukleolus, das Chromatin kann man nur andeutungsweise an manchen Stellen kaum gefärbt oder ungefärbt erkennen. In jungen Abschnitten, knapp hinter der Scheitelzelle, zeigen auch die Zellen der Zentralachse Kerne mit deutlichen Chromatinstrukturen wie die in den Wirtelästen und man sieht, wie parallel mit dem Zell- und Kernwachstum eine allmähliche Auflockerung einhergeht. Selbst in den kleinen Kernen ist die DNS-Konzentration offenbar so gering, daß man mit KE allein, ohne Zusatz von Eisenalaun, keine Färbung erhält, während beispielsweise die Kerne der als Aufwuchs vorhandenen Diatomeen positiv ansprechen. *Batrachosperum borreanum* verhält sich im wesentlichen ebenso wie *B. moniliforme* (Abb. 23). Übrigens geben YAMAHA und SUEMATSU (1938) für *Batrachospermum moniliforme* und eine zweite Spezies sowie für *Chantransia* sp. das Vorhandensein feulgen p o s i t i v e r. als Chromozentren gedeuteter Körnchen in kleinen Ruhekernen an. — Bei *Ceramium ciliatum* lassen sich die Kerne in den Stacheln mittels der KE-Technik leicht darstellen (in den Zellen der Querbinden traten sie dagegen aus unbekannten Gründen nicht regelmäßig hervor) [37]; sie enthalten Chro-

---

[37] Da sich die Chromatophoren durchgehend schwach anfärben, muß die KE jedenfalls gut eindringen; die Kerne der Zentralachse wurden nicht untersucht.

matinkörnchen, unter denen einige wenige durch ihre Größe und stärkere
Färbbarkeit hervorstechen, also offenbar Chromozentren darstellen. —
Schwach feulgenpositiv reagieren nach Ueda (1956) auch die Kerne von
fünf weiteren Rhodophyceen.

Im Zusammenhang mit diesen neueren Untersuchungen gewinnen auch
mehrere überwiegend ältere und zum Großteil nur gelegentliche Hinweise
an allgemeiner Bedeutung (Schussnig und Odle 1927, Drew 1934, Westbrook
1930, 1935, Svedelius 1935, 1937, Schussnig 1947; siehe auch Abb. 34). Aus
all dem ergibt sich das folgende Bild. Bei den höheren und auch einigen
niederen Florideen zeigen die Ruhekerne zumindest im fixierten Zustand licht-
optisch sichtbare Chromatinstrukturen. Allerdings können zellspezifische Veränderungen zu einer Aufblähung der Kerne und zur Auflockerung und zum Verschwinden der Struktur führen. Ob es unter den niederen
Florideen und Bangioideen Arten gibt, die durchgehend „leere" Kerne haben, ist fraglich (vielleicht *Nemalion*, *Porphyridium*, Bangiaceen?).

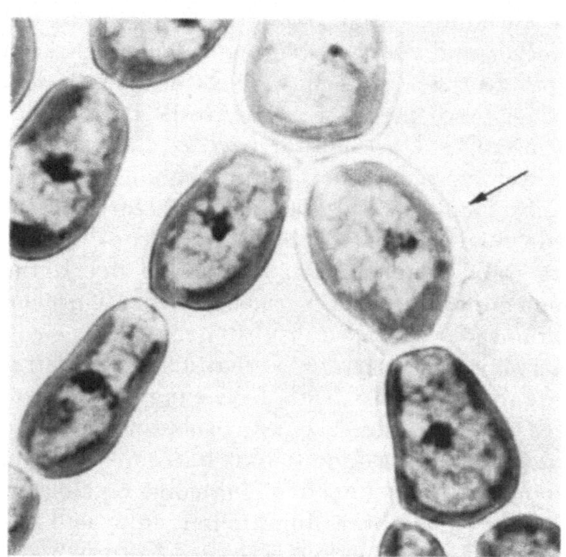

Abb. 23. *Batrachospermum borreanum*. Ruhekerne in Wirtelästen mit
körnigem bis undeutlich fädigem Chromatin und peripherem Nukleolus (eingestellt ist auf den bezeichneten Kern, die übrigen sind z. T.
durch aufgequollene Stärkekörner eingedellt). — AE, KE + Eisenalaun. Phot. Vergr. 1600fach. Orig.

Somit bleiben noch die Hinweise von Schussnig
bzw. Grell (vgl. oben S. 50) über viele Amöben, Flagellaten und Sporozoen.
Die Autoren beziehen sich offenbar in der Hauptsache auf ihre eigenen, zum
Teil wohl gelegentlichen Beobachtungen. Hinsichtlich der Amöben darf man
sie wohl als gesichert betrachten, da auch nach Bělař (1926) bei einer Reihe
von Arten — abgesehen vom Nukleolus oder zahlreichen Brocken von
Nukleolarsubstanz (vgl. S. 71 f.) — keine Struktur im Ruhekern zu sehen ist
(Abb. 24 a). Immerhin sollten auch diese Protisten mit modernen Methoden
untersucht werden, da bei den früher üblichen beispielsweise Chromozentren, die den Nukleolen anliegen, sich leicht der Beobachtung entziehen.
Daß bei manchen Flagellaten „leere" Ruhekerne vorkommen, ist wohl sehr
wahrscheinlich, doch mangelt es — soweit es die Suche der Verfasserin
ergab — an detaillierten Angaben. Über Kerne von Sporozoen liegen nicht
völlig klare Daten von Chen (1944) vor. Bei *Plasmodium elongatum*, einem
der Erreger von Vogel-Malaria, ist in mehreren Entwicklungsstadien der
Kernraum überwiegend oder zu einem kleineren Teil erfüllt von einer
homogenen, dichten und — nach der farbigen Darstellung zu urteilen —

stark feulgenpositiven Masse von Chromatin; sie hat im optischen Schnitt oft die Gestalt eines geschlossenen Ringes, eines Hufeisens, andere unregelmäßige und auch netzige Formen. Ob es sich dabei um reelle oder artifizielle Bildungen handelt, wird nicht klar. Aus den Untersuchungen von GRELL (1953 b) an *Eucoccidium dinophili* ergibt sich, daß der Kern der Sporozoiten intensiv feulgenpositiv ist und eine (nach der Ansicht des Autors artifizielle) netzförmige Struktur hat. Der Übergang zur Bildung der Makrogamonten ist von einem kräftigen Kernwachstum und einer Auflockerung der Chromatinmasse begleitet. Aus dieser treten zuerst Fäden hervor, von denen weiterhin Chromomeren-artige Gebilde und zum Schluß — bei Untersuchung im Leben und nach KE-Behandlung — nichts sichtbar bleibt. Bei Feulgen-Lichtgrün-Färbung ist dagegen (grün gefärbt?) die „chromonemale Grundstruktur" deutlich zu erkennen. — Bei der Schizogregarine *Lipocystis polyspora* spielen sich während der Entwicklung der Gamonten analoge Vorgänge ab (GRELL 1938); und auch für andere Sporozoen sind für bestimmte Entwicklungszustände Kerne mit sichtbaren Chromatinstrukturen und für andere „leere" Kerne beschrieben worden bzw. feulgenpositive und feulgennegative (BĚLAŘ 1926, S. 185, CHEISSIN, SCHOLTYSECK). Daraus ergibt sich, daß für die Sporozoen ähnlich wie für manche Pilze nur für bestimmte Entwicklungsstadien und nicht durchgehend strukturlose oder nahezu strukturlose Kerne charakteristisch sind.

Lichtmikroskopisch „leere" Interphasekerne besitzt nach TÄUMER auch die Protococcale *Rhopalocystis oleifera*. Die Ruhekerne von *Cystococcus* aut., dem Algenpartner von *Lecanora dispersa*, färben sich nach Anwendung der Feulgenreaktion oder mit KE (versetzt mit Eisenalaun) ganz blaß an und zeigen eine an der Grenze der lichtoptischen Auflösung stehende zartest körnige oder vielleicht auch fädige Struktur. Zwischen Arten mit lichtmikroskopisch nachweisbaren und Arten ohne sichtbare Kernstrukturen bestehen also offenbar alle Übergänge und es ist wohl kein prinzipieller Unterschied anzunehmen.

VII. Besonderheiten des Kernbaus bei Protisten

Im großen und ganzen ist bei den höheren Organismen der Kernbau relativ einheitlich. Demgegenüber herrscht bei den Protisten eine bemerkenswerte Vielfalt. Im wesentlichen stimmt zwar die Organisation des Kernes der kernführenden Protisten mit der höherer Tiere und Pflanzen überein und in vielen Fällen besteht überhaupt kein Unterschied (vgl. die Sammelreferate von GEITLER 1942 und GRELL 1953 a) — in anderen ist jedoch der Chromosomenformwechsel, die Verteilung der Nukleolarsubstanz und vielleicht auch die Beziehung zwischen Nukleolen und Chromosomen modifiziert. Auch Unterschiede in der Konsistenz der einzelnen Bestandteile des Kernes tragen vermutlich zur Abwandlung seines Baues bei Protisten bei. Von einem kausalen Verständnis der Besonderheiten kann vorderhand jedoch noch keine Rede sein und selbst rein deskriptiv ist noch vieles zu klären [38].

---

[38] In diesem Abschnitt kann nur eine beschränkte Auswahl von Besonderheiten behandelt werden.

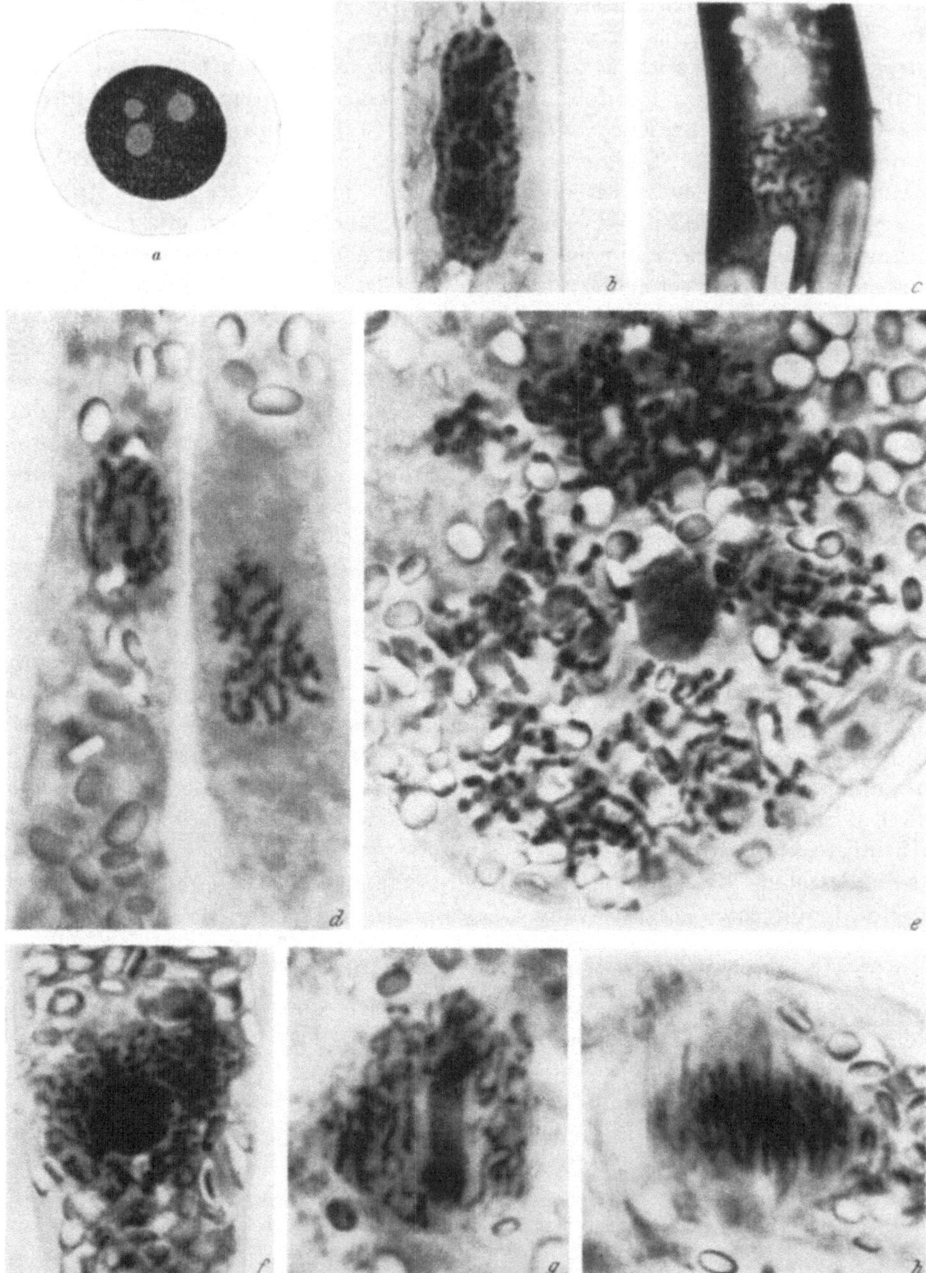

Abb. 24 a—o. Ruhekerne von Protisten. *a Amoeba sphaeronucleolus*, Ruhekern mit großem zentralem Nukleolus und ohne sichtbares Chromatin; *b—f, i—n* Ruhekerne (und zwar Chromosomenkerne) und *g, h, o* zum Vergleich dazu mitotische Kerne von Eugleninen und Dinoflagellaten; *b Euglena acus, c Menoidium cultellus, d Astasia klebsii, e Trachelomonas grandis, f—h Euglena gracilis* (*f* Ruhekern, *g* Prometaphase, *h* Metaphase), *i—l Exuviaella marina, m Peridinium* sp., *n. o Ceratium cornutum* (*n* Ruhekern, *o* späte Anaphase). — *a* Osmiumdampf, Safranin, 1950fach, nach Bêlaŕ (1926); *b—h* AE, KE, Phot., Vergr. 2000fach, nach Leedale; *i—k* AE, KE, *l* nach dem Leben, *i—l* Phot. Vergr. 750fach, nach Grell (1956); *m* Subl.-Alk., 1600fach, nach Geitler (1934 b); *n, o* AE. Feulgen, Phot. Vergr. 1300fach, nach Skoczylas.

A. Besonderheiten hinsichtlich des Chromatins

Viele **Eugleninen und Dinoflagellaten** zeichnen sich dadurch aus, daß die Chromosomen beim Eintritt in die Interphase nicht den üblichen Formwechsel erfahren. Die Chromosomen werden nicht oder fast nicht entspiralisiert, sondern gehen in metaphasischer oder fast metaphasischer Ausbildung, d. h. als stabförmige oder relativ dicke fadenförmige

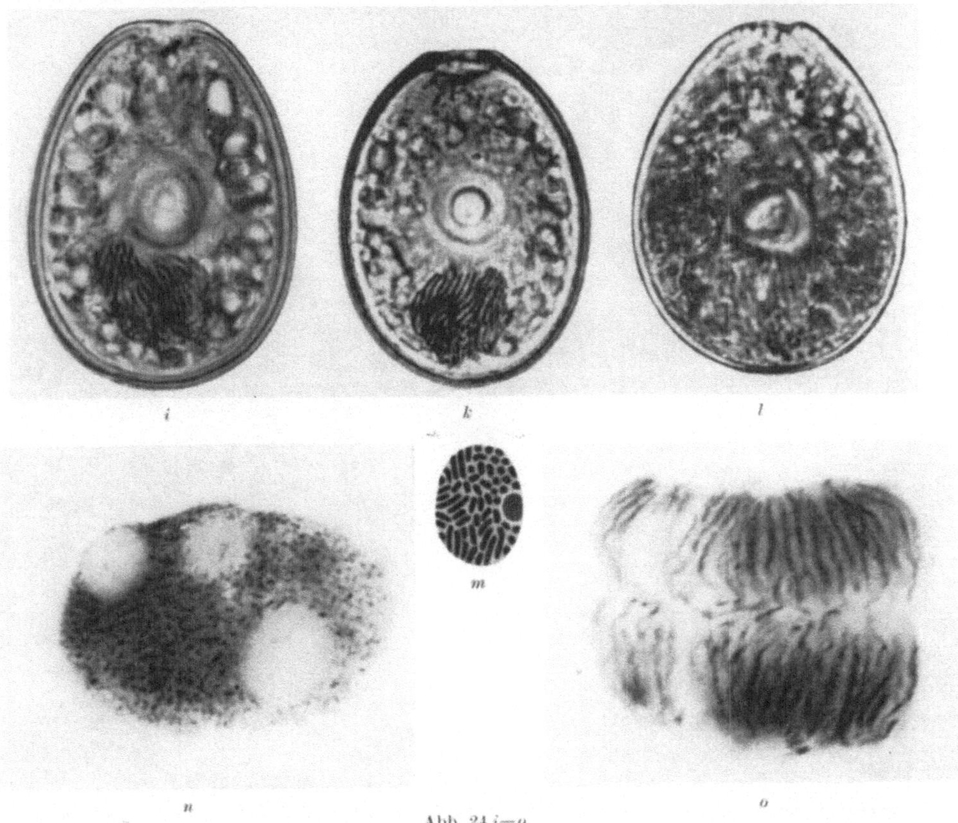

Abb. 24 *i—o.*

Gebilde in den Ruhekern ein und sind als solche auch im Leben meist zu erkennen (Abb. 24 *b—o*) [39]. Es handelt sich um Chromosomenkerne, wie sie prinzipiell gleichartig auch bei Metazoen vorkommen (S. 43 ff.); insofern nehmen die hierher zu rechnenden Dinoflagellaten und Eugleninen nicht eine absolute Sonderstellung ein. Habituell wirken ihre Ruhekerne allerdings anders als die der Wanzen, Trichopteren, Lepidopteren usw.. welche zum Großteil eher wie Chromozentrenkerne aussehen; besonders bei den Dino-

---

[39] Nach GRELL (in GRELL und WOHLFARTH-BOTTERMANN) soll es bei den Dino- flagellaten mit Metaphase-ähnlichen Ruhekernchromosomen während der Mitose zu einer ausgeprägten Entspiralisierung kommen; der Formwechsel der Chromosomen wäre also „invertiert".

flagellaten sind nämlich die Chromosomen im allgemeinen relativ groß, sie
haben glatte Konturen, die Übereinstimmung mit den mitotischen Chromosomen ist noch größer als bei den meisten Metazoen und sie liegen außerdem sehr dicht, wodurch der ganze Kern auch eine sehr intensive Feulgenreaktion gibt. Es existieren
übrigens auch Dinoflagellaten
und Eugleninen, bei denen
die Chromosomen im Ruhe-

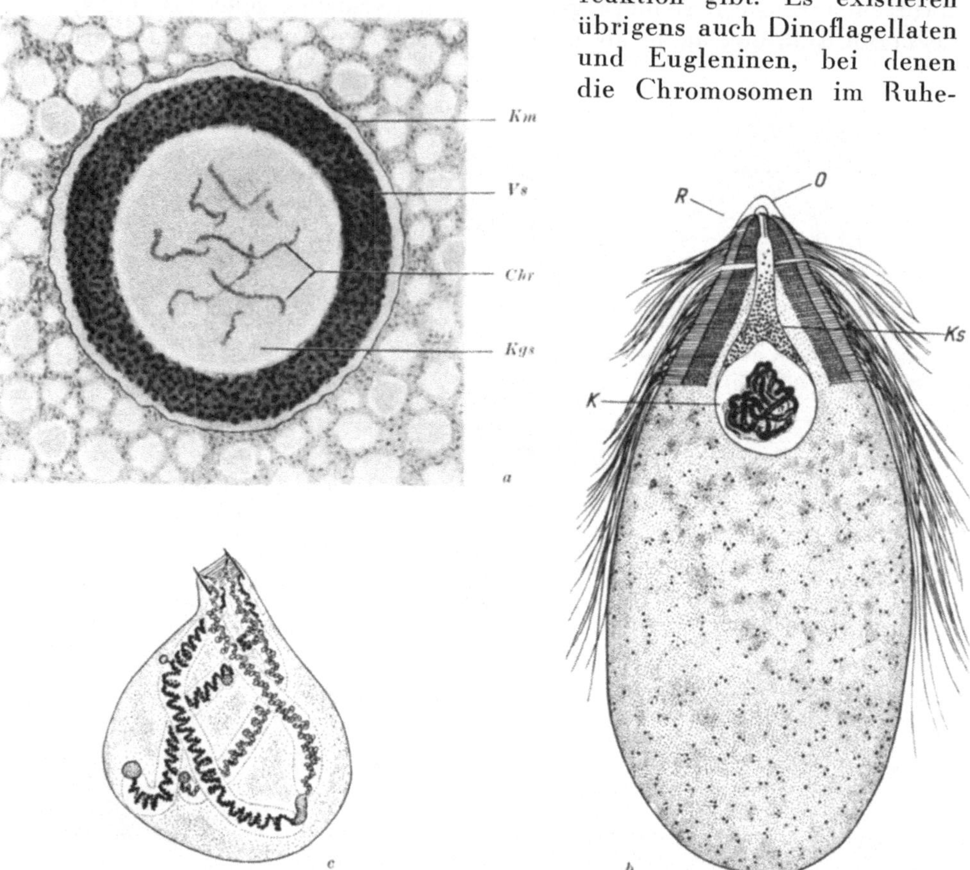

Abb. 25a—c. Chromosomenkerne von Protisten. a *Myxotheca arenilega* (Foraminifere). Kern des Gamonten
(*Km* Kernmembran, *Ns* Nukleolarsubstanz. *Chr* Chromosomen, *Kgs* Kerngrundsubstanz): b *Trichonympha*
(Polymastigine). asexuelle Zelle, Ruhekern (*K*) mit prophaseartigen Chromosomen in einem „Kernsäckchen"
(*Ks*); c *Holomastigotoides tusitala* (Polymastigine). Ruhekern mit zwei Chromosomen, deren Chromatiden getrennt
verlaufen und Groß- und Kleinspiralen zeigen. — a Bouin. Eisenhämatoxylin, 850fach, nach Grell (1956):
b wahrsch. Schaudinn. Eisenhämatoxylin, 520fach. nach Cleveland (1949a) aus Grell (1956); c Schaudinn.
Eisenhämatoxylin. 1200fach, nach Cleveland (1949b).

kern so weit entspiralisiert sind, daß man von Chromonema- und
Chromomerenkernen sprechen kann (Leedale, Skoczylas, Ueda 1960b)[40].
   Foraminiferen, Polymastiginen. Auch in bestimmten Entwicklungsstadien mancher Foraminiferen enthalten die Ruhekerne offenbar Chromosomen in einem Zustand, wie er sonst der mittleren Prophase entspricht

---

[40] Die von Ueda (1960) für *Trachelomonas* beschriebene Vierteiligkeit der Chromonemen kann man auf der angegebenen Abbildung allerdings nicht erkennen.

(Abb. 25 a; Föyn [41], Grell 1956). In spätprophasischem befinden sie sich bei einigen Polymastiginen (Abb. 25 b, c; Cleveland 1938, 1949 a, b); nach Cleveland (1949 b) kann man bei *Holomastigotoides tusitala* an den zwei Chromosomen und ebenso bei anderen Arten mit günstigen Verhältnissen sogar Klein- und Großspiralen ohne besondere Vorbehandlung erkennen, sowie die Verankerung der endständigen Centromeren an der Kernmembran und andere Details des Chromosomenbaues feststellen (leider fügt der Autor den zahlreichen zeichnerischen Belegen keine einzige Photographie bei, so daß sich der Grad der Schematisierung nicht beurtei-

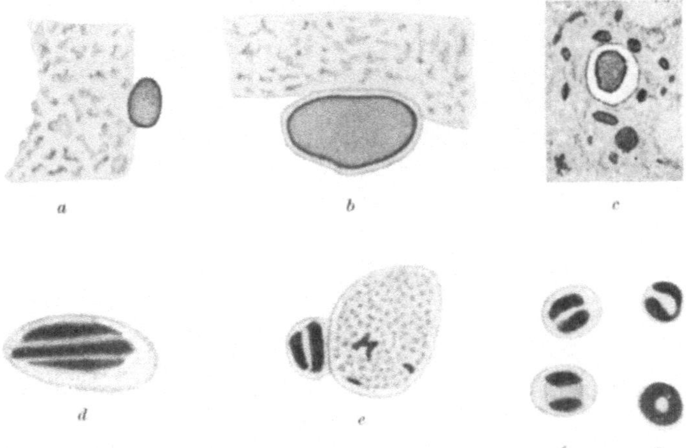

Abb. 26 a—g. Interphasische Mikronuklei von Ciliaten. a *Colpidium campylum* (Mikronukleus und ein Stück des Makronukleus dargestellt); *Oxytrichia* sp. (wie Fig. a, an der Peripherie des Mikronukleus eine besonders dichte chromatische Schale); c *Bursaria truncatella*; d *Chilodon uncinatus*; e—g *Uronema marinum*, e ruhender Mikro- und Makronukleus, f zwei Mikronuklei im optischen Längsschnitt, g zwei Mikronuklei im optischen Querschnitt. — a, b, d—g AE, KE, c Flemming, Eisenhämatoxylin; a, b ca. 2100fach, c 1100fach, d—g ca. 2650fach; a, b nach Devidé; c nach Poljansky; d—g nach Devidé und Geitler.

len läßt [42]; auch wirkt es verwirrend, wenn die Ruhekerne mit Prophaseartigen Chromosomen als Prophasen bezeichnet werden).

Ciliaten. Während in den zuletzt erwähnten Fällen im Ruhekern die Chromosomen als solche besonders deutlich zu erkennen sind, befinden sie sich in den Mikronuklei der meisten Ciliaten in einem extrem maskierten Zustand (Abb. 26 a—g) [43]. In den meisten Fällen, so beispielsweise bei *Colpoda duodenaria*, *Colpidium campylum* und mehreren *Trachelocerca*-Arten, ist der Inhalt der Mikronuklei homogen und intensiv feulgenpositiv (Taylor and Furgason, Devidé, Raikov 1958/59, 1959). Gelegentlich wurde auch eine etwas dichtere Beschaffenheit an der Peripherie angegeben (z. B. bei *Bursaria truncatella*, *Oxytrichia* sp.: Abb. 26 b, c) oder außer homo-

---

[41] Föyn erhielt zwar keine positive Nuklealreaktion; doch führt er dies auf die gleichen Ursachen zurück, die in den heranwachsenden Oocyten mancher Metazoen negativen Ausfall bewirken.

[42] Wie schon früher betont, soll keineswegs die einseitige Verwendung von Photographien befürwortet werden, da sie für sich allein zur Darstellung von Kernstrukturen nicht ausreicht.

[43] Über die Makronuklei vgl. S. 126.

genem Bau leichte Alveolisierung (*Colpidium campylum*) oder undeutlich
körnige Beschaffenheit der Chromatinmasse (*Bursaria truncatella*) (Poljansky, Devidé). Wiederholt wurden die Mikronuklei auch so dargestellt,
daß eine große, zentrale, homogene chromatische Masse von einer im
optischen Schnitt ringförmigen, sich nicht anfärbenden Zone umgeben ist
(u. a. Devidé und Geitler für *Chilodon uncinatus*, Mügge für *Vorticella*

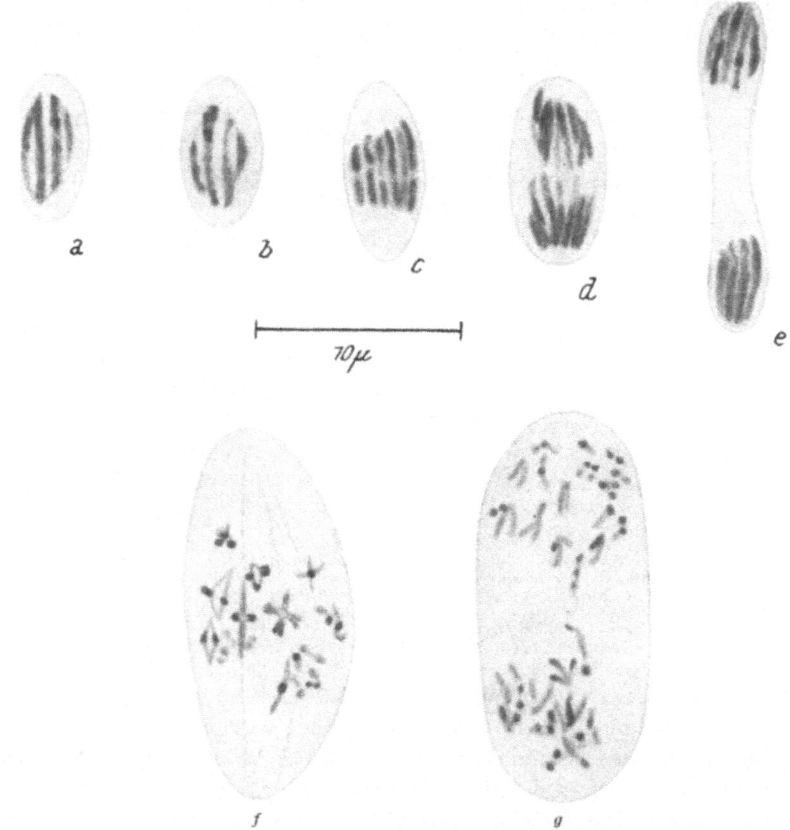

Abb. 27 a—g. *Colpidium campylum. a—e* Somatische Mitose. *f* erste meiotische Metaphase (von den insgesamt
ca. 21 Bivalenten ist nur ein Teil dargestellt), *g* erste Anaphase (unvollständig). — *a—g* AE, KE, ca. 2650fach,
nach Devidé und Geitler.

campanula); zumeist handelt es sich dabei wohl um artifizielle Schrumpfungshöfe (vgl. Poljansky über *Bursaria*): in den Fällen, in denen es nicht
durch Abwandlung der Fixierungsmethoden erhärtet ist. darf man es allerdings nicht von vornherein annehmen, da ähnliche Verhältnisse wie bei
Uronema marinum vorliegen könnten; nach Devidé und Geitler enthält
nämlich bei diesem der ruhende Mikronukleus zwei intensiv färbbare Platten, die in eine nach den üblichen Kernfärbungsmethoden ungefärbte
Grundsubstanz eingebettet sind; oft schließen diese Platten zu einem einseitig offenen oder geschlossenen Hohlzylinder zusammen (Abb. 26 e—g).
Nukleolen treten in den Mikronuklei nicht auf.

Ein begrenztes, wenn auch nicht vollständiges Verständnis des eigenartigen Baues dieser Mikronuklei kann man aus ihrem Verhalten in der

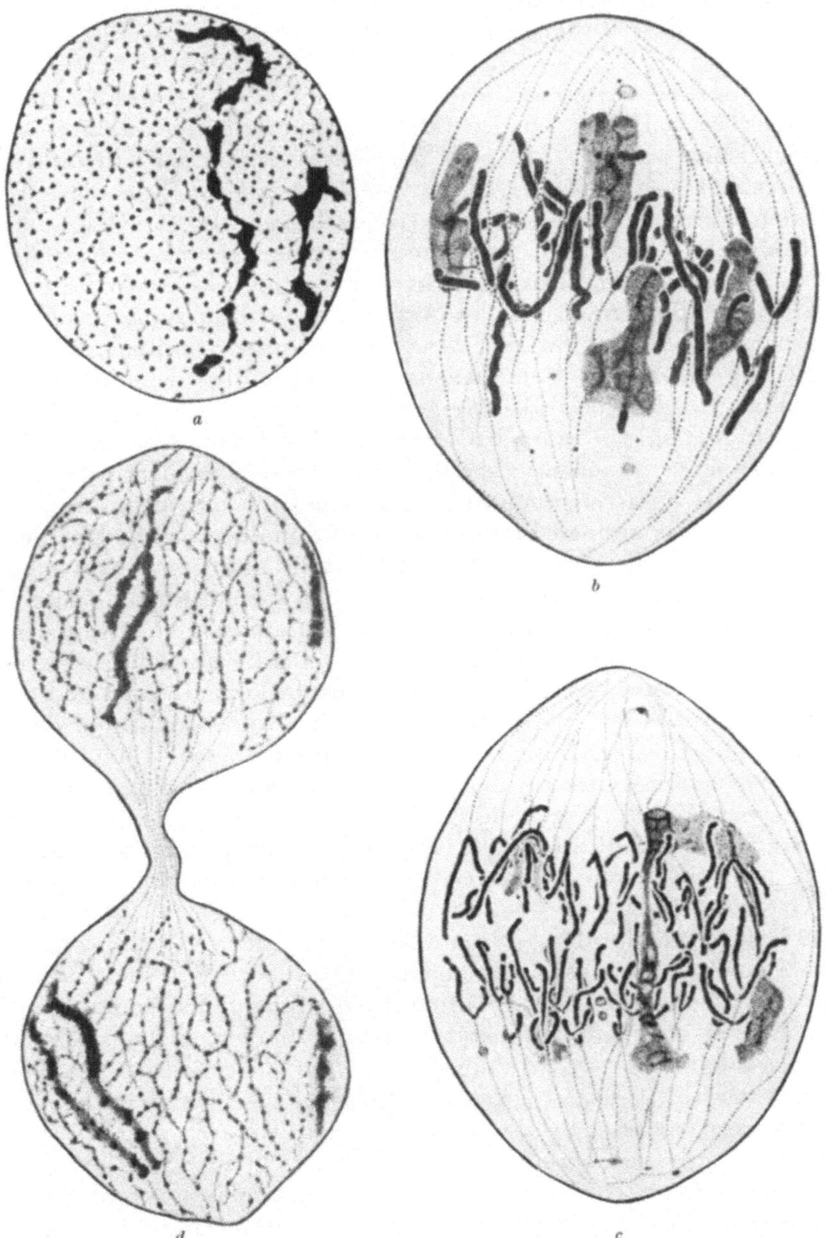

Abb. 28a—d. *Zelleriella intermedia*. a Ruhekern mit lang gestreckten (schwarz wiedergegebenen) Nukleolen, b Prometaphase (in den Figuren b—d sind die persistierenden Nukleolen punktiert dargestellt), c Anaphase, d späte Telophase (Durchschnürung des Kernes im Zuge der intranukleären Mitose). — a—d Schaudinn, Eisenhämatoxylin. 2950fach, nach CHEN (1936a).

Mitose und Meiose gewinnen bzw. aus dem Vergleich dieser Vorgänge bei verschiedenen Arten. (Die folgende skizzenhafte Darstellung fußt auf den

Befunden und Deutungen von Devidé und Geitler bzw. Devidé.) Bei den genannten und vielen anderen Arten treten in den mittleren Stadien der vegetativen Teilung des Mikronukleus nämlich balken- oder spindelförmige, mitunter auch etwas anders gestaltete chromatische Gebilde in geringer Zahl hervor (z. B. 2 bis 5 bei *Chilodon*, 7 bis 12 bei *Vorticella*), die in der Regel parallel zur Spindel orientiert sind, sich quer durchschnüren und so auf die Tochterkerne verteilen (Mitose intranukleär; Abb. 27 a—e). Da sie weder Konstanz der Zahl noch der Form zeigen und sich nicht längs teilen, kann es sich nicht um Chromosomen handeln. Chromosomen vom gewohnten Aussehen und Verhalten treten dagegen in der Meiose hervor, so z. B. bei *Colpidium campylum, Euplotes charon, Vorticella* sp. (Abb. 27 f, g); ihre Zahl ist bedeutend höher als die der Balken in der Mitose [44]. Diese Balken müssen also Aggregate aus dicht gepackten Chromosomen darstellen; die Chromosomen sind offenbar miteinander verklebt oder in eine gemeinsame Grundmasse eingelagert, die vielleicht auch unter Beteiligung von Nukleolarsubstanz zustande kommt. Ganz ähnlich verhalten sie sich offenbar im ruhenden Mikronukleus. Dazu, daß sich in diesem die Chromomosen zu einem einheitlich aussehenden chromatischen Körper — oder im Fall von *Uronema* auch zwei Körpern — vereinigen, trägt wahrscheinlich auch das geringe Volumen der Mikronuklei bei; ihr Durchmesser liegt nämlich im allgemeinen bei 2 bis 6 μ. Die mitotischen Chromosomen können in ihnen selbst bei dichter Lagerung vermutlich nur unter Verminderung ihres Volumens Platz finden. — Im übrigen entspricht der Bau der homogenen Mikronuklei dem der Spermienköpfe höherer Tiere; in beiden läßt sich keine geso..derte Kerngrundsubstanz erkennen und es fehlen geformte Nukleolen; vielleicht sind aber die Nukleolarsubstanzen diffus vorhanden und in enger Bindung mit den Chromosomen — ähnlich wie bei manchen *Spirogyra*-Arten, bei denen die Chromosomen während der Mitose in Nukleolarsubstanz eingebettet sind, was bei einzelnen in den späten Stadien zum Unkenntlichwerden, bei anderen anscheinend zu einer Aufblähung der Chromosomen unter Einverleibung der Nukleolarsubstanz führt Geitler 1935 c).

Die Meinungen darüber, ob man die Opaliniden als Protociliata den Euciliata voranstellen kann, sind geteilt (vgl. Kudo 1954, Grell 1956). Was die Kernverhältnisse betrifft, so läßt sich jedenfalls ungezwungen eine Entwicklungsreihe von *Zelleriella* über *Opalina* zu den eingangs erwähnten Arten der Euciliaten rekonstruieren. Bei *Zelleriella* entspricht der Bau der zwei gleichwertigen, relativ großen (diploiden!) Ruhekerne offenbar dem vieler höherer Organismen: das Chromatin erfüllt fein verteilt, gleichmäßig den ganzen Kernraum; ein ungewohntes Bild bieten allein die langgestreckten Nukleolen (Abb. 28 a; Chen 1936 a, b, 1948). Sie begleiten die ebenfalls langgestreckte SAT-Zone bestimmter SAT-Chromosomen, die sich während der normal verlaufenden intranukleären Mitose identifizieren lassen und bei verschiedenen Rassen von *Zelleriella intermedia* 2 bzw. 3, bei einer anderen

---

[44] Bei manchen Arten folgt übrigens auf die normale erste meiotische Teilung eine maskierte zweite und bei wieder anderen sind beide Teilungsschritte nach dem Muster der Mitose maskiert.

Art sogar 7 Paare umfassen (die Nukleolen bleiben so wie bei manchen anderen Protisten während der Mitose erhalten; in der Anaphase werden

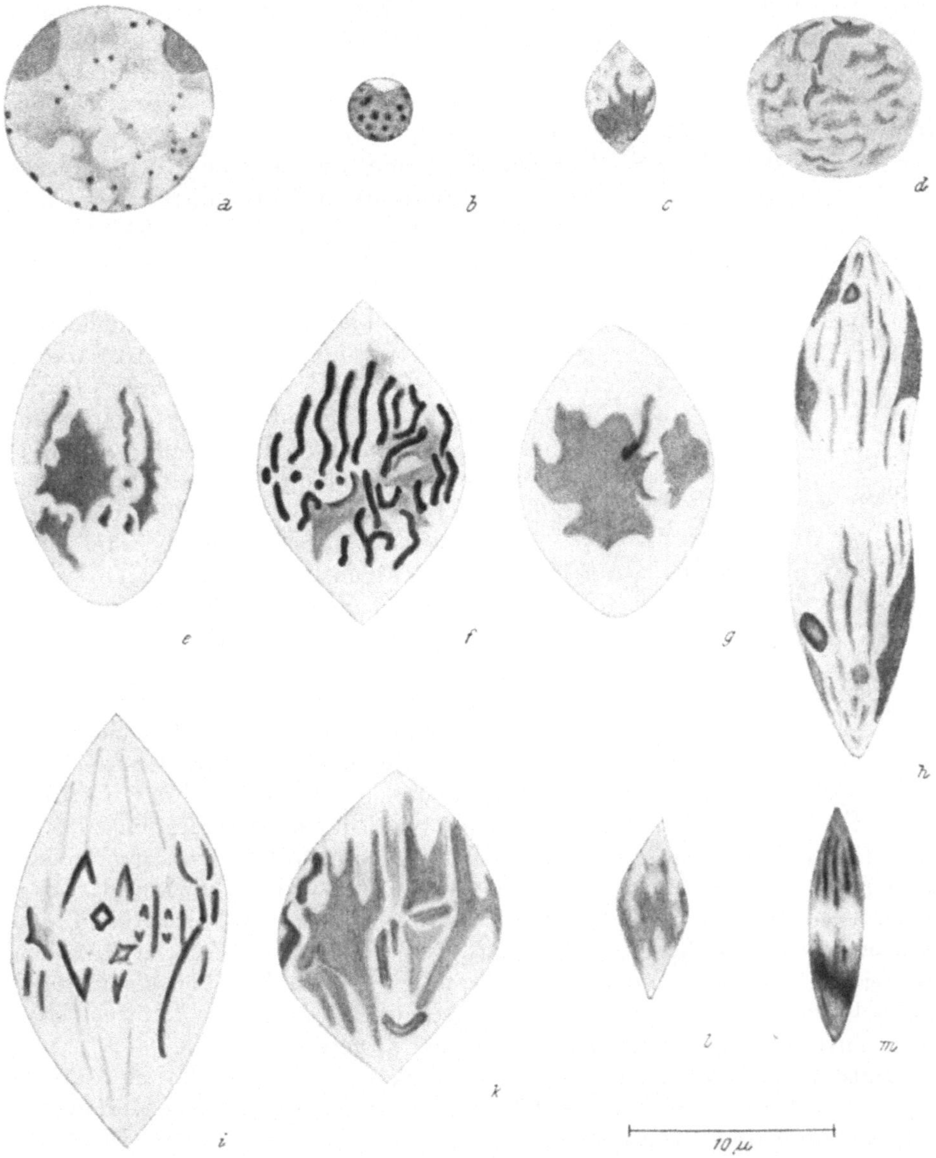

Abb. 29a—m. Ruhekerne und Teilungsfiguren von *Opalina ranarum*. *a* großer, *b* kleiner Ruhekern aus verschiedenen Individuen, *c*, *d* Ruhekerne sehr verschiedener Größe aus dem gleichen Individuum, *e*—*h* mitotische Teilung des „Hauptkernes", *e*—*g* Metaphase (der gleiche Kern in Fig. *e* bei hoher, in *f* bei mittlerer und in *g* bei tiefer Einstellung, in *e* und *g* sind vorwiegend unregelmäßig geformte Massen von Nukleolarsubstanz, in *f* höchstwahrscheinlich individualisierte Chromosomen zu erkennen), *h* Telophase, Chromatin nicht mehr kenntlich, zukünftige Tochterkerne von länglichen Nukleolen erfüllt, *i*, *k* Übergang von nicht maskierten zu maskierten Teilungen in den „Reservekernen", *i* nicht maskierte Anaphase, Chromosomen sichtbar, *k* durch Massen von Nukleolarsubstanz maskierte Teilungsfigur, vermutlich Prometaphase, *l*, *m* maskierte Teilungen in „generativen" Kernen, *l* mittleres, *m* spätes Teilungsstadium. — *a*—*m* Osmiumsäuredämpfe. AE, KE, Nach DEVIDÉ (1951).

sie geteilt und mit den Tochterchromosomen zu den gegenüberliegenden Polen befördert). Den Übergang zwischen dem Verhalten von *Zelleriella* und dem der meisten Euciliaten stellt vielleicht *Opalina* her: der Ruhekern enthält unregelmäßige und miteinander in Verbindung stehende, schwach feulgenpositive wolkige Schollen, denen stärker feulgenpositive Granula (optische Schnitte durch fädige Strukturen?) eingelagert sind. Die Mitose vollzieht sich offenbar nach dem Muster von *Zelleriella,* nur daß häufig unregelmäßige Massen von Nukleolarsubstanz das Bild undeutlicher machen. In besonders hohem Maß und fast wie bei den erwähnten Euciliaten ist dies der Fall bei den kleineren Kernen, die vermutlich die generativen und zukünftigen generativen Kerne darstellen (Abb. 29; im einzelnen siehe Devidé S. 94 ff.).

Übrigens besitzen nicht alle Euciliaten kompakte oder nahezu kompakte Mikronuklei Die ungefähr spindelförmigen, an einem Pol gewöhnlich etwas abgerundeten Mikronuclei von *Paramecium* enthalten vielmehr längsverlaufende, körnig-fädige Chromatin-Elemente, die manchmal auch zu dickeren Strängen zusammenschließen (Chen 1940, Egelhaaf); letzteres ist besonders bei polyploiden Sippen von *Paramecium bursaria* ausgeprägt und stellt vielleicht einen Übergang zum Verhalten von *Uronema marinum* dar (Chen 1940, z. B. Sippe McD$_3$)[45]; geformte Nucleolen sind nicht vorhanden (Abb. 30).

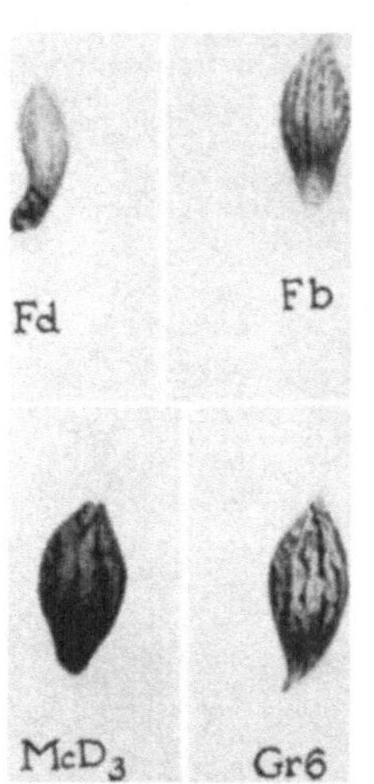

Abb. 30. Vegetative. ruhende Mikronuklei von verschiedenen Sippen von *Paramecium bursaria.* — Schaudinn-Eisess., Eisenhämatoxylin. 1640fach, nach Chen (1940).

Wie es im allgemeinen mit den Substanzen steht, die sonst für die Nucleolen charakteristisch sind, ist noch unklar. Moses findet die relative Menge von DNS, RNS, Gesamtprotein und Nicht-Histon-Protein im Makro- und Mikronukleus von *Paramecium* übereinstimmend (die Makronuklei enthalten bekanntlich zahlreiche Nukleolen). Danach wäre also zumindest e i n wesentlicher Bestandteil der Nukleolarsubstanz, die RNS, auch in den Mikronuklei ausreichend vorhanden[46]. Nach Raikov (1958/59, 1959) sollen sie bei *Trachelocerca* und *Loxodes* k e i n e RNS enthalten und bei *Loxodes* außer Eiweiß vom Histontyp, das wahrscheinlich nur oder vorwiegend dem Chromatin angehört, vermutlich nur wenig Eiweiß.

Diatomeen. Sehr eigenartige Verhältnisse und auffallende Unterschiede in bezug auf die Verteilung des Chromatins zeigen sich bei der Diatomeengattung *Navicula* (Geitler 1929, 1951 b, 1952, 1958 b). Der Ruhekern von *Navi-*

---

[45] Die Mitose verläuft bei *Paramecium* nicht maskiert (Chen 1940), auch bei *Trachelocerca* und *Loxodes* anscheinend nicht; die letzteren haben jedoch kompakte Mikronuklei (Raikov 1958/59, 1959). Es besteht also keine unbedingte Korrelation zwischen Kompaktheit der Mikronuklei und Maskierung der Mitose.

[46] Hinsichtlich der Histon-Komponente des Chromatins verhalten sich nach Alfert und Goldstein Makro- und Mikronukleus von *Tetrahymenia* verschieden; ob eine verschiedene Menge oder Zusammensetzung oder eine Blockierung maßgebend ist, bleibt offen.

cula radiosa enthält ein großes zentrales Sammelchromozentrum; in dieses ist peripher der Nukleolus eingelagert (mitunter bleiben auch beide primären Nukleolen erhalten). Der übrige Kernraum ist arm an Chromatin:

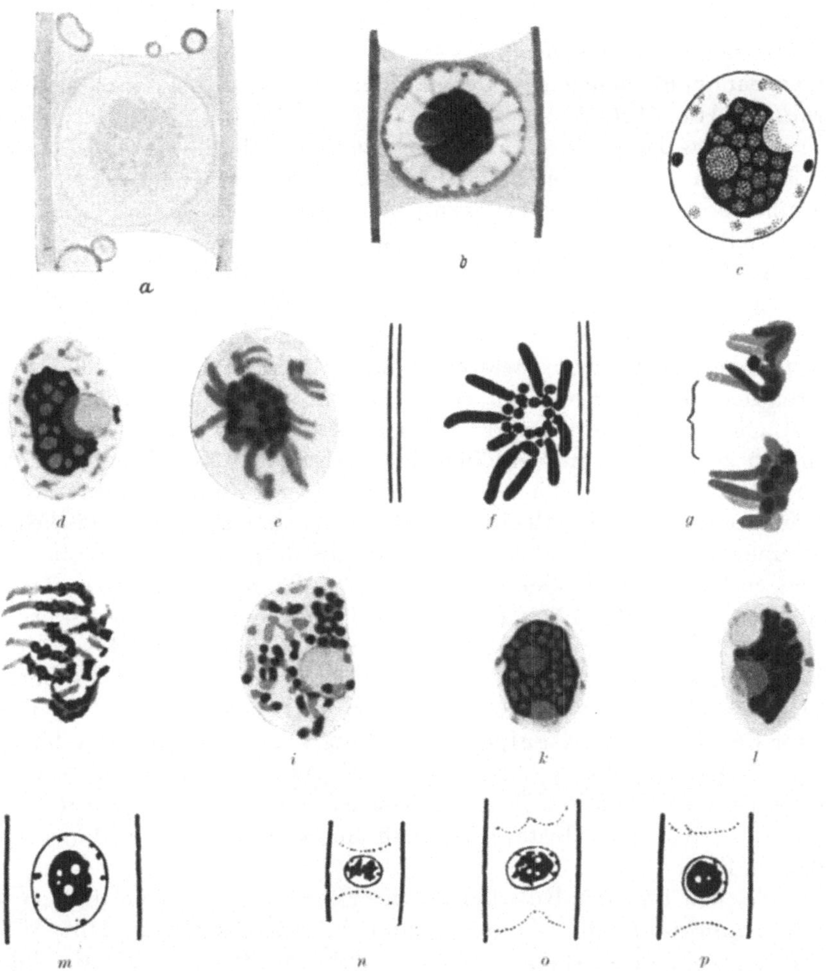

Abb. 31 a—p. Ruhekerne und Teilungsfiguren von *Navicula*-Arten. *a—i Navicula radiosa*, *a* Ruhekern im Leben, *b* und *c* nach Fixierung (bei *b* peripher fädige Fixierungsartefakte), *d* frühe, *e* mittlere Prophase, *f* Metaphase, *g* frühe, *h*, *i* mittlere Telophase (*f—i* Polansichten, in *g* beide Schwestergruppen, in *h*, *i* jeweils nur eine); *k*, *l Navicula gracilis*, *k* Ruhekern, *l* mittlere Prophase; *m Navicula viridula*, Ruhekern; *n—p Navicula cryptocephala*, Ruhekerne verschiedener Sippen mit einem praktisch kugeligen Sammelchromozentrum bzw. zerklüfteten aus Teilsammelchromozentren zusammengesetzten zentralen heterochromatischen Körpern. — *a* nach dem Leben, *b* wahrscheinlich Subl.-Alk., Hämatoxylin. *c—p* AE, KE; *c* ca. 2600fach, *d—l* ca. 2400fach, *m—p* ca 1800fach; nach GEITLER (1929, 1951 b, 1958 b).

außer einigen kleinen, vielleicht gleichfalls als Chromozentren anzusprechenden Schollen finden sich noch einige euchromatische Elemente in Form von Körnchen und kurzen Fadenabschnitten (Abb. 31 *a—c*). Letzteres läßt sich erst nach guter Fixierung und Färbung erkennen, während das zentrale Chromozentrum auch im Leben zu beobachten ist: dabei zeigt es eine undeutliche, dicht feinkörnige Struktur; diese ist jedoch anscheinend besonders fixierungslabil, so daß das Chromozentrum bei Anwendung verschiedener Methoden mehr oder minder kompakt bzw. in verschiedenem Grad alveolisiert aussieht [47]. Das Studium der Mitose ergibt, daß der überwiegende Teil der Chromosomen heterochromatisch ist; in der Prophase differenzieren sie sich also zum Großteil aus dem zentralen Sammelchromozentrum heraus, und in der Telophase entstehen zunächst peripher liegende, getrennte, netzige heterochromatische Massen, die sich schließlich zu einem einzigen Sammelchromozentrum vereinigen und dabei ins Zentrum des Kernes rücken (Abb. 31 *d—h*).

Wie sich das Heterochromatin im einzelnen auf die Chromosomen verteilt, läßt sich infolge der Unübersichtlichkeit der Teilungsfiguren nicht ermitteln, doch dürfte es vorwiegend den proximalen Abschnitten der langen und vielleicht auch einiger kurzer Chromosomen entsprechen (Abb. 31 *g*). Welche Kräfte oder Umstände dafür maßgebend sind, daß sich regelmäßig ein einziges Sammelchromozentrum bildet und es eine so ungewöhnliche Lage einnimmt, ist völlig unbekannt. Nicht möglich ist jedenfalls eine einfache mechanische Deutung wie etwa im Fall der Kappenkerne, in denen das proximale Heterochromatin aller Chromosomen während der Mitose an den Pol gelangt und sich hier zu einem polaren Körper vereinigt. Immerhin zeigen sich gewisse Zusammenhänge im Verlauf der Meiose und der Auxosporenbildung: während der ersten meiotischen Prophase rückt das Sammelchromozentum an die Peripherie des Kernes, was wahrscheinlich Ausdruck einer Bukettbildung ist, und auch die haploiden Kerne in jungen Zygoten enthalten zwei oder drei größere und einige kleine p e r i p h e r e Chromozentren (Abb. 32 *a, b*); im diploiden Verschmelzungskern, der — nach den lange unregelmäßig bleibenden Konturen zu urteilen — relativ weiche Beschaffenheit hat, bleibt das Heterochromatin gleichfalls peripher. Im Zuge des Wachstums der Auxospore wird es parallel mit der Volumenzunahme des Kernes stark aufgelockert (Abb. 32 *c*), und erst nach der ersten metagamen Mitose geht es wieder in den Zustand über, der für vegetative Zellen typisch ist. Lockerer Bau des Kernes und periphere Anordnung des Heterochromatins bzw. festere Beschaffenheit und zentrale Lage stehen offenbar in Beziehung.

Den gleichen Bau der Ruhekerne wie *Navicula radiosa* besitzen *N. viridula, N. rhynchocephala, N. exigua* und *N. cryptocephala* (Abb. 31 *l—o*). Bei der letzteren unterscheiden sich verschiedene Rassen dadurch, daß das Sammelchromozentrum mehr oder weniger aufgelockert ist und z. T. auch als zerklüfteter, in „Teilsammelchromozentren" zerlegter Körper auftritt. Das Verhalten von *Navicula gracilis* ist im Vergleich zu *N. radiosa* insofern noch gesteigert, als das zentrale Sammelchromozentrum einen noch größeren Teil des Kernraumes einnimmt und sich in der Prophase die Chromosomen fast zur Gänze aus dem Chromozentrum entwickeln (Abb. 31 *i, k*). — Eine andere kleinzellige *Navicula*-Spezies (über die Frage der Art-Zugehörigkeit

---

[47] Es dürfte dabei allerdings auf den physiologischen Zustand oder andere unbekannte Umstände ankommen, denn die Verfasserin konnte die Zusammensetzung des Chromozentrums aus Körnchen in einer gemeinsamen Grundmasse (beide feulgenpositiv bzw. mit KE färbbar) ohne besondere Vorsichtsmaßnahmen nach AE-Fixierung beobachten.

vgl. GEITLER 1958 b, S. 414) zeichnet sich dadurch aus, daß im Ruhekern zwei periphere, kalottenartige Chromozentren vorhanden sind und diese außerdem in bezug auf die Polarität der Zelle eine fixe Lage einnehmen, nämlich

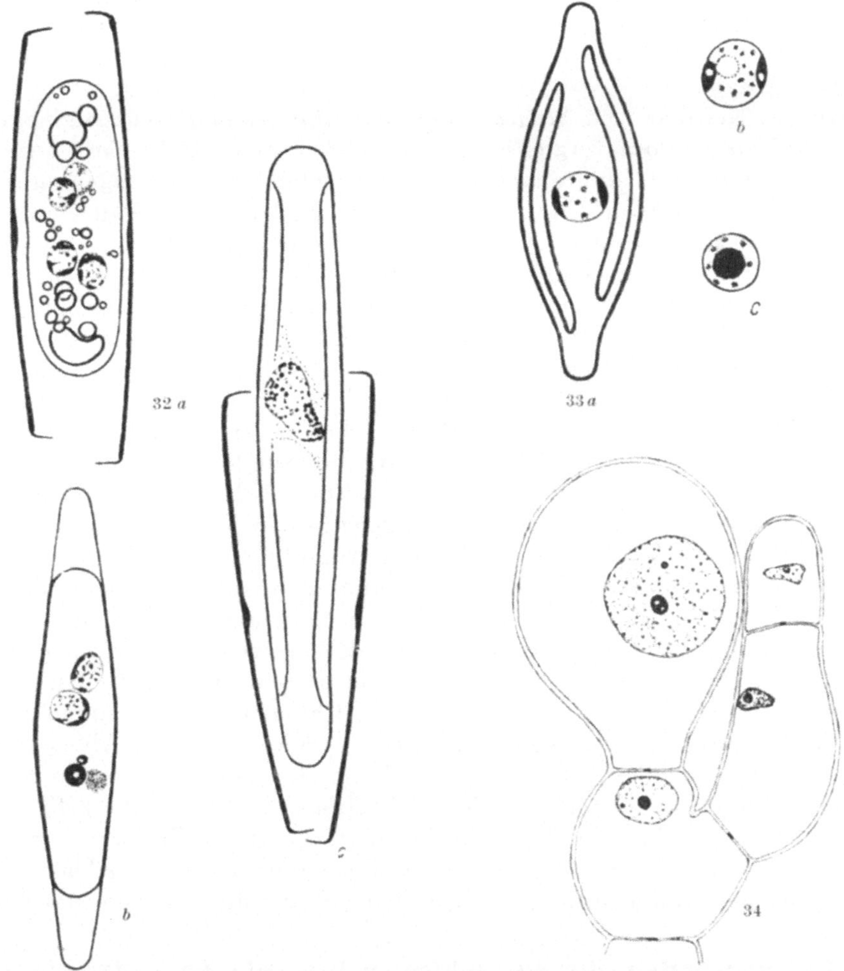

Abb. 32a—c. *Navicula radiosa.* a fertiggestellte Zygote mit vier haploiden Ruhekernen, die mehrere periphere Chromozentren enthalten, b Zygote mit zwei intakten, wie in Fig. a beschaffenen Kernen und einem pyknotischen Kernpaar, c junge Auxospore mit locker strukturiertem Verschmelzungskern, in welchem das Heterochromatin peripher liegt. — a—c AE, KE, ca. 1150fach, nach GEITLER (1952).

Abb. 33a—c. *Navicula sp.* a vegetative Zelle mit Ruhekern, der zwei periphere, in Richtung der Transapikalachse einander gegenüberliegende Chromozentren enthält, b Ruhekern der gleichen Art in Schalenansicht, c in Gürtelansicht. — a—c AE, KE, ca. 2350fach, nach GEITLER (1951 b).

Abb. 34. *Wrangelia penicillata.* Tetrasporangienanlage an Stielzelle mit Seitenast, die Kerne enthalten Chromatin in feiner und gleichmäßiger Verteilung und zeigen keine Besonderheiten. — Flemming, Eisenhämatoxylin, Eosin, 1800fach, nach SCHUSSNIG (1947).

in der Richtung der Transapikalachse einander gegenüber liegen (Abb. 33 a—c). Auch in diesem Fall kommt diese Anordnung nicht im Verlauf der Mitose, sondern erst nachträglich durch einen unbekannten Mechanismus zustande.

Die oben erwähnten Arten mit zentralem Sammelchromozentrum werden mit Ausnahme von *Navicula exigua* zur Untergruppe *lineolatae* ge-

stellt; es besteht also anscheinend innerhalb der Gattung *Navicula* eine
gewisse systematische Bindung des Kernbaues. Wie weit diese geht, müßte
allerdings auf Grund eines größeren Tatsachenmaterials überprüft werden.
So weit sie untersucht sind, zeigen die Kerne anderer *Navicula*-Arten aus
anderen Untergruppen — mit Ausnahme der erwähnten kleinzelligen Art —
keine besonderen Eigentümlichkeiten und sind sie überwiegend euchromatisch.

Ob der Kernbau von *Staurojoenina assimilis,* einer Polymastigine, dem
von *Navicula radiosa* vergleichbar ist, wie Sᴄʜᴜssɴɪɢ (1953) nach Angaben
von Kɪʀʙʏ annimmt, müßte erst auf Grund neuer Untersuchungen entschieden werden, und zwar Untersuchungen mit modernen Methoden und wo-
möglich auch am lebenden Objekt, um artifizielle Veränderungen ausschließen zu können. Nach Sᴄʜᴜssɴɪɢ (1953, S. 431) sollen ähnliche Verhältnisse
wie bei *Navicula radiosa* auch in den Kernen der Tetrasporangien von
Lomentaria rosea und *Wrangelia penicillata* vorliegen (untersucht von
Sᴠᴇᴅᴇʟɪᴜs 1935, 1937, Sᴄʜᴜssɴɪɢ 1947). Diese Auffassung ist jedoch nicht
haltbar. Denn bei *Lomentaria rosea* ist nach Sᴠᴇᴅᴇʟɪᴜs (1937) in den Tetra-
sporenmutterzellen vor oder zu Beginn der ersten Mitose [48] das Chromatin in Form kleiner Schollen im Kernraum verteilt — offenbar so wie es
für die Ruhekerne anderer Florideen charakteristisch ist. Erst später sollen
die Chromosomen ähnlich wie bei *Spirogyra* in den Nukleolus einwandern;
letzteres wäre nachzuprüfen, da manche Abbildungen artifizielle Verlagerungen vermuten lassen. Auch in den reifen Tetrasporen befindet sich der
überwiegende Teil des Chromatins frei im Kernraum; es besteht anscheinend aus 18 bis 20 kleinen Chromozentren. Ebensowenig wie bei *Lomentaria*
fällt in den Tetrasporangienanlagen — und auch in den Stielzellen — von
Wrangelia der Bau der Ruhekerne aus dem Rahmen des Gewohnten heraus
und läßt er sich dem von *Navicula radiosa* vergleichen (siehe Abb. 34). Die
Zusammenballung des Chromatins rund um den Nukleolus während der
frühen Stadien der ersten meiotischen Prophase ist sicher nur artifizieller
Natur (auch der Autor rechnet mit der Möglichkeit von Fixierungsartefakten) und kann jedenfalls keineswegs in Beziehung gesetzt werden zu dem
merkwürdigen Sammelchromozentrum bei den erwähnten *Navicula*-Arten.

B. Besonderheiten, die die Nukleolen bzw. die Nukleolarsubstanz
betreffen

Zur Abwandlung des Kernbaues trägt in manchen Verwandtschaftskreisen die abweichende Verteilung der Nukleolarsubstanz bzw. die besondere Lage oder Gestalt der Nukleolen bei.

Periphere Lage der Nukleolen. Die Nukleolen befinden sich besonders
bei lockerer Verteilung des Chromatins und Vorhandensein eines einzigen
Nukleolus sehr häufig im oder nahe dem Zentrum des Kernes, in anderen
Fällen auch mehr exzentrisch, aber jedenfalls gewöhnlich allseitig eingebettet in Kerngrundsubstanz und mehr minder dicht umgeben von Chroma-

---

[48] Die Entstehung der Tetrasporen ist wahrscheinlich apomeiotisch, im Gefolge
von zwei mitotischen Teilungen.

tin. Daneben kommt aber auch völlig exzentrische Lage vor, d. h. die Nukleolen liegen der Kernmembran unmittelbar an, und sogar eine Abplattung tritt bei manchen Arten ein. Auf zwei Fälle der exzentrischen Lage wurde bereits hingewiesen: in den Sporen des Ascomyceten *Geopyxis cupularis*

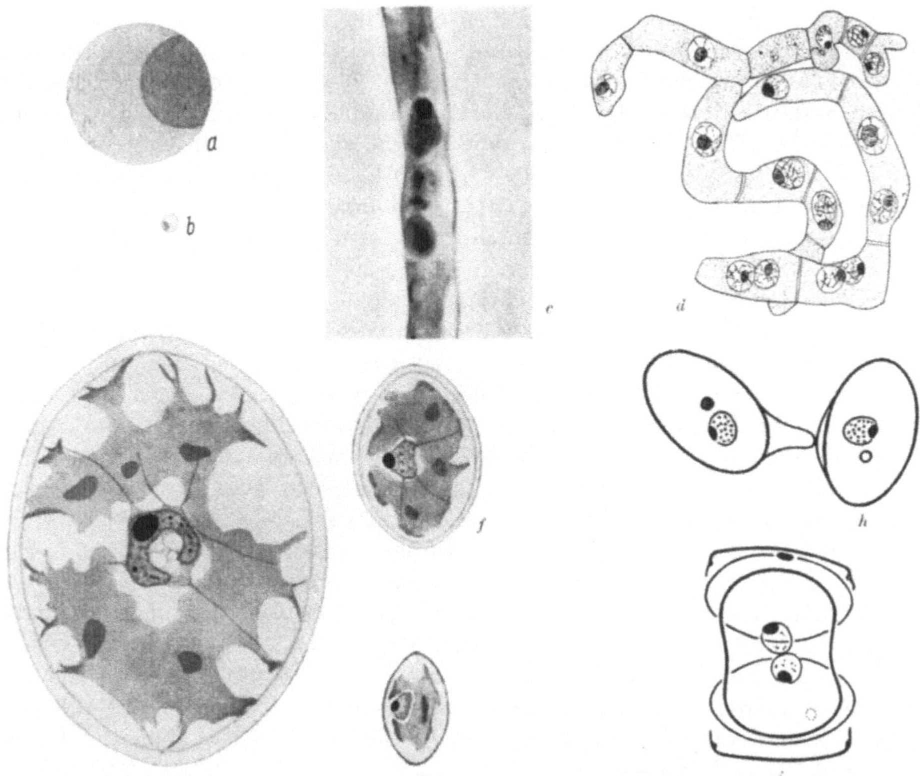

Abb. 35 *a—g*. Ruhekerne mit peripher liegenden Nukleolen. *a, b Ascobolus immersus*. Ruhekern aus einer Ascospore (*a*) und aus einer Paraphyse (*b*); *c* Ausschnitt aus einer subterminalen oder älteren Zelle von *Polystictus versicolor* mit zwei Ruhekernen, im oberen ist die periphere Lage des Nukleolus zu erkennen. *d Glomerella cingulata* Hyphen aus dem Zentrum der Perithecziumanlage, Ruhekerne mit peripheren Nukleolen; *e—i Cocconeis placentula*, *e. f* var. *lineata*, *g* var. *pseudolineata*, *h, i* var. *euglyptoides*, *e—g* vegetative Zellen verschiedener Größe. Nukleolen peripher, auf der der Öffnung der Chromatophoren zugekehrten Seite der Kerne. *h* Kopulationspaar, in den Kernen die Nukleolen voneinander abgekehrt; *i* wie *h* nur fortgeschrittenes Stadium der Fusion. — *a, b* nach dem Leben, ca. 1900fach, nach GEITLER (1934 b); *c* nach dem Leben, 1200fach, nach GIRBARDT (1955); *d* Eisenpropionkarmin, ca. 1150fach, nach WHEELER et alii; *e—g* Flemming, Safranin-Lichtgrün, 1000fach, nach GEITLER (1927); *h* Sublimat-Alk., Eisenhämatoxylin, ca. 1650fach, nach GEITLER (1958a); *i* Sublimat-Alk., Eisenhämatoxylin, nach GEITLER (1958 c).

befinden sich die kugeligen Nukleolen stets an der Peripherie des Kernes (Abb. 20 *c*): in den Paraphysen nicht ganz reifer Fruchtkörper haben sie dagegen die sonst übliche Lage (in anderen Teilen des Fruchtkörpers und in alten Paraphysen konnten die Nukleolen nicht mit Sicherheit identifiziert werden: wahrscheinlich sind sie von einer heterochromatischen Hülle umgeben und n i c h t peripher). Auch für die Kerne der Wirteläste und Berindungsfäden von *Batrachospermum*, dagegen nicht für die des Zentralfadens, sind periphere kugelige Nukleolen typisch (Abb. 22 *b*, 23).

Bei Asco- und Basidiomyceten dürften peripher liegende Nukleolen relativ häufig vorkommen. GEITLER (1934 b) bildet sie für Ascosporen und

Paraphysen von *Ascobolus immersus* ab, und zwar sind sie in diesen im Leben an der Kernmembran abgeplattet (Abb. 35 a, b). Bei *Polystictus versicolor* können sie insbesondere in älteren Teilen des Mycels z. T. gleichfalls peripher liegen, doch sind sie abgerundet (Girbardt 1955, Lebendbeobachtung, Abb. 35 c). Auch aus den Abbildungen von Kniep (der im Text auf diesen Punkt nicht eingeht) ist zu entnehmen, daß das Paarkernmycel von *Corticium varians, C. serum* und *Polyporus destructor* Ruhekerne mit peripher und zumeist auch polar liegenden Nukleolen enthält[49]. Ebenso deuten andere ältere und neuere Befunde und Abbildungen in die gleiche Richtung (Abb. 35 d). Doch stehen ihnen solche gegenüber, die die Nukleolen allseitig von Karyoplasma umgeben zeigen. Eine neuere Angabe über nicht periphere Nukleolen bei dem parasitischen höheren Ascomyceten *Trichometa sphaerica turcica* stammt z. B. von Knox-Davies und Dickson (1960).

Da offenbar in verschiedenen Entwicklungsstadien und Zelltypen verschiedene Verhältnisse vorliegen können (siehe oben über *Geopyxis*) und auch die Kerne der gleichen Zelltype sich bei verschiedenen Arten verschieden verhalten (Sporen von *Geopyxis* mit peripheren, von *Cucurbitaria* mit mehr oder minder zentralen Nukleolen, Abb. 20 c, g), wäre zunächst einmal eine genauere Bestandesaufnahme nötig, ehe man versuchen könnte, die Ursachen der verschiedenen Lage der Nukleolen herauszufinden.

Eine andere Protistengruppe, für die zumindest z. T. periphere Lage der Nukleolen typisch ist, sind die Dinoflagellaten. Ausdrücklich erwähnt wird diese von Geitler (1934 b), Skoczylas und Borgert für *Peridinium* sp., *Ceratium cornutum, C. hirundinella* und marine Ceratien (Abb. 24 m, n). Aus Abbildungen zu entnehmen ist sie ferner für *Ceratium fusus, Glenodinium pulvisculus* und *Peridinium willei* (Bělař 1926, Köhler-Wieder). Wie weit die z. T. wiedergegebene Abplattung real ist, müßte an lebenden Kernen überprüft werden, ebenso, ob die kugeligen oder ellipsoidischen Nukleolen von *Ceratium cornutum* und marinen Ceratien auch im Leben die Kernmembran vorwölben können.

Während die meisten Diatomeen die Nukleolen allseitig umgeben von Karyoplasma zeigen, liegen sie bei allen daraufhin untersuchten Rassen von *Cocconeis placentula* regelmäßig perpipher (Geitler 1927, 1958 a, c). Dabei sind sie noch in ganz bestimmter Weise in bezug auf den Chromatophor und die Achsen der Zelle orientiert. Der Zellkern befindet sich nämlich in einem transapikal verlaufenden Ausschnitt des Chromatophors: er hat in großen Zellen die Form eines Hufeisens, in mittelgroßen Nierenform und in kleinen ist er ellipsoidisch; stets nimmt der Nukleolus die der Öffnung des Chromatophors zugekehrte Seite des Kernes ein (Abb. 35 e—g)[50]. In den

---

[49] Girbardt meint mit Recht, die von Kniep angewendete Technik habe zu einer Schrumpfung der Kerne und zur Abrundung der in der Wachstumszone spindelförmigen Kerne geführt; zu einer Verschiebung der einzelnen Bestandteile gegeneinander ist es aber wohl nicht gekommen.

[50] Auch zu dem im Ruhezustand nicht sichtbaren, im Cytoplasma befindlichen Centrosom besteht offenbar eine feste Lagebeziehung; denn in der mitotischen Prophase taucht das Centrosom an der vom Nukleolus abgekehrten Seite des Kernes auf und diese Lagebeziehung bleibt auch bestehen, während sich der Kern um 180 Grad dreht.

Gameten rücken die Kerne auf die Berührungsstelle der Mutterzellen oder
gegen den Kopulationsschlauch zu, wobei die Nukleolen voneinander abgekehrt sind (Abb. 35 *h, i*). Letzteres ist wohl damit zu erklären, daß die Kerne
durch lokale Plasmaströmungen weiterbefördert werden (die Chromatophoren erfahren zunächst noch keine Ortsveränderung) und daß als erste
die mehr solartigen Teile des Kernes und zuletzt die zähflüssigen und
wahrscheinlich spezifisch schwereren Nukleolen verlagert werden.

Weiter befinden sich auch in bestimmten Entwicklungsabschnitten der
Schizogregarine *Lipocystis polyspora* und anderer Gregarinen die Nukleolen an der Kernmembran (Bělař 1926, Grell 1938); und schließlich sollen
nach Hollande und Enjumet bei manchen Radiolarien die polyenergiden
Primärkerne z. T. eigenartige Aussackungen besitzen, in denen die Nukleolen liegen.

Grund zu der Annahme, daß bei den erwähnten Arten mit peripher
liegenden Nukleolen die Beziehungen zwischen Nukleolen und Chromosomen andere wären als bei orthodoxem Kernbau und bei höheren Organismen, besteht nicht. Nukleolen-kondensierende Chromosomen sind in den
genannten Verwandtschaftskreisen bisher zwar nur für einige Pilze
beschrieben worden, und zwar am eingehendsten für *Neurospora crassa* von
McClintock (1945) und Singleton. Sie besitzen bei dieser Art eine SAT-Zone
und Nukleolus-assoziiertes Heterochromatin und machen den üblichen Formwechsel durch (nur die relativ lange Erhaltung der Nukleolen während der
Mitose — ähnlich wie bei anderen Protisten fällt auf). Über die Lage der
Nukleolen in nicht mehr teilungsaktiven Kernen von *Neurospora crassa* ist
aber leider nichts bekannt. In der Telophase sind sie nach Somers et al. „azen-
trisch“ und in der Interphase zentral; auch Bakerspigel (1959 a) erwähnt, daß
der feulgennegative „Zentralkörper“ (= Nukleolus) von körnigem Chromatin umgeben ist. Bei *Neurospora tetrasperma* ist nach Cutter (1946) im
haploiden Satz gleichfalls ein SAT-Chromosom vorhanden; nach der letzten
Teilung in den Ascosporen soll der Nukleolus an der Kernperipherie zu
erkennen sein; später wird er angeblich ausgestoßen (!) oder infolge der
Kontraktion des Kernes unkenntlich (die Abbildungen sind zu klein, um als
Belege dienen zu können). Klare periphere Nukleolen bildet jedenfalls
Olive (1949) für Basidien und vegetative Hyphen des Rostpilzes *Coelospo-
rium vernoniae* ab, und dieser besitzt pro haploidem Chromosomensatz
ein SAT-Chromosom. Bei *Glomerella cingulata* mit ebenfalls einem SAT-
Chromosom im haploiden Satz liegen die Nukleolen außer im Ascus und in
den Sporen offenbar ganz allgemein peripher (Lucas, Wheeler et alii,
Abb. 35 *d*). Auch bei *Ceratium* deutet Skoczylas sicher mit Recht die Chromatinfäden im Inneren der Nukleolen als Abschnitte von SAT-Chromosomen nach dem Muster höherer Pflanzen und Tiere. Von Interesse wäre es
allerdings, ob die peripheren Nukleolen schon peripher entstehen oder erst
sekundär an die Kernmembran verlagert werden.

Nukleolarsubstanz in Form eines peripheren Mantels. Fraglich und
vielleicht anders, als es sonst üblich ist, ist die Beziehung zwischen Chromosomen und Nukleolarsubstanz in den folgenden Fällen. Bei bestimmten
Amöben, Heliozoen und in den Gamonten einiger monothalamer Foramini-

feren bildet die Nukleolarsubstanz einen peripheren oder subperipheren Mantel, der aus zahlreichen kleineren oder größeren Brocken, Kugeln oder ellipsoidischen Körpern besteht, die oft auch an der Kernmembran abgeplattet sind und zusammenfließen können (Bělař 1922, 1926, Föyn, Liesche, Kudo 1947, Andresen, vgl. auch Grell 1953 a, 1956). Das Chromatin — soweit es im Ruhekern zu erkennen ist — befindet sich innerhalb dieses Mantels; ob es an einzelnen Stellen mit ihm in engerem Kontakt steht, ist nicht bekannt. Wie weit die Verhältnisse bei den Foraminiferen und Amöben streng vergleichbar sind, ist allerdings fraglich. Denn beispielsweise bei der Foraminifere *Myxotheca arenilega* kommt es nach Föyn zu der geschilderten Ausbildung nur in den kräftig heranwachsenden Kernen der Gamonten, während im Zuge der Gametenbildung in den wesentlich kleineren Kernen Nukleolen vom gewohnten Aussehen inmitten des Chromatins vorhanden sind (Abb. 36 a, b). Das Verhalten der Gamonten ist vielleicht eher dem mancher Oocyten vergleichbar. Für die ebenfalls stark vergrößerten Kerne der Oocyten von Amphibien beschreibt Callan nämlich die Entstehung zahlreicher Nukleolen an bestimmten Chromosomenregionen (es handelt sich um „lamp-brush“-Chromosomen in der ersten meiotischen Prophase); später lösen sie sich von diesen ab; die Chromosomen rücken ins Zentrum, und die Nukleolen verteilen sich rundherum. Die gesteigerte Produktion und die auffallende Verteilung der Nukleolarsubstanz könnten in den Gamonten ebenso wie in den Oocyten mit der erhöhten Produktion von Eiweiß und Reservestoffen in der über die Norm vergrößerten Zelle zusammenhängen, und beides stellt jedenfalls im Lebenszyklus der betreffenden Organismen eine v o r ü b e r g e h e n d e Erscheinung dar. Bei den in Rede stehenden Amöben handelt es sich dagegen um eine a l l e n vegetativen Zellen zukommende Baueigentümlichkeit.

Die verschiedene Ausbildung des Mantels von Nukleolarsubstanz ist der Abbildung 36 zu entnehmen. Daß bei der Foraminifere *Myxotheca* im zentralen Teil des Kernes fädiges Chromatin zu erkennen ist, wurde bereits in anderem Zusammenhang erwähnt. Im Kern von *Amoeba proteus* zeigt es nach Liesche bei lebensgetreuer Fixierung granuläre Beschaffenheit; im wesentlichen gleich verhalten sich nach Andresen *Chaos chaos* und nach Kudo (1947) *Pelomyxa carolinensis* (bei *Pelomyxa* kommen jedoch zu den peripheren noch einige im zentralen Teil verstreute Nukleolen: Abb. 36 i). Ob sich das Chromatin auch zwischen die peripheren Nukleolen schiebt und ob in den frühen und späten Stadien der Mitose eine Beziehung zwischen bestimmten Chromosomen und den Nukleolen nach dem Muster anderer Organismen zutage tritt, wurde bisher noch nicht verfolgt (allerdings ist mit technischen Schwierigkeiten zu rechnen, da die meisten Amöben sehr

Abb. 36 a—i. Ruhekerne mit einem peripheren Mantel von Nukleolarsubstanz. a, b *Myxotheca arenilega* (Foraminifere), a großer Kern eines Gamonten im Ruhestadium, Nukleolarsubstanz peripher, b zum Vergleich kleiner interphasischer Kern während der Gamogonie, Nukleolen im Inneren; c *Entamoeba blattae*, Nukleolen einen subperipheren Mantel bildend (Kernmembran auffallend dick!); d *Amoeba crystalligera*; e—g *Amoeba terricola*, Nukleolarsubstanz in verschiedener Ausbildung (in Fig. e und f jeweils oben optischer Schnitt, unten Oberflächenbild, g optischer Schnitt); h *Actinophrys sol* (Heliozoon), Ruhekern und umgebende Plasmapartie dargestellt; i *Pelomyxa carolinensis* (Amöbe), Ruhekern mit peripheren und einigen im Inneren befindlichen Nukleolen und granulärem bis undeutlich fädigem Chromatin. — a, b Susa, Eisenhämatoxylin, a 1100fach, b 3000fach, nach Föyn; c Sublimat-Alk., Hämalaun. d Osmiumsäuredampf, Safranin, e—g Zenker. Ehrlichs Hämatoxylin. c—g 1950fach, nach Bělař (1926); h Eisenhämatoxylin, 1900fach, nach Bělař (1923) aus Grell (1956); i saures Methylgrün. 1500fach, nach Kudo (1947).

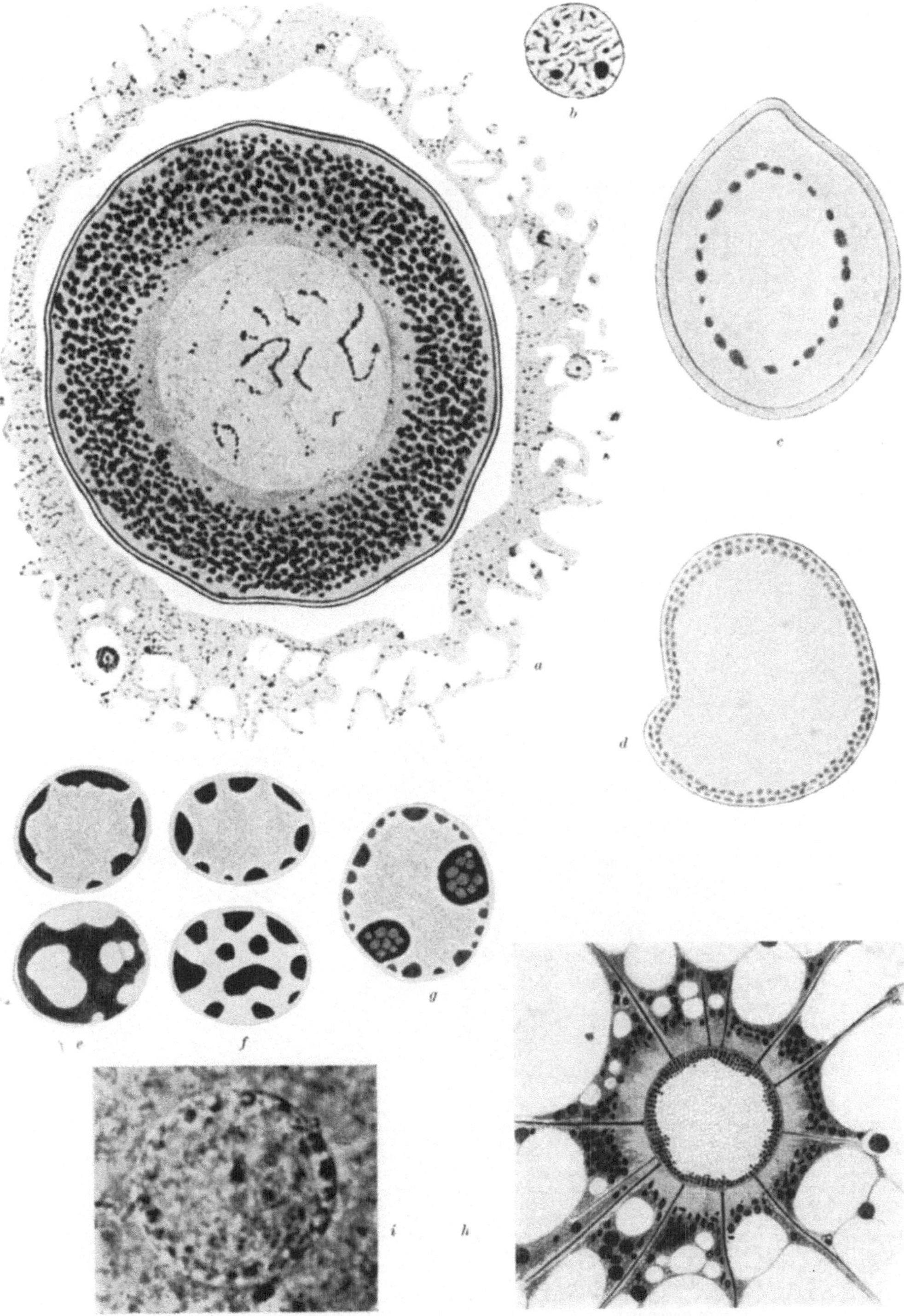

Abb. 36 *a—i.*

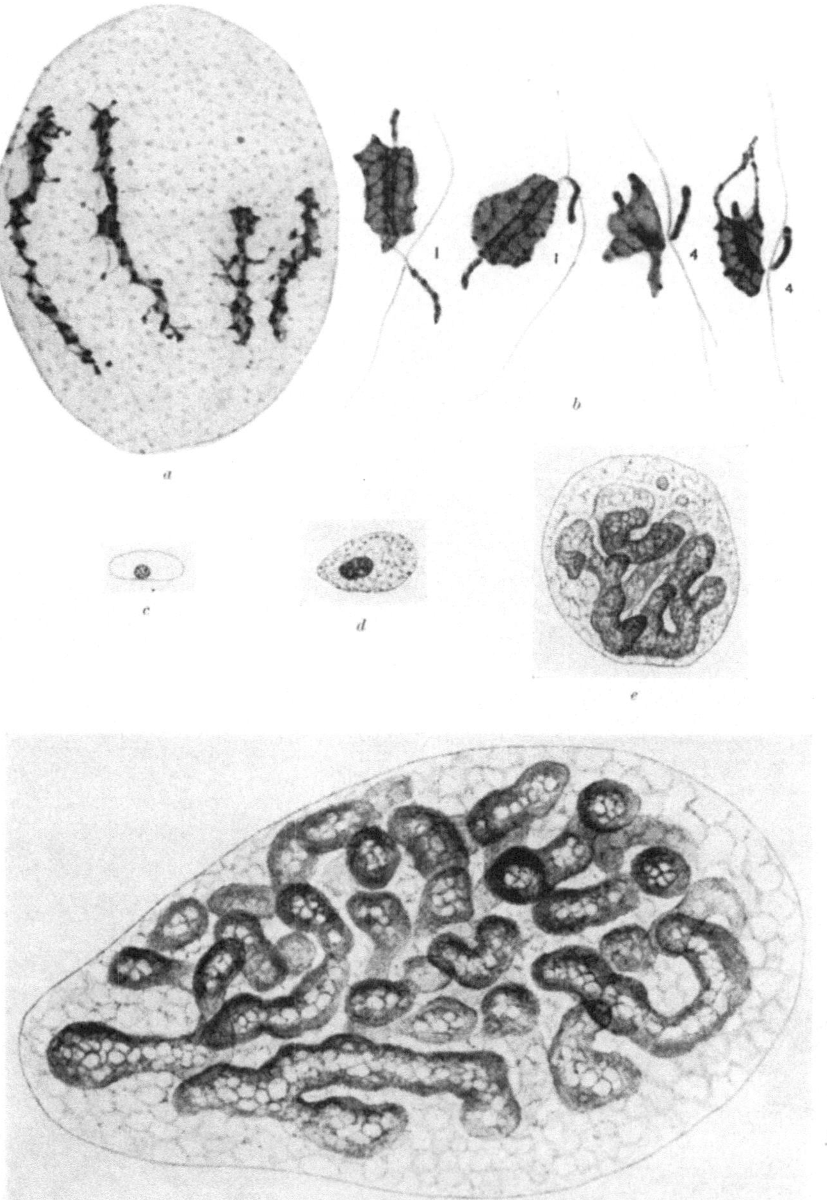

Abb. 37 *a—l*. Ruhekerne mit Nukleolen von besonderer Form. *a Zelleriella elliptica*, Ruhekern mit vier lang-gestreckten Nukleolen, *b* SAT-Chromosomenpaar 1 und 4 (die Nukleolen werden während der mittleren Teilungs-stadien nicht aufgelöst); *c—f Acetabularia mediterranea*, *c* Zygote mit Primärkern zu Beginn der Keimung, *d* Kern eines Keimlings mit ellipsoidischem Nukleolus, *e* weiter herangewachsener Kern mit verzweigten, wurstförmigen Nukleolen, *f* maximal entwickelter Primärkern, zu einem großen Teil erfüllt von wurstförmigen Nukleolen; *g Acetabularia crenulata*, Primärkern mit zahlreichen verschieden geformten Nukleolen; *h Euglypha* sp. (be-schalte Amöbe), Ruhckern mit zahlreichen wurstförmigen Nukleolen; *i—l Spirogyra crassa*, *i* Ausschnitt aus einem Ruhekern, im kugeligen Nukleolus befinden sich Nukleolusschläuche (in diesen artifizielle Vakuolen), *k* sche-matische Darstellung eines SAT-Chromosoms im Ruhezustand, die SAT-Zone im Nukleolus aufgeknäuelt, aus einem dünnen Chromosomenfaden bestehend, der von einer Hülle tief färbbaren Materials, dem Nukleolusschlauch umgeben ist. *l* frühprophasischer Nukleolus mit Abschnitten von SAT-Chromosomen, die mit den Enden der Nukleolusschläuche in Verbindung stehen. — *a, b* Schaudinn-Eisessig, Eisenhämatoxylin, 2640fach, nach Chen (1948); *c—f* Bouin, Anthracenblau, 1250fach, nach Hämmerling (1931); *g* OsO₄ Azur I, Phot., Vergr. ca. 850 fach, Orig. Hämmerling; *h* Sublimat-Alk., Hämalaun, 1300fach, nach Bělǎr (1926); *i—l* Eisenalaun-KE, *i* 2250fach. *i—l* nach Godward (1937).

kleine Chromosomen in großer Zahl besitzen) [51]. Ob die Ruhekerne mancher Amöben mit peripherer Nukleolarsubstanz anukleal und frei von Chromatinstrukturen sind, wie man nach den Abbildungen Bĕlařs vermuten könnte, ist gleichfalls noch offen.

Besonders geformte Nukleolen. Nukleolen von auffallender Form verleihen den Ruhekernen mehrerer Protisten ein ungewohntes Aussehen. Es

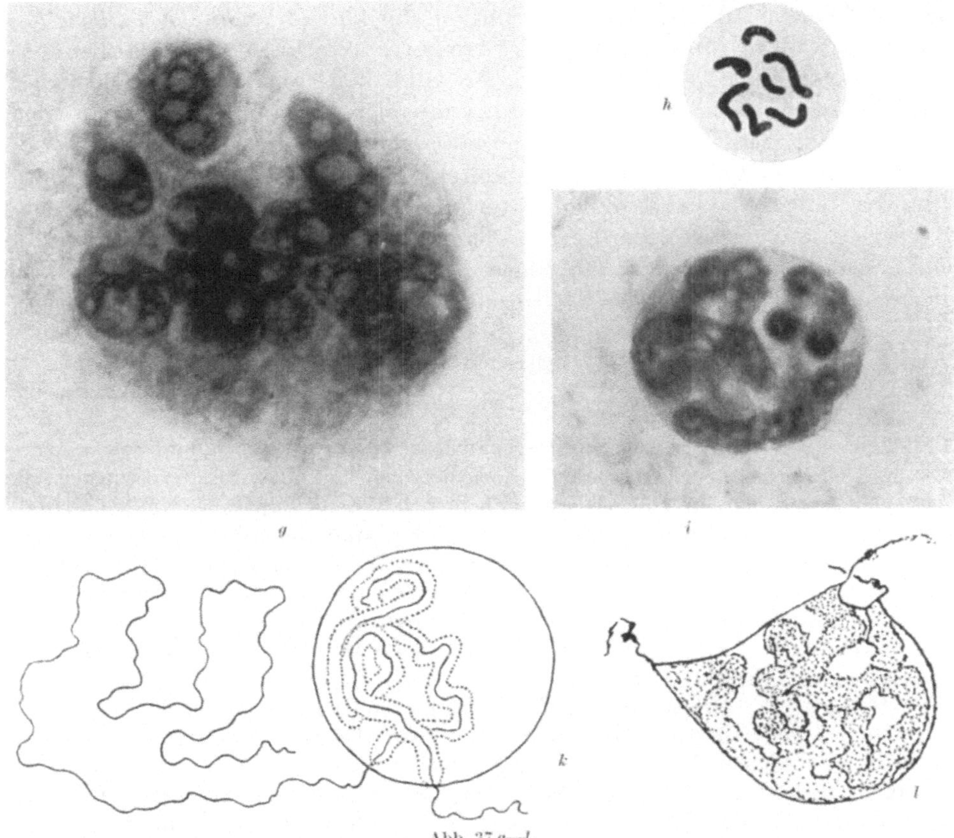

Abb. 37 g—l.

handelt sich um unregelmäßig zylindrische, wurstförmige oder verzweigte Nukleolen; ihre Oberfläche wird zumeist glatt, seltener auch höckerig oder in Zacken auslaufend dargestellt; ob letzteres real oder auf Fixierungsartefakte zurückzuführen ist, bleibt noch zu klären. Eingehendere Untersuchungen über die Herkunft solcher Nukleolen liegen nur für eine einzige Gattung, nämlich *Zelleriella* (Opalinidae) vor (Chen 1936 b, 1948). So wie bei höheren Organismen und anderen daraufhin untersuchten Protisten entstehen die Nukleolen bei *Zelleriella* an den SAT-Regionen bestimmter Chromosomen (Abb. 37 b). Der einzige wesentliche Unterschied besteht darin, daß sie sich nicht abkugeln, sondern die SAT-Zone, die sich beim

---

[51] Den Angaben von Dawson et alii kann man entnehmen, daß bei *Amoeba proteus* die Nukleolen an oder in den telophasischen Tochterplatten gebildet werden.

Übergang in den Ruhekernzustand streckt, der Länge nach umhüllen und so zu einem praktisch zylindrischen Körper werden (Abb. 37 a) [52]. Durch Vereinigung zweier oder mehrerer Nukleolen an zufälligen Berührungsstellen kommen unter anderem verzweigte Gebilde zustande. Bemerkenswert sind auch spezifische Längenunterschiede der Nukleolen. Bei *Zelleriella elliptica* sind die mit dem Chromosomenpaar 1 in Verbindung stehenden Nukleolen regelmäßig, und zwar auch im Ruhekern, länger als die vom Chromosomenpaar 4 (Abb. 37 a). Zu den Längenunterschieden kommen bei *Zelleriella lousianensis* noch Unterschiede im Durchmesser. (Übrigens sind auch bei der mehr minder kugeligen Ausbildung der Nukleolen von Angiospermen konstante Volumenunterschiede zwischen Nukleolen bekannt, die offenbar von verschiedenen Nukleolenchromosomen stammen — Carniel 1960.)

Während bei *Zelleriella* und in anderen Fällen den ganzen Lebenszyklus hindurch langgestreckte Nukleolen vorhanden sind, gehen bei dem Coccid *Aggregata* und den Chlorophyceen *Acetabularia mediterranea* und *crenulata* erst im Zusammenhang mit einem exzessiven Kernwachstum die Nukleolen von der Kugelform oder ellipsoidischen Form in verschlungene und verzweigte längliche, oft wurstartige Bildungen über; offenbar wird gewöhnlich dabei auch ihre Anzahl erhöht (Moroff, Hämmerling 1931. Maschlanka u. a.; Abb. 37 c—g) [53]. Dies ist vermutlich auf zwei Umstände zu-

[52] Chen unterscheidet zwischen verschiedenen Typen der Verbindung von Nukleolen und Chromosomen, die an den mitotischen Chromosomen studiert wurde; sie soll beim ersten Typ in einer Umhüllung der SAT-Zone durch die Nukleolarsubstanz bestehen; beim zweiten soll die Nukleolarsubstanz innerhalb und außerhalb des Chromosoms verteilt sein und beim dritten nur innerhalb; dies wurde jedoch nur an Hämatoxylin-Präparaten festgestellt und müßte — auch nach Ansicht des Autors — noch mittels der Feulgenreaktion überprüft werden. da sich in Hämatoxylin nicht permanente Differenzierungen nach Art des Nukleolonema zeigen könnten — vgl. Fußnote 9, S. 12.

[53] Gelegentlich bleiben auch in den großen Primärkernen älterer Pflanzen von *Acetabularia mediterranea* kompakte, nicht wurstförmige, bloß von Vakuolen durchsetzte Nukleolen bestehen. Solche Nukleolen dürften auch für *A. wettsteinii* charakteristisch sein. Schulze schreibt zwar. daß bei dieser Art gegen die Kerngrundsubstanz zu die Grenzen des Nukleolus z. T. verwischt sind und er als eine Masse dunkel gefärbter Körnchen erscheint, die die farblosen Vakuolen umhüllen; doch handelt es sich bei diesen Körnchen wahrscheinlich bloß um Produkte der Fixierung und Färbung; es wären also noch weitere Untersuchungen, und zwar auch an lebenden Kernen nötig. che man mit Schussnig (1953. S. 440) schließen könnte. daß an den Körnchen eine enorme interfaziale Oberfläche vorhanden ist. — Obwohl Untersuchungen aus dem letzten Jahrzehnt vorliegen (Werz 1953). ist die Karyologie von *Acetabularia mediterranea* und verwandten Arten nicht ausreichend geklärt, unter anderem die Anzahl der SAT-Chromosomen nicht bekannt: infolgedessen tragen die oben gebrachten Überlegungen hypothetischen Charakter. Übrigens wurde wiederholt die Vermutung geäußert, daß die Primärkerne der Dasycladaceen vom Muster von *Acetabularia* polyploid würden. Neuerdings beschreibt Puiseux-Dao (1959. 1962) für *Batophora oerstedii* Endomitosen unter Vermehrung der Nukleolen. Doch sind die Schilderung und die Belege nicht überzeugend. Was *Aggregata* betrifft. so werden hier die Befunde und veralteten Deutungen Moroffs entsprechend dem heutigen Stand des Wissens interpretiert.

rückzuführen. Einerseits verringert sich offenbar mit dem Wachstum der Nukleolen ihre Oberflächenspannung (was auch für endopolyploide Kerne von Metazoen und Metaphyten gilt) und andererseits verlängert sich wahrscheinlich parallel mit dem kräftigen Kernwachstum und einer zunehmenden Entspiralisierung der Ruhekernchromosomen auch die SAT-Zone (das Chromatin wird nämlich während dieses Kernwachstums nicht vermehrt, sondern „feiner verteilt", so daß schließlich nichts mehr von ihm sichtbar ist; worin die feinere Verteilung besteht, ist nicht bekannt, doch ist die Annahme einer besonders weitgehenden Entspiralisierung naheliegend). Wenn zwischen Nukleolenchromosomen und Nukleolen bei *Acetabularia* und *Aggregata* die gleichen Beziehungen wie bei anderen Organismen bestehen — was wohl anzunehmen ist —, so würden also die länglichen Nukleolen die übermäßig gestreckten SAT-Zonen begleiten. Allerdings ist auch die Bildung zusätzlicher Nukleolen an anderen Chromosomenloci als den regulären SAT-Zonen für die vergrößerten Kerne in Betracht zu ziehen.

Eigenartig verhalten sich übrigens auch *Spirogyra crassa* und einige andere *Spirogyra*-Arten, bei denen die Nukleolen zwar die üblichen Formen haben, aber von Nukleolusschläuchen (organizer tracks) durchzogen sind, die den Verlauf der SAT-Zone markieren (GODWARD 1950). Diese ist nämlich von einem Mantel einer besonderen Substanz umgeben und zusammen mit ihm in die übrige Nukleolarsubstanz eingebettet (Abb. 37 *i—l*) [54]. Würde die letztere eine geringere Oberflächenspannung und damit weniger Abrundungstendenz haben und den Nukleolusschläuchen folgen, so bestünden im wesentlichen in morphologischer Hinsicht die gleichen Verhältnisse wie bei *Zelleriella* und wahrscheinlich auch den anderen oben genannten Protisten. Möglicherweise stellt sogar *Closterium moniliferum* die Verbindung zwischen dem Verhalten von *Acetabularia* und *Spirogyra crassa* unmittelbar her, indem es einen Nukleolus aus dicht gewundenen Nukleolusschläuchen o h n e umgebende Hülle besitzt; doch sind die Belege von KING nicht ausreichend, um ein sicheres Bild zu geben; für *Micrasterias thomasiana* und *rotata* beschreibt dieser Autor (überhaupt ohne Abbildungen beizufügen) über 100 bzw. 30 kleine Nukleolen, die zu zwei langen Strängen vereinigt sind, welche ihrerseits von je einem SAT-Chromosom durchzogen sind. — Neuerdings finden DRAWERT und MIX bei *Micrasterias rotata* je nach dem physiologischen Zustand ihrer Kulturen verschiedene Verhältnisse: in jüngeren, lebhaft wachsenden Kulturen sind viele kleine wurstförmige Teilnukleolen vorhanden (ob fadenartig aufgereiht, wie KING es angibt, konnte nicht entschieden werden). In älteren Kulturen wird die Zahl der Teilnukleolen reduziert; im Extremfall ist ein einziger ellipsoidischer Nukleolus mit vakuolenartigen Einschlüssen vorhanden (Zus. b. d. Korr.).

Nukleolen mit Doppelbau. Schließlich ist noch eine allein dastehende Besonderheit im Verhalten der Nukleolen in den Kernen der diploiden

---

[54] Die „organizer tracks" sind im Leben und noch deutlicher nach Fixierung und Färbung zu sehen. Bei anderen *Spirogyra*-Arten ist die SAT-Zone innerhalb des Nukleolus von einer abstehenden membranösen Hülle nach Art eines faltigen Sackes umgeben; in seinem Inneren befindet sich offenbar auch eine besondere, von der übrigen Nukleolarsubstanz verschiedene Substanz (GODWARD 1953).

Fäden von *Cladophora suhriana* erwähnenswert. Nur ausnahmsweise enthalten diese Kerne zwei getrennte Nukleolen; in der Regel führen sie scheinbar einen einzigen Nukleolus; dieser setzt sich jedoch in Wirklichkeit aus zwei eng aneinander gepreßten Teilen zusammen (Abb. 38 a), was Schussnig (1931) bereits abbildete und Geitler (1936) später richtig erkannte [am deutlichsten wird der Doppelbau während der Mitose und Meiose (Abb. 38 b—f)]. Wieso die beiden primär in der Telophase vorhandenen Nukleolen in diesem Fall nicht — so wie es allgemein bei Berührung üblich ist — restlos miteinander verschmelzen, sondern sich aneinander abplatten und ihre Individualität beibehalten, ist nicht bekannt. Ihre Konsistenz dürfte nach dem Verhalten in der Mitose (Streckung parallel zur Spindelachse in der Metakinese, Durchschnürung in der Ana- bis Telophase) nicht

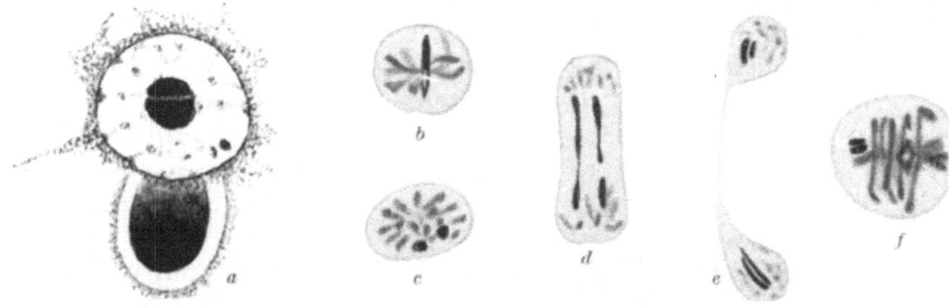

Abb. 38 a—f. *Cladophora suhriana.* Nukleolen mit Doppelbau. *a* diploider Ruhekern mit zentralem aus zwei Stücken zusammengesetztem Nukleolus (unten ein Pyrenoid). *b—e* Zerfall des Doppelnukleolus in zwei Teile während der Mitose (aus dem Sporophyten), *b* Metaphase in Seitenansicht. *c* in Polansicht. *d. e* Durchschnürung der Doppelnukleolen in der frühen (*d*) und späten (*e*) Telophase, *f* erste meiotische Metaphase in Seitenansicht, zweiteiliger Nukleolus im Bild links. — *a* Bouin-Allen. Eisenhämatoxylin. nach Schussnig (1931); *b—f* Bouin-Allen, Eisenhämatoxylin, 2400fach, nach Geitler (1936).

verschieden von der bei anderen Arten wie etwa *Cl. glomerata* sein, bei der die Nukleolen gleichfalls in der Mitose z. T. persistieren, aber die übliche Verschmelzungstendenz zeigen.

Anhang: Zellkerne der Hefen. Schließlich soll anhangsweise kurz auf den Zellkern der Hefen eingegangen werden, da seine Behandlung in diesem Kapitel vielleicht erwartet werden könnte. Wiederholt wurde ihm nämlich ein ungewöhnlicher Bau (und amitotische Teilung) zugeschrieben; außerdem kam es zur Verwechslung von Vakuolen und Kernen bzw. Kernen und Centriolen und anderem mehr. Demgegenüber mehren sich jedoch in den beiden letzten Jahrzehnten die Angaben, die (außer normalem mitotischem Teilungsverhalten) in den Ruhekernen die üblichen Bauelemente, nämlich Nukleolen und feulgenpositive Chromatinstrukturen nachweisen; letztere sind allerdings infolge der besonders kleinen Dimensionen der Kerne schwer zu charakterisieren, doch liegen jedenfalls nicht anukleale oder homogen feulgenpositive Kerne vor. Dies ergibt sich vor allem aus den Untersuchungen von Levan, Ganesan und Eckstein, in deren Publikationen sich weitere Literaturangaben finden.

VIII. Gewebespezifische bzw. zellspezifische Unterschiede der Kernstruktur (ausgenommen endopolyploide Kerne)

In bestimmten Zellen oder Geweben vieler Organismen zeigen sich an den Ruhekernen gewisse Abwandlungen des Baues; diese Kerne unterscheiden sich also mehr oder minder kräftig von den für die betreffende

Art im allgemeinen charakteristischen, und in manchen Verwandtschaftskreisen sind diese Abwandlungen so vielfältig, daß sich kaum e i n artcharakteristischer Typus herausgreifen läßt (vgl. S. 47 über die Orthopteren). Mitunter überlagern sich die gewebespezifischen Unterschiede mit Unterschieden im Zusammenhang mit dem Auftreten von Endopolyploidie; diese Fälle werden zusammen mit anderen im nächsten Abschnitt behandelt. — Höchstwahrscheinlich spielen manche gewebe- und zellspezifischen Abwandlungen eine wichtige funktionelle Rolle, während andere sich sekundär einstellen; doch sind die kausalen Zusammenhänge noch weitgehend unbekannt, so daß sich vorderhand bloß eine deskriptive Zusammenstellung geben läßt. Nur Unterschiede in der gleichen Zelle oder im gleichen Gewebe, die im Zusammenhang mit bestimmten Leistungen auftreten, können daher eigens als funktionelle Strukturen behandelt werden (siehe Abschnitt X). Die Steuerung der gewebespezifischen Veränderungen am Kern erfolgt vermutlich durch Faktoren, die auf dem Wege über das Cytoplasma auf ihn einwirken.

A. Kerne von besonders dichtem Bau

Spermien von Metazoen. Eine allgemein bekannte und sehr auffällige zellspezifische Veränderung des Kernbaus zeigt sich an den Spermien der meisten Metazoen [55a]. Im Anschluß an die zweite meiotische Teilung entstehen in der Regel zunächst Spermatiden mit Ruhekernen von mehr oder weniger typischem Bau: die Chromosomen werden also entspiralisiert und es bilden sich Nukleolen aus (ob letzteres allerdings nicht in manchen Fällen unterbleibt, auch w e n n die Chromosomen aufgelockert werden, sollte eigens verfolgt werden). Während der Spermiohistogenese kommt es dann zu Struktur- und Formveränderungen des Kernes, die darin gipfeln, daß sein Inhalt unter Schwund der Nukleolen völlig homogen wird und er sich unter Annahme zylindrischer, fädiger, schraubiger, abgestutzt ellipsoidischer und anderer Formen zum Hauptbestandteil des Spermienkopfes umbildet [55b]. Je nach der Spezies gibt er eine sehr intensive oder schwächere Feulgenreaktion. Die Homogenisierung ist zwar in manchen Fällen von einer Volumenabnahme des Kernes begleitet, so bei *Bos taurus* (Fumagalli): in anderen, wie bei *Stenobothrus lineatus,* macht sie sich aber bemerkbar. noch ehe das Kernvolumen wesentlich vermindert worden ist (vgl. Abb. 39); sie kann also nicht a l l e i n auf einer besonders dichten Packung des chromatischen Materials beruhen, sondern hängt auch mit anderen chemisch-

---

[55a] Die folgenden Ausführungen beziehen sich auf die am weitesten verbreiteten Geißelspermien; für die Explosionsspermien der decapoden Crustaceen gilt im wesentlichen das gleiche; in den Amöbenspermien mancher Nematoden lassen sich nach allerdings recht alten Befunden Chromosomen von mitotischer Ausbildung erkennen (vgl. die zusammenfassende Darstellung von Bělař 1928. S. 121 ff.. 1931).

[55b] Nach Schlote und Schin bildet in den Kernen der Spermatiden und Spermien von *Gryllus domesticus* die Hauptmasse des Chromatins eine dünne, periphere Schale, die eine intensive Feulgenreaktion gibt, während der zentrale Teil nur schwach feulgenpositiv ist. Es wäre zu überprüfen, ob diese Verteilung nicht auch für andere Arten charakteristisch ist (Zus. b. d. Korr.).

physikalischen Zustandsänderungen des Kerninhaltes zusammen; die Aufklärung dieser Veränderungen mit Hilfe der Elektronenmikroskopie bahnt sich in den letzten Jahren an (Ris 1958, 1961, dort weitere Literatur, Schlote und Schin 1962). Hinsichtlich der Eiweißkomponente ergibt sich für *Rana*

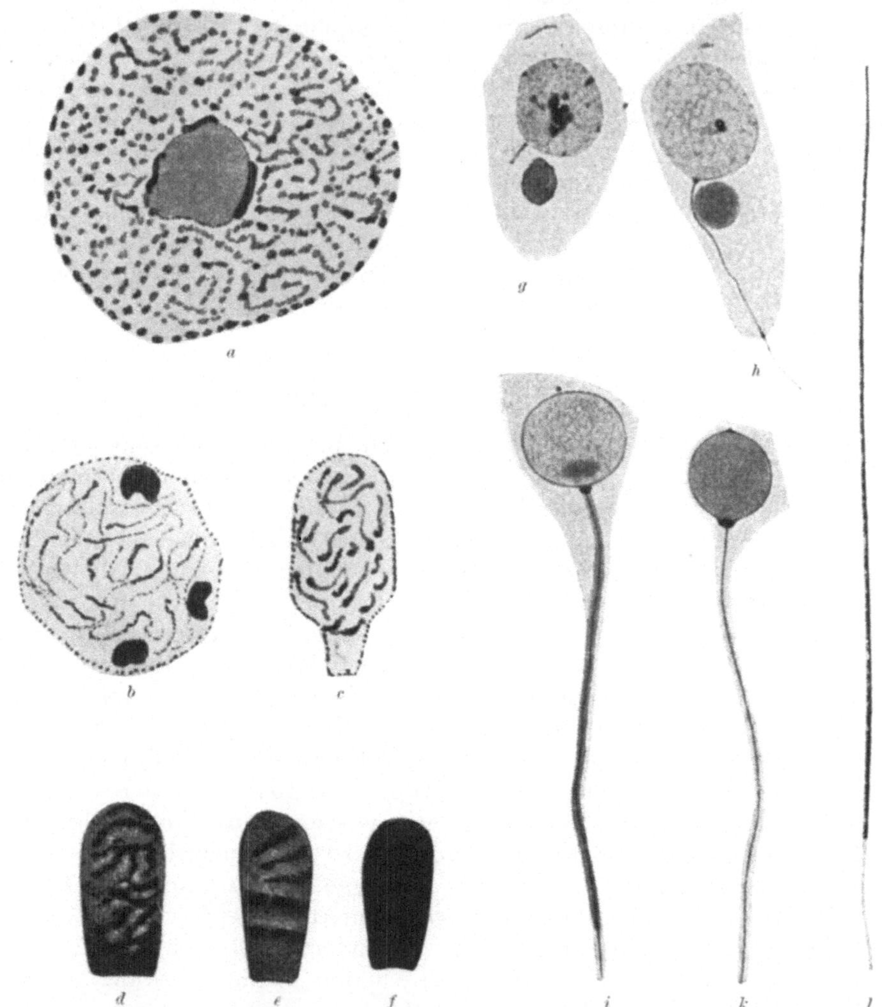

Abb. 39a—l. Veränderungen von Kernvolumen und -struktur während der Spermiohistogenese. a—f *Bos taurus* Abnahme des Kernvolumens sowie Verkürzung und Hervortreten der Chromosomen (letztere in Fig. c klar zu sehen, im Kern der Fig. e sollen nach Fumagalli schollenartige, in Querreihen angeordnete Chromosomen zu erkennen sein); g—l *Stenobothrus lineatus*, g Spermatide kurz nach der zweiten Reifungsteilung (unter dem Kern ein mehr minder homogen erscheinender Mitochrondrienklumpen), h—k spätere Stadien, l reifes Spermium (bei i—l nur die Vorderenden gezeichnet). — a—c KE, d—f Feulgen, ca. 2650fach, nach Fumagalli; g—k 1000fach, nach Bĕlař (1923), aus Hartmann; l 640fach, nach Bĕlař (1931).

pipiens aus Befunden von Himes, Pollister und Moore, daß der absolute Gehalt der offenbar relativ kleinen Kerne in den Spermatiden im Vergleich zu anderen Geweben niedrig ist (die Protein k o n z e n t r a t i o n der Kerne variiert in verschiedenen Geweben nicht stark). Auch Ris stellte einen Schwund der Nicht-Histon-Proteine in Spermatidenkernen fest und Felix et alii fanden in den Kernen von Fisch-Spermien keine RNS und nichts von den Proteinen, die im allgemeinen für die Kerngrundsubstanz charakteri-

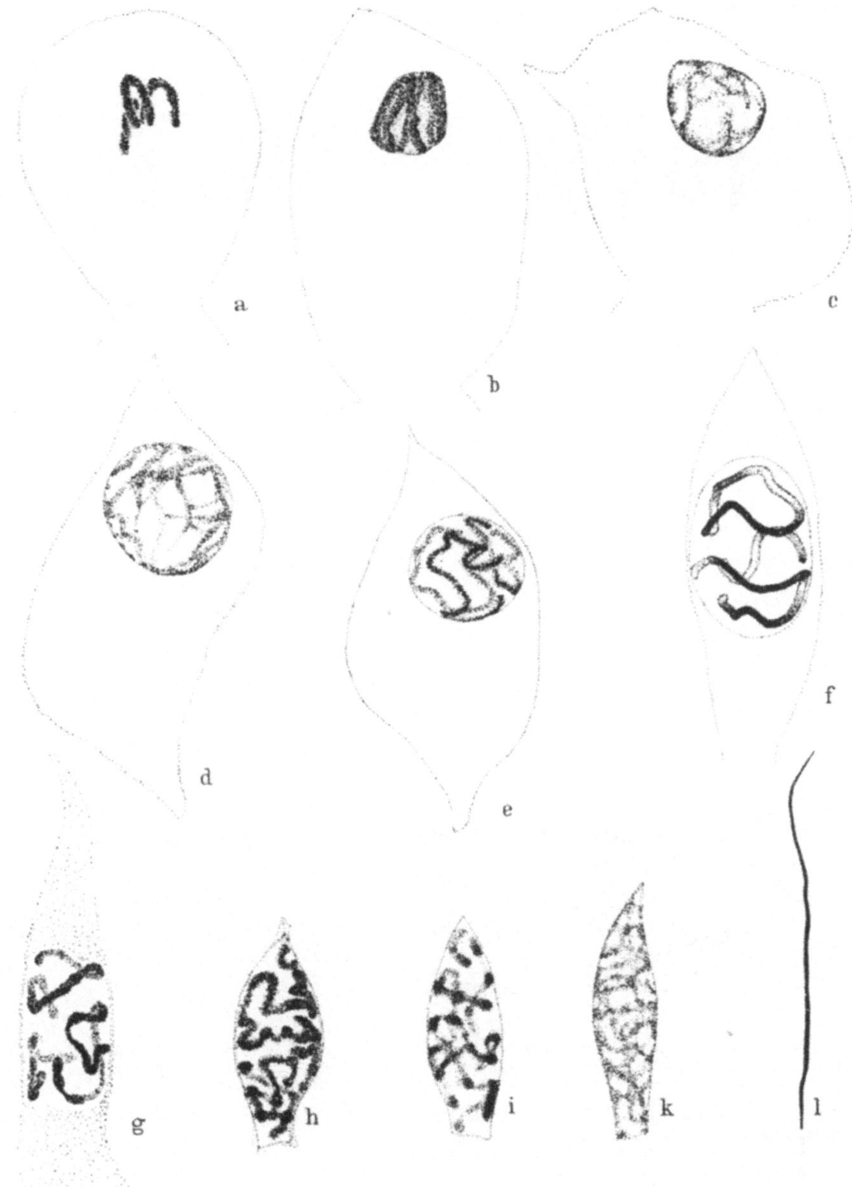

Abb. 40 a—l. *Dicranomyia trinotata*, Veränderungen des Kernes während der Spermiohistogenese. *a* späte, zweite Anaphase. *b* zweite Telophase, *c, d* Auflockerung, *e. f* neuerliche Kontraktion der Chromosomen. bei *f* typische Anordnung in einem medianen Polfeld. *g—l* Weiterentwicklung des Spermatidenkernes zum fertigen Spermienkopf. — *a—i* Bouin-Allen, Feulgen-Lichtgrün, *k* KE, *l* Bouin-Allen, Feulgen, *a—l* 4100fach. nach WOLF (1939).

stisch sind. Während der Volumenabnahme des Kernes wird also die eiweiß-haltige Kerngrundsubstanz vermindert oder völlig eliminiert. Bei manchen

Fischen und Heuschrecken, beim Rind und wahrscheinlich ganz allgemein bei Vertebraten wandelt sich übrigens während der Kondensation des Chromatins seine Histonkomponente in Protamin um (vgl. z. B. Alfert 1957, 1958, zusammenfassend Mirsky and Osawa, S. 714 f.).

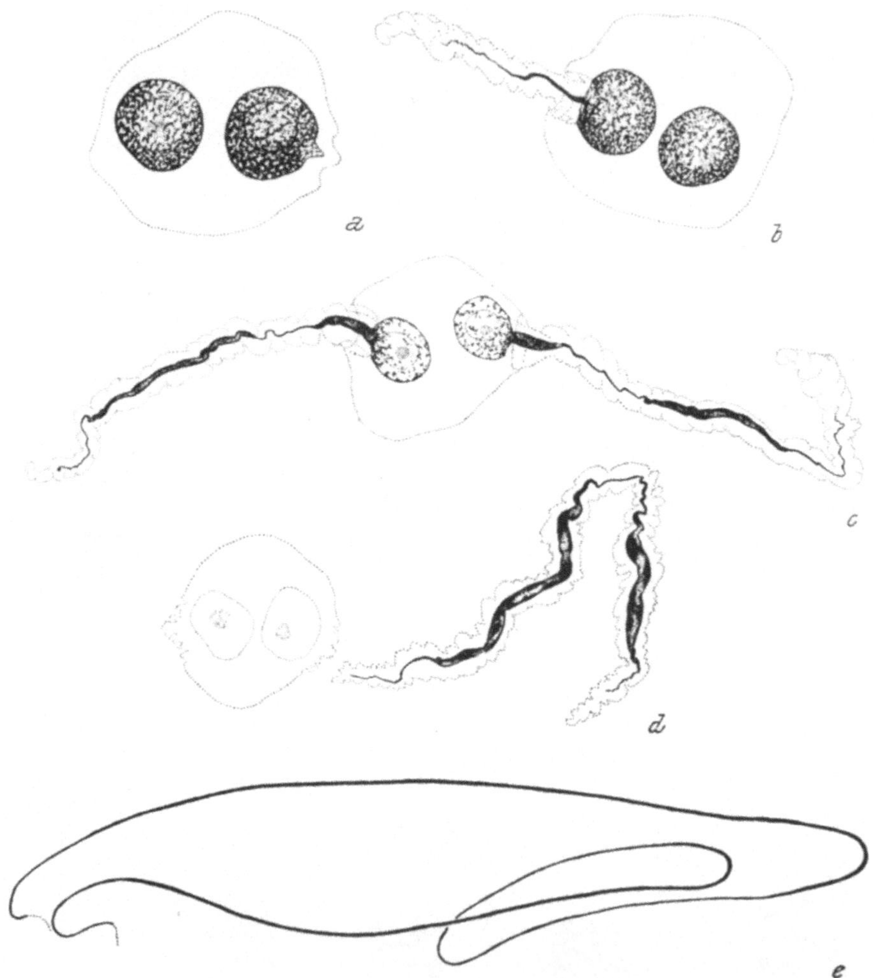

Abb. 41 a—e. *Steatococcus tuberculatus*, Verhalten der Kerne und der beiden Chromosomen während der Spermiohistogenese. *a* junge zweikernige Spermatide, an dieser rechts Ausbuchtung des Cytoplasmas und des Kernes. *b* frühes Stadium der Verlagerung des Chromatins in den schwanzartigen Fortsatz. *c* spätes Stadium (die Grenze zwischen dem zuerst verlagerten Chromosom 1 und dem eben herauswandernden Chromosom 2 ist als Verengung kenntlich), *d* Verlagerung vollzogen, schwanzartiger Teil abgelöst, Kerne im Restkörper frei von Chromatin, Nukleolen in ihnen zurückgeblieben, *e* reifes Spermium. Chromosom 1 und 2 hintereinander gelagert. *a—d* Orcëinessigs., 900fach, *e* Sanfelice, Feulgen-Fastgreen, 2100fach, *a—e* nach Hughes-Schrader (1946).

Bevor es zur Homogenisierung kommt, spielen sich bei manchen Arten zyklische Spiralisierungsvorgänge an den Chromosomen ab. Bei *Dicranomyia* kontrahieren sie sich bis zu einem Zustand, wie er für die mittlere Prophase typisch ist, wobei man feststellen kann, daß sie vorwiegend in einem medianen Polfeld liegen, aber keine bestimmte Lagebeziehung zueinander einnehmen (Wolf 1939). Das Kernvolumen dürfte unterdessen etwas zunehmen. Weiterhin entspiralisieren sie sich wieder, während das Volumen des Kernes abnimmt, er sich verschmälert und an den Enden zuspitzt (Abb. 40). Kontraktion des Kernes und der Chromosomen gehen also in diesem Fall nicht parallel. Beim Rind sind sie dagegen nach FUMAGALLI gekoppelt und die Spiralisierung der Chromosomen führt bis zu einer schollenartigen Ausbildung; diese Schollen sollen sich im Spermienkopf in Querreihen anordnen, bis sie schließlich mit der Homogenisierung maskiert werden (Abb. 39 a—f). Da auch im ejakulierten Spermium unter Umständen ein solcher Bau sichtbar werden kann, bleiben sie anscheinend trotz der Maskierung in dieser Form erhalten. Wenn es sich tatsächlich so verhält, ist die einheitliche Feulgenreaktion des reifen Spermiumkopfes allerdings schwer zu deuten, da man in neuerer Zeit, von gewissen Ausnahmen abgesehen, die DNS als stabilen Bestandteil des Chromosoms ansieht und wohl nicht eine gleichmäßige Verteilung nur dieser Komponente für die Homogenisierung verantwortlich machen kann.

Sehr ausgefallene und interessante Verhältnisse fand HUGHES-SCHRADER (1946, 1948) bei mehreren Schildläusen (Cocciden, tribus *Iceryini*). Diese haben zweikernige Spermatiden, da nach der einzigen äquationellen „meiotischen" Teilung (in den haploiden Männchen oder haploiden Spermatocyten hermaphroditer Weibchen) keine Cytokinese erfolgt. Nach der Telophase dieser Pseudomeiose werden Ruhekerne mit einem Nukleolus und hauptsächlich peripher verteiltem Chromatin rekonstruiert (Abb. 41 a). Weiterhin wölbt sich in eine schwanzartige Ausbuchtung des Cytoplasmas eine dünne Aussackung des Kernes vor; in diese wandern hintereinander und mit den Enden aneinander geheftet zuerst regelmäßig das kürzere und dann das längere von den zwei Chromosomen ein und diese Anordnung wird bis zur Vorkernbildung beibehalten. Der Nukleolus bleibt im Restkern zurück und nur der schwanzartige Teil wird zum Spermium, während alles übrige abgestoßen und phagozytiert wird (Abb. 41 b—e). Auch in diesem Fall spielen sich Spiralisierungs- und Entspiralisierungsvorgänge an den Chromosomen ab und erscheint der Kern des reifen Spermiums homogen.

Es ergibt sich die grundlegende Frage, ob man die Kerne der Spermien überhaupt als ruhend bzw. interphasisch betrachten kann oder ob man sie als mitotische Kerne auffassen soll, die nur in einer verlängerten und maskierten Prophase verharren. Für die erste Alternative spricht, daß es auch andere, ganz eindeutig nicht mehr mitotisch aktive Kerne gibt, die Chromosomen von prophasischem Aussehen (und Spiralisationsgrad) enthalten (z. B. in den Antipoden von *Papaver* und *Eranthis*, in den Synergiden von *Allium*, vgl. S. 116 ff.) und daß außerdem, wie das Beispiel der Spermatiden von *Dicranomyia* und den Cocciden zeigt, nicht eine durchgehend p r o g r e s s i v e Spiralisierung erfolgt; dazu kommt bei den daraufhin untersuchten Spermien ein DNS-Gehalt, wie er für posttelophasische haploide Ruhekerne charakteristisch ist, während er in prophasischen doppelt so hoch sein müßte (zusammenfassend SWIFT 1953).

Spermien von Kormophyten. Auch für eine Reihe von Kormophyten sind Spermien bzw. Spermazellen mit kompakten, homogenen Kernen von verschiedener Gestalt beschrieben worden. Allerdings sind die Verhältnisse weniger einheitlich als bei den Metazoen. Es bestehen nämlich offenbar alle

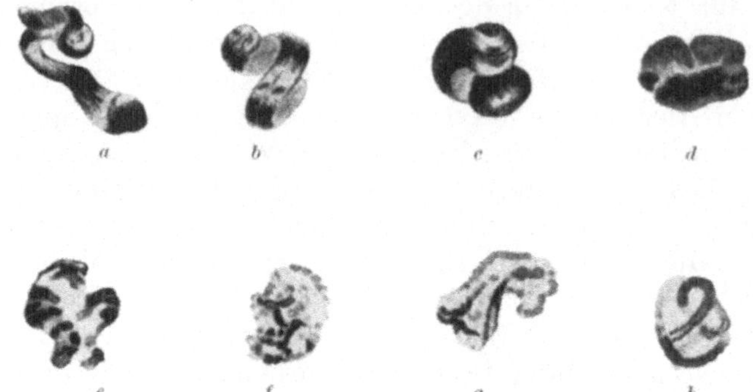

Abb. 42a—h. *Crepis capillaris*. Gestalts- und Strukturveränderungen der Spermakerne im Embryosack vom Eindringen bis zur Anlagerung an den Eikern. — Navashin. Gentianaviolett bzw. Eisenhämatoxylin, stark vergrößert. nach Gerassimova.

Abstufungen von den dicht gebauten homogenen Kernen in den Spermien der Moose und Farnpflanzen [56] sowie in den Spermazellen der Angiosperme

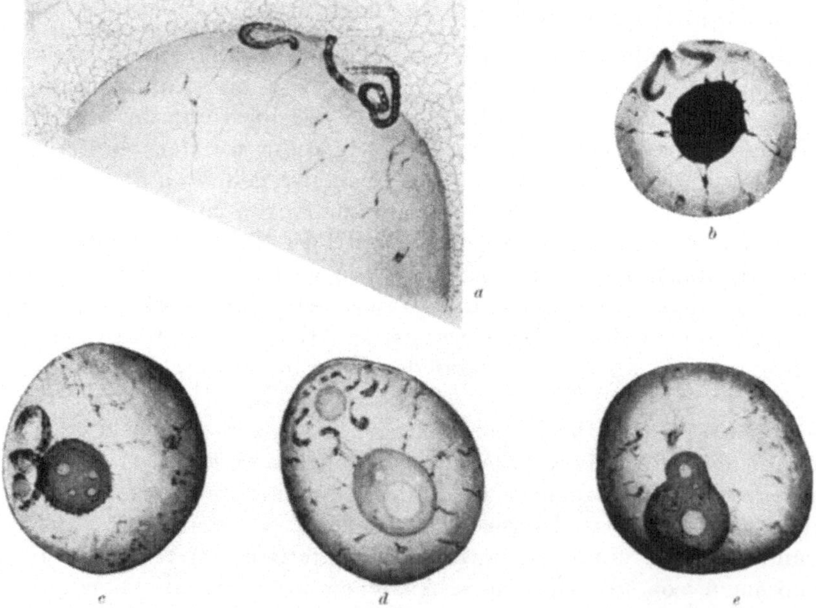

Abb. 43a—e. *Crepis capillaris*, Veränderungen des Spermakerns während der Vereinigung mit dem Eikern. In Fig. a—c erscheint der Spermakern als ein Faden hintereinandergereihter, kontrahierter Chromosomen. c Entstehung eines Nukleolus im Bereich des Spermakerns, d, e Auflockerung und Unkenntlichwerden des männlichen. Chromatins. — Navashin, Gentianaviolett, bzw. Eisenhämatoxylin, nach Gerassimova.

Crepis capillaris, über gleichfalls relativ kompakte, aber doch eine Innenstruktur zeigende Spermakerne bei anderen Angiospermen zu den großen

---

[56] Die Struktur der Kerne in den Farnspermien wäre nachzuprüfen. Dracinchi beobachtete nämlich „dunklere Chromomeren zwischen der ganz hellrot gefärbten Karyolymphe" (allerdings an Trockenausstrichen, die mit Carnoy und KE behandelt wurden).

relativ locker (aber immer noch dichter als die Eikerne) gebauten bei Coniferen und den besonders großen Kernen in den Spermien der Cycadeen und Ginkgoaceen [57]. Auf die Literatur im einzelnen einzugehen erübrigt sich, da SCHNARF (1941) sie sehr ausführlich und kritisch behandelt hat und seit seiner Bearbeitung nicht viel Neues hinzugekommen ist. Folgendes verdient jedoch hervorgehoben zu werden. Nukleolen scheinen in den bandförmigen, schraubig gewundenen Kernen der Spermien von Bryophyten und Pteridophyten zu fehlen — soviel sich den Angaben bzw. Abbildungen

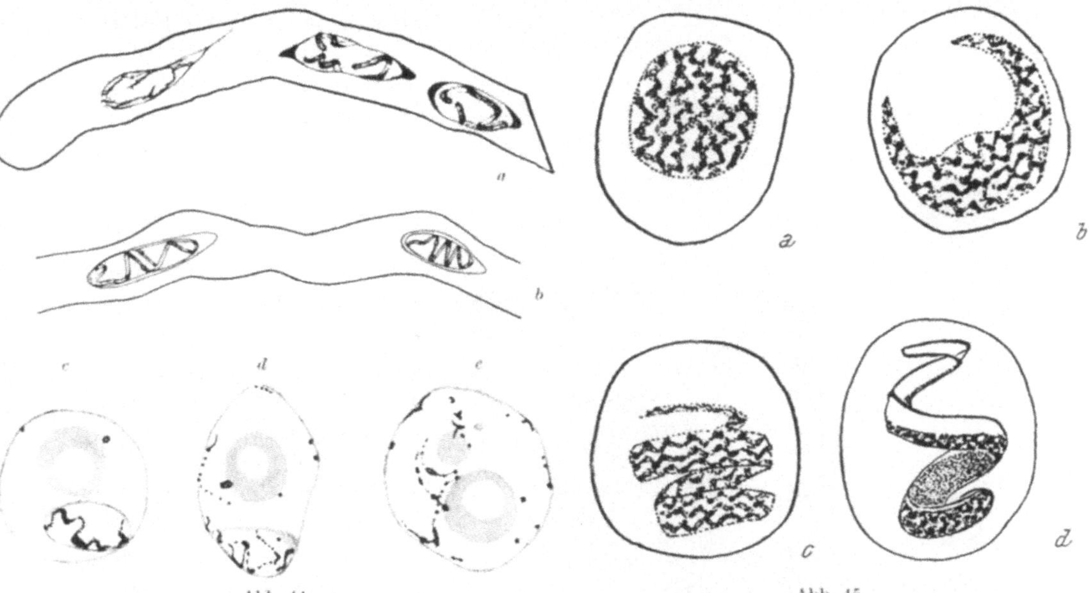

Abb. 44.   Abb. 45.

Abb. 44 a—e. Spermakerne von Angiospermen. a *Galanthus nivalis*, Spitze eines Pollenschlauches mit vegetativem Kern und zwei Spermazellen. Spermakerne mit prophase-artiger Struktur und ohne Nukleolen: b—e *Impatiens glanduligera*, b Teil eines Pollenschlauches mit Spermazellen, in den Kernen prophase-artige Struktur, c—e Vereinigung des Spermakerns mit dem Eikern unter Nukleolenbildung und Auflockerung des Chromatins. — a nach dem Leben, ca. 1300fach, nach STEFFEN (1953); c—e Navashin. Feulgen, 2100fach, nach STEFFEN (1951).

Abb. 45 a—d. *Pteris cretica* var. *albo-lineata*. Frühe (a, b) und fortgeschrittene (c. d) Stadien aus der Entwicklung der Spermien, Kerne mit spiralisierten, parallel zur Längsachse orientierten Chromosomen. — a—d AE, KE, ca. 2000fach, nach YUASA (1937).

der von SCHNARF angeführten Autoren entnehmen läßt. Nach oder während der Vereinigung mit dem Eikern (oder manchmal schon im Cytoplasma des Eies) rundet sich der Spermienkern ab: das von ihm stammende Chromatin lockert sich auf und in seinem Bereich entsteht ein Nukleolus. Nach HAUPT fehlen auch in den Spermakernen zweier *Pinus*-Arten Nukleolen. obwohl sie relativ groß sind, einen körnigen Inhalt besitzen und nur wenig dichter als die Eikerne gebaut sind (nach der Kernverschmelzung kommt es so wie bei anderen Coniferen — vgl. ALLEN — zur Mitose und nicht mehr zur Bildung von Nukleolen im Bereich des männlichen Chromatins).

---

[57] Auffallenderweise ist nach FAVRE-DUCHARTRE (1955) und LEE (1955) das Chromatin in den Kernen der Spermien von *Ginkgo* Feulgen-negativ. Es wäre zu überprüfen, ob nicht ein ähnlicher Kernbau wie in den Eizellen von *Zamia* besteht (vgl. S. 90).

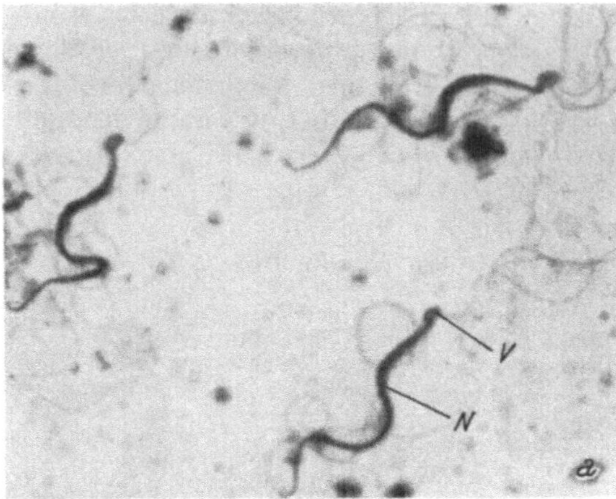

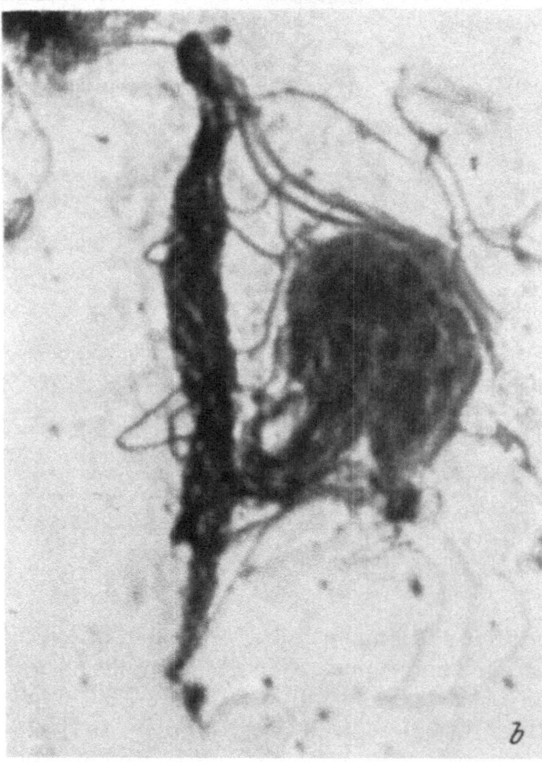

Abb. 46a, b. *Isoëtes japonica*. *a* reife Spermien mit kopfigem, geißeltragendem Vorderende (*V*) und kompaktem, strukturlosem Kern (*N*), *b* links reifes Spermium, durch Vorbehandlung mit Ammoniakdampf im Kern leicht schraubig, im wesentlichen aber längs verlaufende Stränge sichtbar, die sich höchstwahrscheinlich aus mehreren miteinander verklebten Chromosomen zusammensetzen (vgl. das Schema der Abb. 47b), rechts U-förmig abgebogenes Spermium, in dessen Kern die Auflockerung noch weiter fortgeschritten ist. — *a. b* Osmiumtetroxyddampf, Gentianaviolett. Phot., Vergr. *a* ca. 1880fach, *b* stark vergrößert. *a* nach Yuasa (1939), *b* Orig. Yuasa.

Ähnlich wie während der Spermiohistogenese mancher Metazoen erfahren auch in den Spermakernen von bestimmten Angiospermen und in den Spermatiden von Pteridophyten die Chromosomen eine Spiralisierung oder bleiben sie von der zweiten Pollenmitose her spiralisiert. Dies geht unter anderem aus den klassischen Untersuchungen von Gerassimova über die Befruchtung von *Crepis capillaris* hervor (Abb. 42. 43). In neuerer Zeit gibt Steffen (1951. 1953) für *Galanthus nivalis* und *Impatiens glanduligera* prophase-artige Struktur der Spermakerne im Pollenschlauch an (Abb. 44 a, b); Nukleolen fehlen sowohl in den homogenen Spermakernen von *Crepis* als auch in den lockerer gebauten von *Impatiens* und *Galanthus*. Sie erscheinen bei *Crepis* und *Impatiens* erst nach der Vereinigung von Eikern und Spermakern; die Chromosomen lockern sich unterdessen auf (Abb. 43 c. d, Abb. 44 c—e). Der Spiralisierungsformwechsel stellt also ebenso wie bei den tierischen Spermien nicht die Einleitung oder den Abschluß einer nur vorübergehend abgestoppten Mitose dar. sondern hat offenbar die funktionelle Bedeutung. das Chromatin in eine für den Transport des ganzen Kernes geeignete Form zu bringen. (Anders verhält es sich im Kern der generativen

Zelle bei Pflanzen mit zweikernigem Pollen: in ihm läuft eine e c h t e Prophase an und diese wird verspätet, während der Keimung des Pollens, weitergeführt.) Die kompakte Beschaffenheit der Kerne steht so wie in anderen Fällen damit in Zusammenhang, daß sie Zellen angehören, die relativ wenig und dichtes Plasma enthalten [58]. — Es gibt übrigens auch Angiospermen, bei denen die Spermakerne bis zur Befruchtung Nukleolen besitzen (PODDUBNAYA-ARNOLDI für mehrere Orchideen-Spezies).

Was die Pteridophyten betrifft, so geht aus den Untersuchungen von YUASA (1937) an den Spermatiden mehrerer Arten hervor. daß ihre Kerne leicht spiralisierte, parallel zur Längsachse des Kernes angeordnete Chromosomen enthalten (Abb. 45) [59]. Später werden sie im Zuge der Homogenisierung des Kernes gewöhnlich maskiert, doch konnten sie an reifen Spermien von *Isoëtes* durch Behandlung mit NH_3-Dämpfen bloßgelegt werden (YUASA 1939: Abb. 46, 47). YUASA meint, daß die Kerne der Spermatiden (und wohl auch der reifen Spermien) sich in früher Prophase befinden; dem lassen sich jedoch die gleichen Argumente entgegenhalten, wie sie oben in bezug auf die Angiospermen geäußert wurden [60].

Eine ungelöste Frage ist die. ob die Chromosomen in den Spermakernen mancher Angiospermen eine bestimmte Anordnung, vielleicht nach dem Muster der erwähnten Cocciden, haben (vgl. S. 85). Die Schilderungen von GERASSIMOVA über den Formwechsel der wurm- bis bandförmigen Spermakerne von

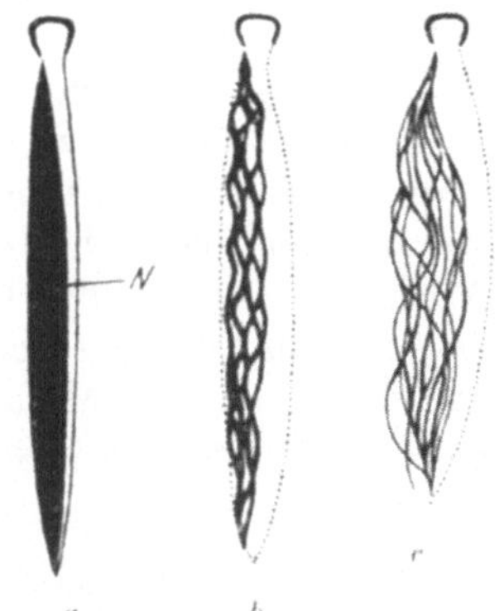

Abb. 47a—c. Schematische Darstellung gestreckter Spermien von *Isoëtes japonica*. Geißeln nicht dargestellt. a nicht vorbehandelt. Kern (N) homogen. b. c mit Ammoniakdampf vorbehandelt. bei b im Kern dickere Stränge. die wahrscheinlich Aggregaten von Chromosomen entsprechen. bei c feine Fäden. vermutlich Chromosomen. Umgezeichnet nach YUASA (1939).

Crepis nach ihrem Eintritt in den Embryosack lassen vermuten. daß die Chromosomen in ihnen hintereinander angeordnet und mit den Enden aneinander geheftet sind. Nach STEFFEN (1951) sollen auch die Spermakerne von *Impatiens* einen einheitlichen Chromatinfaden enthalten und

---

[58] GERASSIMOVA-NAVASHINA (1960; vgl. auch GERASSIMOVA-N. und BATYGINA sowie BATYGINA) vertritt eine etwas andere Ansicht; die Spermakerne sollen in der Telophase der zweiten Pollenmitose verharren und beim prämitotischen Typ der Befruchtung nach der Vereinigung mit dem Eikern, beim postmitotischen Typ nach dem Eintritt ins Eiplasma erst in den interphasischen Zustand übergehen (für den postmitotischen Typ ist die Verzögerung der Karyogamie bis zur ersten Teilung der Zygote charakteristisch).

[59] Vermutlich laufen nur die Chromosomen s c h e n k e l parallel und befinden sich die Spindelansatzstellen am Vorderende — der Autor geht auf diesen Punkt nicht ein.

[60] HEITZ (1952) konnte bei Fixierung in Jodjodkalium an den Spermien des Lebermooses *Pellia neesiana* gleichfalls eine regelmäßige, den ganzen Körper durchziehende Spirale beobachten; er hält es jedoch nicht für wahrscheinlich. daß sie aus Kernmaterial besteht.

zwar umgeben von Kerngrundsubstanz und einer deutlichen Kernmembran im Pollenschlauch sowie im Embryosack eine gewisse Zeit nach der Entleerung; unmittelbar nach der Entleerung sollen die Spermakerne dagegen als homogene Fäden oder U-förmig gebogene Körper erscheinen. In den Spermakernen von *Galanthus*, die nur im Pollenschlauch untersucht wurden, sieht man dagegen mehrere Enden der prophase-artigen Chromosomen (Abb. 44 a). — Insbesondere den Untersuchungen über Form und Struktur der Spermakerne bzw. ihren Veränderungen im Embryosack haften wegen der erheblichen methodischen Schwierigkeiten noch Unsicherheitsfaktoren an; aber auch ihr Verhalten von der Entstehung bis zur Entleerung aus dem Pollenschlauch sollte nach neueren Gesichtspunkten und mit modernen Methoden in größerem Maßstab verfolgt werden.

Übrigens enthalten offenbar auch bei manchen Protisten die männlichen Gameten Kerne von einem Bau, wie er für die Spermien von Metazoen und Metaphyten typisch ist (vgl. die Zusammenstellung von Bělař 1926, Abb. 141). — Auf die Übereinstimmung in der homogenen Beschaffenheit des Chromatins zwischen den Mikronuklei vieler Ciliaten und den Kernen der Spermien von Metazoen wurde bereits hingewiesen (S. 62). Auf S. 51 wurde auch erwähnt, daß für Pilze sehr kompakte Kerne beschrieben wurden.

B. Kerne von besonders lockerem Bau

Den besonders kompakten Ruhekernen stehen als anderes Extrem die besonders lockeren gegenüber. Die Auflockerung des Chromatins geht gewöhnlich mit einer Zunahme der Kerngrundsubstanz einher und wahrscheinlich in vielen Fällen auch auf sie zurück. In manchen Fällen treten zur rein mechanischen Auflockerung aber anscheinend noch andere Veränderungen (vgl. unten). Für die Zunahme der Kerngrundsubstanz machte man früher einerseits eine Verwässerung, also eine zunächst nicht näher definierte Wasseraufnahme, und andererseits eine Vermehrung anderer Substanzen als Wasser verantwortlich. Hinsichtlich der Verwässerung sind jedoch in den letzten Jahren Zweifel aufgekommen. Es zeigte sich nämlich mit cytochemisch-mikrophotometrischen Methoden, daß in verschiedenartigen Fällen, in denen man die rasche Vergrößerung der Kerne zunächst als Anzeichen einer Verwässerung ansehen konnte, die Volumenzunahme mit einer Proteinvermehrung verbunden ist, die Proteinkonzentration sich also praktisch nicht verändert. Wieweit diese Ergebnisse verallgemeinert werden dürfen, bleibt allerdings vorderhand noch dahingestellt.

Stark vergrößerte Kerne, in denen das Chromatin nahezu oder völlig unsichtbar wird, treten in bestimmten Zellen einiger Protisten auf, worauf auf S. 50 ff. bereits ausführlich eingegangen wurde. Weiters wachsen bei vielen pflanzlichen und tierischen Arten die Kerne der Eizellen bzw. Oocyten mehr oder weniger mächtig heran, wobei sich ihre chromatischen Bestandteile zumeist auflockern, und zwar manchmal bis zur Unsichtbarkeit. Bei den meisten höheren Tieren spielt sich dies an Kernen ab, die sich in einem bestimmten Stadium der Meiose befinden, bei höheren Pflanzen dagegen an Ruhekernen. Es sind also nur die letzteren in diesem Rahmen zu behandeln.

Eizellen von Samenpflanzen. Besonders große Dimensionen erreichen die Eizellen und ihre Kerne bei den Cycadeen (bei *Zamia* ist der Kern bis ½ mm breit und über 1,2 mm lang; vgl. BRYAN und EVANS 1956); an diese

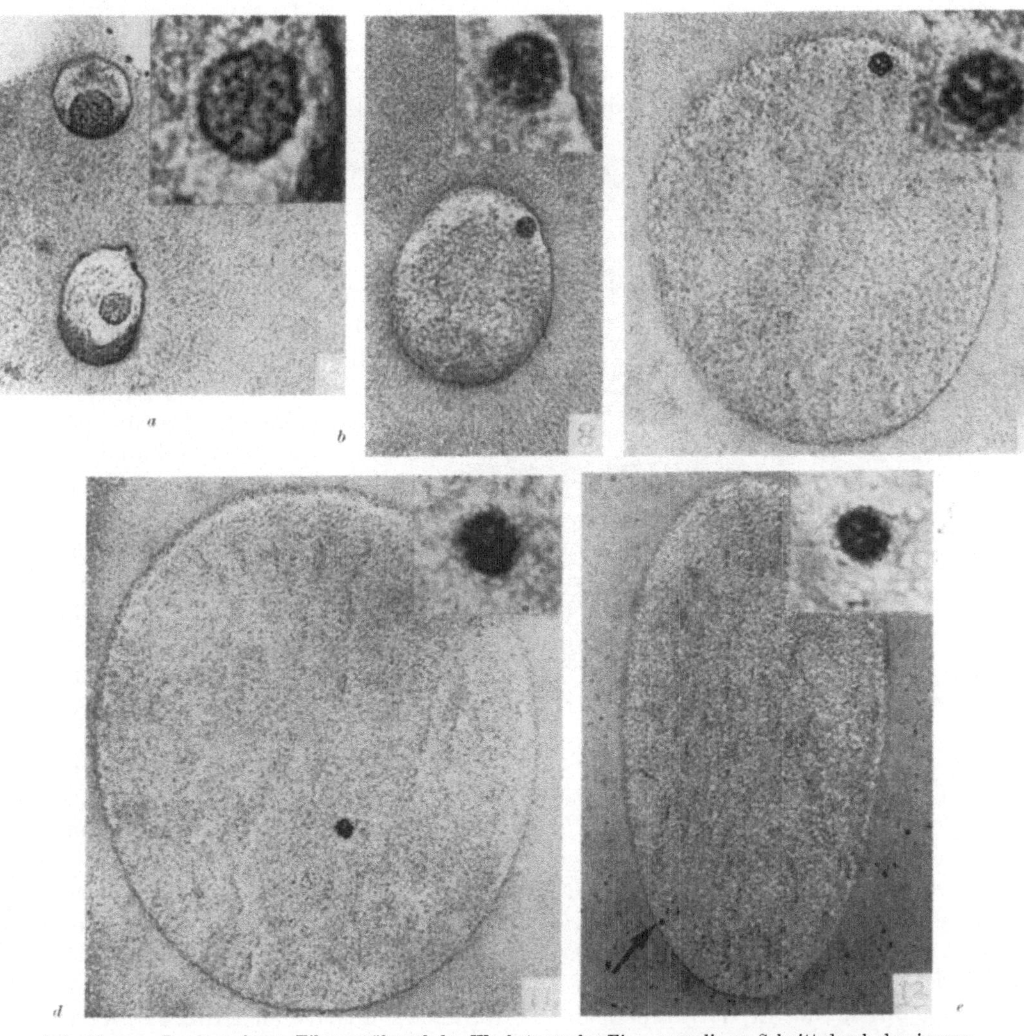

Abb. 48 *a—e*. *Zamia umbrosa*. Eikern während des Wachstums des Eies. *a* medianer Schnitt durch den jungen Eikern (unten) und den Bauchkanalkern (oben), beide beginnen sich zu vergrößern und enthalten eine kontrahierte, stark feulgenpositive Chromatinmasse, die des Eikerns im Einsatz rechts oben stärker vergrößert, *b—d* mediane Schnitte durch den heranwachsenden Eikern, die Schrumpfung der Chromatinmasse und ihre beliebige Lage zeigend, *e* Schnitt durch den voll entwickelten Eikern, stark kontrahierte Chromatinmasse (Pfeil) nahe der Basis. Einsätze der Figuren *a—e* Chromatinmasse stärker vergrößert, allmähliche Volumenabnahme klar zu sehen. — AE, Feulgen-Fastgreen (z. T. auch Sanfelice, Feulgen-Orange G), Phot., Vergr. *a—d* 224fach, *e* 76fach, Einsätze ca. 780fach, nach BRYAN and EVANS (1956).

reihen sich *Ginkgo,* die Coniferen und zuletzt die Angiospermen, bei welchen das Volumen der haploiden Kerne der Eizellen (und auch der anderen haploiden Kerne im Embryosack) das der diploiden aus dem Nuzellus und Integument zwar deutlich übertrifft, aber sich doch in niedrigeren Grenzen als bei den Gymnospermen hält (vgl. vor allem SCHNARF 1929, 1933, 1941 und MAHESHWARI, über Coniferen auch HAUPT 1940/41).

In den Einzelheiten sind die Verhältnisse erst bei wenigen Arten ausreichend geklärt. Daß sich die riesigen Kerne der Eizellen und auch die Kerne der Spermien und der Bauchkanalkern von *Cycas revoluta* bis auf einen einzigen „Fleck" feulgennegativ verhalten, wurde bis vor wenigen Jahren mit einer Auflockerung und Verdünnung der Hauptmasse des Chromatins gedeutet (Shimamura 1935, Schnarf 1941). Wie Bryan und Evans (1956, vgl. auch 1957) bei *Zamia* jedoch feststellten, kontrahiert sich während

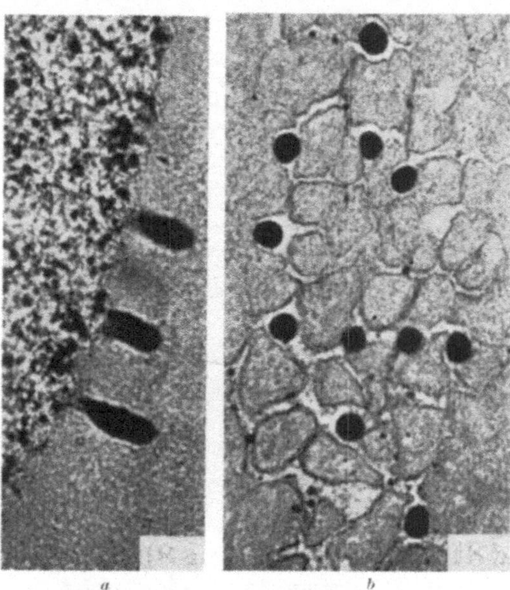

des Wachstums des Eikernes und auch des Bauchkanalkernes das gesamte Chromatin zu einem kleinen feulgenpositiven Körper von undeutlich körnigfädiger Beschaffenheit, der in dem großen Kern eine beliebige Stellung einnimmt (Abb. 48)[61]. So gut wie sicher gilt das gleiche für die anderen Cycadeen und höchstwahrscheinlich trifft es auch für *Ginkgo* zu (vgl. Lee 1955). Hinsichtlich der Coniferen bleiben neue Untersuchungen abzuwarten. Die Kerngrundsubstanz enthält bei *Zamia* kleine Tröpfchen, die sich mit Hämatoxylin kräftig anfärben und durch die Kernmembran an das Cytoplasma abgegeben werden (Bryan und Evans 1956).

Abb. 49 a. b. *Zamia umbrosa*. Schnitte durch die Membran des reifen Eikerns. Tröpfchen während des Übertrittes aus dem Kern ins Cytoplasma zeigend. *a* Radialschnitt *b* Tangentialschnitt. — *a. b* AE bzw. Formalin-AE, Eisenhämatoxylin-Erythrosin, Phot., Vergr. 540fach, nach Bryan and Evans (1956).

Es handelt sich nicht um Fixierungsartefakte, sondern um geformte Bestandteile der Kerngrundsubstanz, die offenbar auch bei anderen Arten vorkommen und als fein verteiltes Chromatin mißgedeutet wurden (z. B. von Shimamura 1935). Die Kernmembran zeigt während der Abgabe der Tröpfchen einen eigenartigen netzigen Bau; die Netzmaschen werden durch ein System von Vorwölbungen gebildet, durch die die Tropfen in das Cytoplasma übertreten (Abb. 49). Von großem Interesse wären nähere Kenntnisse über den Chemismus dieser Tropfen: höchstwahrscheinlich sind sie reich an RNS, also der Substanz, der man eine wichtige Mittlerrolle zwischen Kern und Cytoplasma zuschreibt.

Die Kernstruktur in den Eizellen der Angiospermen (und ebenso die Struktur der Polkerne und der Kerne in den Synergiden) wird in der

---

[61] Die Verhältnisse im Eikern von *Zamia* sind also ähnlich wie in den Oocyten mancher Tiere, in denen die Chromosomen — die sich allerdings in der ersten meiotischen Prophase befinden — sich während des Wachstums des Kernes zur sogenannten Karyosphäre zusammenballen (eine andere Frage ist es, ob nicht einige der seinerzeit beschriebenen Karyosphären artifizieller Natur sind).

embryologischen Literatur häufig locker und fädig dargestellt, und zwar fädig bei Arten, die in anderen Geweben Chromomerenkerne haben, so z. B.

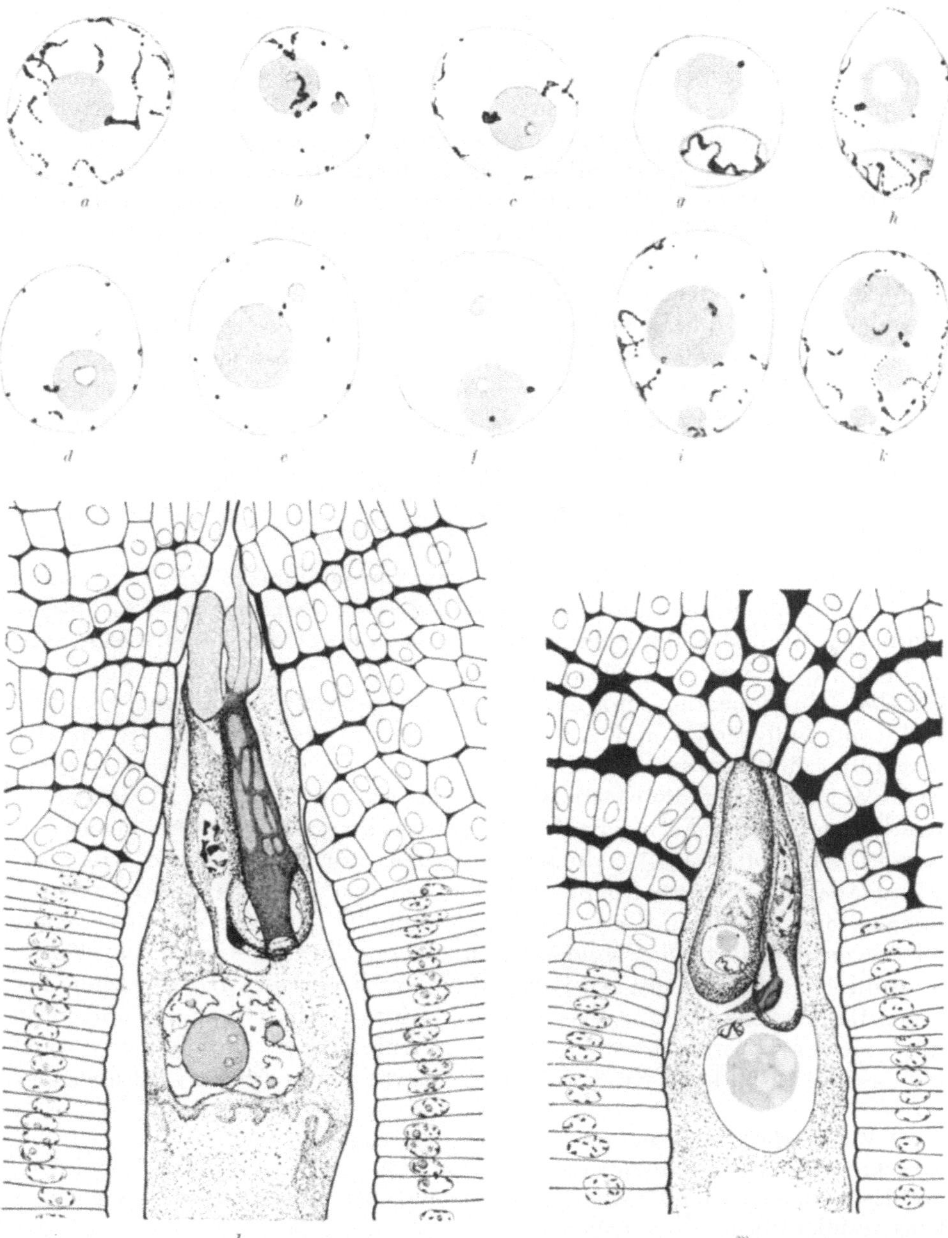

Abb. 50 *a—m. Impatiens glanduligera. a—f* Reifung des Eikerns. *a* letztes Stadium der Wachstumsphase des Kernes, Chromozentren länglich, z. T. in Chromomeren aufgelöst. *b—f* „Nuklealitätswechsel", der Kern wird bis auf zwei kleine Chromozentren feulgennegativ, *g* männlicher und weiblicher Kern vor der Vereinigung. *h—k* fortschreitendes Nuklealwerden des weiblichen Chromatins im Kern der Zygote. *l, m* mikropylarer Teil des Embryosackes zur Zeit der Befruchtung. *l* Hervortreten fädigen Chromatins im sekundären Embryosackkern nach Färbung mit Eisenhämatoxylin (Pollenschlauch in eine Synergide eingedrungen, Spermazellen dem Ei anliegend), *m* anukleales Verhalten des sekundären Embryosackkernes bei Anwendung der Feulgenreaktion (Spermakerne dem Eikern bzw. dem sekundären Embryosackkern anliegend). — *a—m* Navashin. *l* Eisenhämatoxylin, alle übrigen Figuren Feulgen, *a—k* 2100fach, *l, m* 700fach, nach STEFFEN (1951).

bei *Crepis capillaris* (vgl. Abb. 43). Über den lockeren Bau besteht kein Zweifel; die fädige Struktur dürfte in manchen Fällen auf Fixierungsartefakte zurückgehen. Doch entspricht sie in anderen wahrscheinlich den Tatsachen. Wie es sich auch an den Kernen des Endosperms, der Antipoden und Synergiden zeigt, herrschen nämlich offenbar im Embryosack besondere Bedingungen, die unter anderem die Spiralisierung der Chromosomen in den Ruhekernen beeinflussen, so daß sie prophasisches Aussehen annehmen. Jedenfalls wäre eine Überprüfung auf breiter Basis und unter Vermeidung der Mikrotomtechnik (oder ihrer einseitigen Verwendung) wünschenswert.

Die Feulgenreaktion verläuft nach Pavulans bei 11 Arten verschiedener Verwandtschaft negativ (bei den Antipoden und in den Samenanlagen außerhalb des Embryosackes dagegen positiv); da er nach Hämatoxylinfärbung ein gutes Bild der Kernstruktur erhält, schließt der Autor, daß nicht eine starke Dispergierung der feulgenpositiven Substanzen, sondern ihr Verlust für die negative Reaktion verantwortlich ist. Weitere Angaben über mehr oder weniger anukleale Ei- und Polkerne von Angiospermen stammen von Werckmeister, Sveshnikova (letztere zit. nach Steffen), Steffen (1951) und Vazart (1955 [62], zusammenfassend 1958, dort auch weitere Lit.). Steffen wendet sich gleichfalls gegen die Dispersionstheorie. Er findet nämlich im Ei von *Impatiens glanduligera* während der ersten Entwicklungsphase, der Wachstumsphase, eine Umwandlung der Chromozentren zu gestreckten, fädigen Gebilden, die zum Teil einen Chromomerenbau zeigen: es kommt somit ein prophase-ähnlicher Kernbau zustande (Abb. 50 a). Weiterhin während der Phase des „Nuklealitätswechsels" verschwinden zunächst die distalen Chromomeren und dann auch die proximalen bis auf ein dem Nukleolus anliegendes und ein weiteres kleines Körnchen, die bis zur Befruchtung nuklealpositiv bleiben (Abb. 50 b—f): d a s K e r n v o l u m e n n i m m t i n d i e s e r z w e i t e n P h a s e n i c h t z u. Nach der Vereinigung von Ei- und Spermakern tritt das Chromatin im Bereich des Eies neuerlich hervor (Abb. 50 h—k) [63]. Ähnlich verhalten sich die Polkerne bzw. der sekundäre Embryosackkern bis auf den Umstand, daß sie völlig anukleal werden. Sie erscheinen also nach Anwendung der Feulgenreaktion — abgesehen von den durch die höhere Lichtbrechung hervortretenden Nukleolen — völlig leer (Abb. 50 m): bei Behandlung mit Eisenhämatoxylin treten dagegen fädige Strukturen hervor, die offensichtlich dem Chromatin und nicht etwa Gerinnungsstrukturen entsprechen (Abb. 50 l) [64]. Daß letzteres auch für das voll entwickelte Ei gilt, wird zwar nicht eigens erwähnt, ist aber den

---

[62] Vazart (1955) widmet der Karyologie der Gametophyten und der Befruchtung bei einer Reihe von Angiospermen eine ausführliche Studie. Sie fußt jedoch auf den alten Vorstellungen und Methoden und bringt keine in diesem Zusammenhang wichtigen neuen Gesichtspunkte.

[63] Vom Kern des Eies am Beginn der Entwicklung gibt der Autor nur Übersichtsbilder, die die Schilderung nicht sehr klar belegen. Die Struktur ist wohl ähnlich wie in den Kernen des Endothels (siehe Abb. 50 l. m).

[64] Ähnliche Strukturen wurden im hiesigen Laboratorium an Handschnitten bei Behandlung mit KE unter Zusatz einer Spur Eisenalaun an verschiedenen Objekten gelegentlich beobachtet.

Abbildungsbelegen zu entnehmen. Damit erfahren auch die Angaben von PAVULANS eine Stütze.

Die Deutung dieses Verhaltens ist jedenfalls ein wichtiges Problem. Neben den zwei bereits erwähnten Hypothesen, nämlich der Dispersionstheorie und der Annahme eines DNS-Abbaues, käme vielleicht noch eine dritte Möglichkeit in Frage, nämlich die Annahme, daß die DNS maskiert oder blockiert wird, so daß sie keine Feulgenreaktion gibt. Die Annahme eines vorübergehenden DNS-Verlustes kommt bei dem derzeitigen Stand des Wissens über die Konstanz und die genetische Rolle der DNS wohl kaum mehr in Frage, doch braucht nach Ansicht der Verfasserin auch nicht die dritte Möglichkeit herangezogen werden, da eine erweiterte Dispersionstheorie zur Erklärung ausreicht. Die Veränderungen während der Wachstumsphase gehen nämlich offensichtlich auf eine Entspiralisierung zurück,

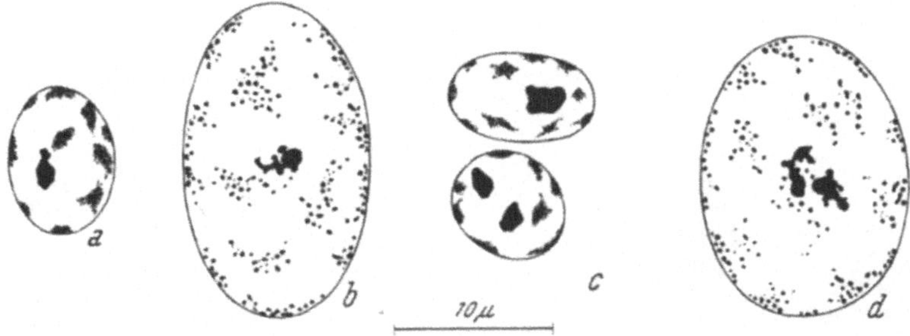

Abb. 51 a—d. *Gerris lateralis*, diploide Ruhekerne aus dem Gehirn. *a* und *c* aus der mittleren Region. Struktur kompakt, *b* und *d* aus der äußeren Region. Chromatin stark aufgelockert; *a, b* von einem Männchen im 5. Larvenstadium, *c, d* von einem Weibchen im 2. Larvenstadium, im oberen Kern der Fig. *c* sind die beiden X-Chromosomen verschmolzen. — *a—d* AE. KE, ca. 1750fach, nach GEITLER (1939 a).

darüber kann wohl kaum ein Zweifel bestehen. Stellt man sich nun vor, daß diese Entspiralisierung sich auch in der folgenden Entwicklungsphase fortsetzt, und zwar von den distalen zu den proximalen Teilen fortschreitend, so werden die Chromosomen zunächst an den Enden so dünn, daß sich nur mehr ihre proximalen Teile mit der Feulgenreaktion darstellen lassen; wenn auch diese erfaßt werden, treten sie schließlich gar nicht mehr hervor. Nur durch kräftige Färbung mit Eisenhämatoxylin lassen sie sich dann als dünne Fäden darstellen. Es hat also offenbar ein Wechsel von einer groben zu einer ganz feinen Spiralisierung stattgefunden und die Entspiralisierung, wie sie sonst für das Euchromatin typisch ist, hat auch das Heterochromatin — bis auf besonders resistente Teile im Eikern und restlos in den Polkernen — ergriffen. Die Entspiralisierung beginnt während der Wachstumsphase und setzt sich nach deren Beendigung fort. Ob zwischen dem Anlaufen der Entspiralisierung und dem Kernwachstum ein kausaler Zusammenhang besteht, läßt sich nicht sagen; daß auch die umgekehrte Beziehung vorkommen kann, zeigt sich in der Prophase, in der K e r n w a c h s t u m und z u - n e h m e n d e Spiralisierung miteinander einhergehen.

Nervenzellen von Metazoen. Auf eine starke Dispergierung des chromatischen Materials im Zusammenhang mit einer kräftigen Zunahme der Kerngrundsubstanz gehen offensichtlich auch die Strukturveränderungen zurück, die sich in den Kernen stark heranwachsender Nervenzellen verschiedener

Tiere und des Menschen abspielen (Abb. 51—53). Sie wurden z. B. an *Drosophila melanogaster* (Cooper 1959, S. 566), der decapoden Crustacee *Potamon fluviatile* (Baffoni 1959 a), an Hemipteren (Geitler 1939 a, b) und an einer

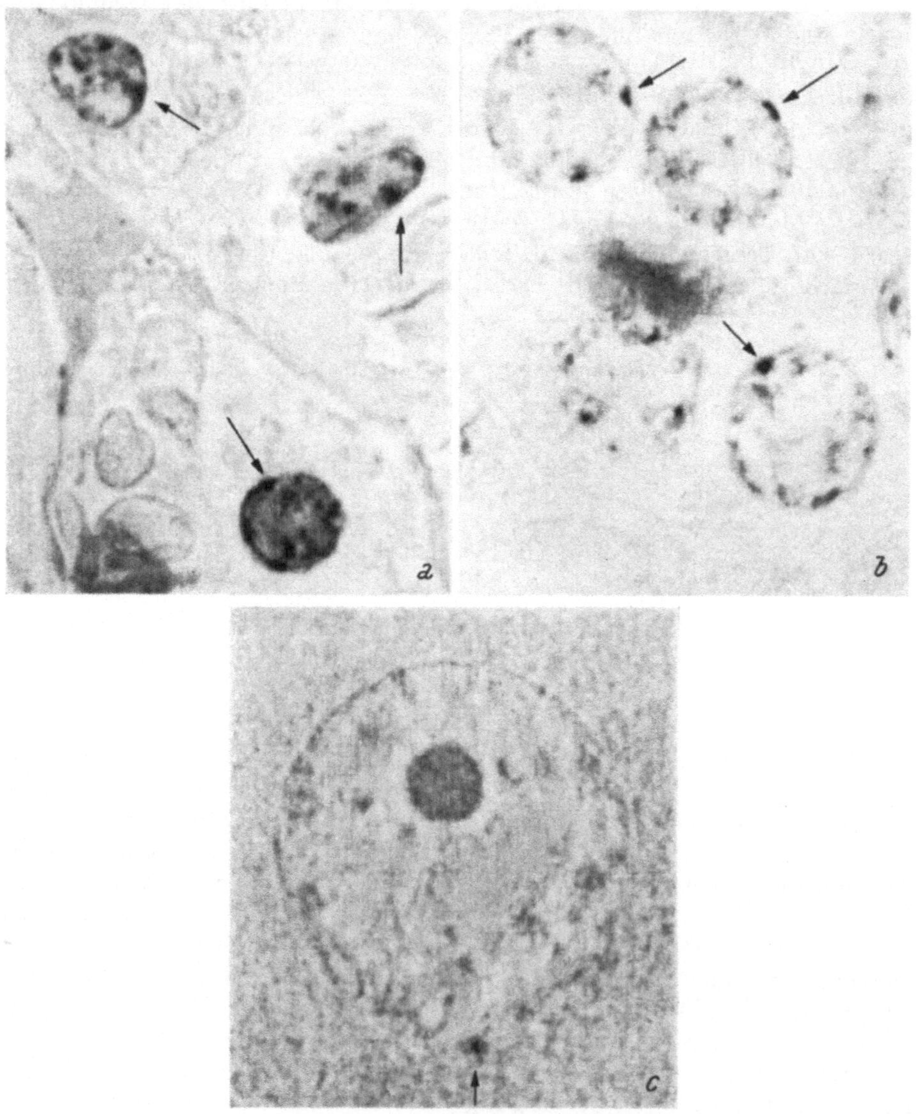

Abb. 52a—c. *Potamon fluviatile* (Crustacee), Ruhekerne von verschiedenem Bau (durchwegs von Weibchen). *a* dicht gebaute Kerne aus einem Konnektiv der Intestinalregion, *b, c* Kerne aus den mittleren Glomeruli des Oberschlundganglions, in *b* mäßig aufgelockerte Kerne aus den Granula, in *c* großer, stark aufgelockerter Kern aus einer Nervenzelle (durch Pfeile das Geschlechts-Heterochromatin bezeichnet). — Sanfelice, Feulgen, Phot., Vergr. 1720fach, nach Baffoni (1959 a).

Reihe von Vertebraten festgestellt und äußern sich bei *Drosophila, Potamon* und den Vertebraten in einer Auflockerung des Heterochromatins, das in manchen Fällen mit Ausnahme einer oder weniger kompakter Schollen an der Kernmembran oder am relativ großen Nukleolus sich an das Euchromatin angleicht, und in einer weiträumigen Verteilung oder im Unsichtbarwerden des Euchromatins (unter anderen: Olszewski [65]. Barr et al. 1950, Prince et al., Baffoni 1956 a). Besonders das Geschlechts-Heterochromatin er-

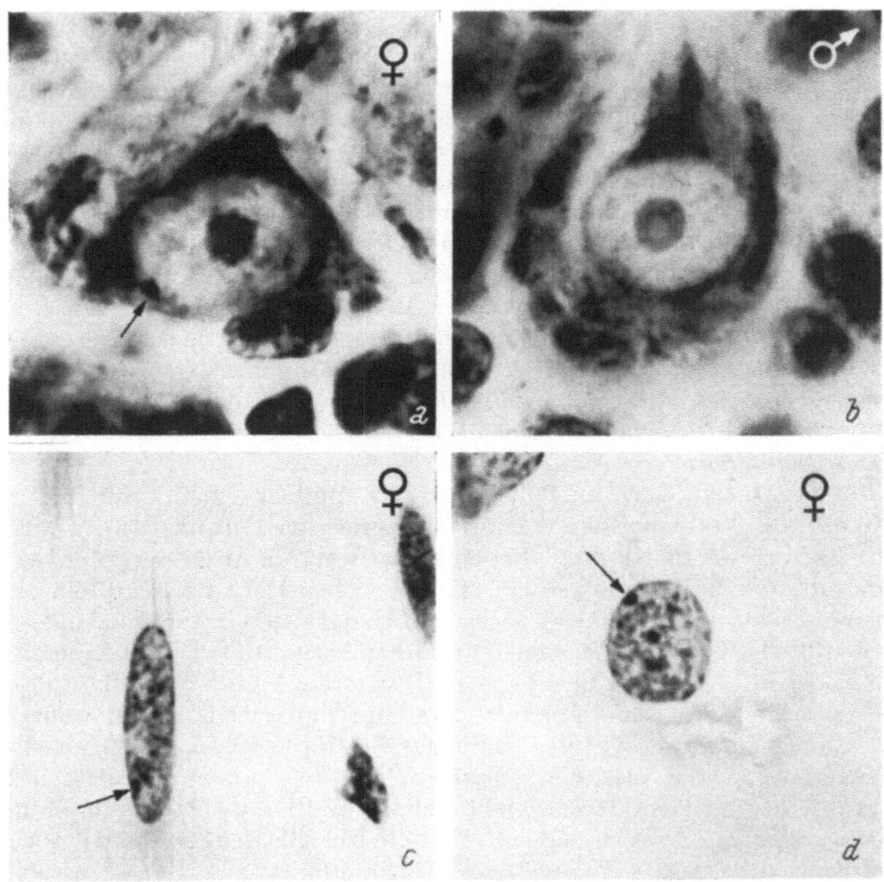

Abb. 53 a—c. *Macacus rhesus.* Ruhekerne aus verschiedenen Geweben. *a, b* Nervenzellen (Mitralzellen im Bulbus olfactorius) mit großen locker gebauten Kernen. Heterochromatin aufgelockert und unkenntlich, nur das Geschlechts-Heterochromatin im Kern des weiblichen Tieres (*a*) erhalten. *c, d* Ruhekerne gewöhnlichen Baues, außer der euchromatischen Grundstruktur und dem Geschlechtschromatin (Pfeile) mehrere heterochromatische Schollen zeigend (*c* aus glattem Muskel der Harnblase. *d* aus Nervenzellen). — *a, b* Formalin, Cresylviolett, *c, d* Formol-AE. Hämatoxylin-Eosin. *a—d* Phot., Vergr. 1600fach, nach Prince et alii.

weist sich gegenüber den Auflockerungsvorgängen resistent und tritt in den großen, lockeren Nervenkernen deutlicher hervor als in den dichten

---

[65] Weil er in der Prophase von Molch und Frosch kein Heterochromatin sieht, kommt Olszewski zu dem Schluß, die Chromozentren der Arbeitskerne entstünden durch sekundäres Zusammenfließen von Chromatin und entsprächen nicht heterochromatischen Chromosomenteilen. Das Prophasestadium, in dem das Heterochromatin hervortritt, ist jedoch wahrscheinlich bei vielen Arten, so wie bei *Rhoeo discolor* und *Vicia faba*, sehr kurz, so daß es leicht übersehen werden kann (vgl. Doležal und Tschermak-Woess und Tschermak-Woess und Doležal 1956); außerdem müßte die Telophase verfolgt werden, wobei sich höchstwahrscheinlich das übliche Verhalten der heterochromatischen Chromosomenabschnitte zeigen würde.

Kernen mancher anderer Gewebe (so z. B. nach Barr et al. bei der Katze, nach Prince et al. bei *Macacus rhesus,* Abb. 53).

Die Anzahl der Nukleolen verringert sich in den Kernen der Nervenzellen im Laufe der Ontogenese — beim Menschen von maximal 4 im Foetus bis auf einen in der adulten Nervenzelle — ebenso wie es für viele andere tierische und pflanzliche Gewebe geläufig ist. Diese Zahlenreduktion wird im allgemeinen auf die Vereinigung der primären Nukleolen zurückgeführt, was sich direkt oder indirekt beweisen läßt. Der indirekte Nachweis ergibt sich aus der Tatsache, daß in Mitosen, die nach der Verminderung einsetzen, entsprechend viele prophasische SAT-Chromosomen an den Nukleolen hängen; weiterhin läßt sich häufig auch aus der Anordnung und Zahl der heterochromatischen Satelliten und anderer von proximalen Teilen der SAT-Chromosomen stammender Chromozentren an den R u h e kernen die Verschmelzung der primären Nukleolen ablesen. C. und O. Vogt sowie ihre Mitarbeiter Olszewski und Beheim-Schwarzbach meinen dagegen — so gut wie sicher zu unrecht —, daß in den heranwachsenden Nervenzellen des Menschen alle bis auf einen Nukleolus durch Substanzverlust schwinden, doch stützen sie sich nur auf den negativen Befund des Fehlens von Verschmelzungsbildern.

Der vegetative Kern im Pollenkorn der Angiospermen. Schließlich sei kurz auf das Verhalten des vegetativen Kernes im Pollenkorn der Angiospermen hingewiesen. In ihm leitet eine relativ starke Ausbildung der Kerngrundsubstanz Veränderungen ein, die bei vielen Arten darin gipfeln, daß er nahezu oder völlig anukleal wird (z. B. Geitler 1934 b, zusammenfassend Schnarf 1941). Ob ein echter oder nur scheinbarer Abbau des Chromatins erfolgt, ist nicht geklärt. In diesem Fall wäre ein echter vorstellbar, da es sich um einen Kern „ohne Zukunft" handelt. Andererseits wächst während der Volumenzunahme auch der Nukleolus kräftig heran, was eher auf eine gesteigerte Funktion der Chromosomen oder bestimmter Chromosomenabschnitte als auf eine Degeneration schließen läßt. Obwohl es sich um allgemein geläufige Tatsachen handelt, sind die Einzelheiten (Ausmaß der Vergrößerung, Schritte des Abbaues) nicht bekannt.

C. Weitere gewebespezifische Besonderheiten

Neben Dispergierungs- und Komprimierungsvorgängen größeren Ausmaßes, die mit den vorstehenden Beispielen keineswegs erschöpfend behandelt werden konnten, kommen häufig solche kleineren Ausmaßes vor. Allerdings werden sie in der Literatur zumeist nicht eigens hervorgehoben oder nur nebenbei erwähnt. So sind bei vielen Angiospermen die Kerne der Epidermis und Rhizodermis kleiner und dichter gebaut als die großlumiger, parenchymatischer Gewebe. Dabei ist in Chromozentrenkernen häufig die Anzahl der Chromozentren geringer als in den größeren Kernen anderer Gewebe (z. B. Heitz 1929, über *Helipterum,* Schlichtinger S. 493 f. über *Gibbaeum*). Die Unterschiede können sich auch bereits einstellen, während noch Kern- und Zellteilungen im Gang sind, wie z. B. im Flügel der Puppe von *Ephestia kühniella,* deren Epithelzellen kleinere Interphasekerne mit kompakten Chromatinschollen (jede besteht aus zwei eng vereinigten

Homologen — vgl. S. 46) enthalten, während die Stammzellen größere Kerne mit langen entspiralisierten Fäden besitzen (LIPP 1959).

Auch die triploiden oder pentaploiden Kerne des Endosperms (letzteres gilt für den *Fritillaria*-Typus) sind bei einer Reihe von Angiospermen im Vergleich zu den diploiden anderer Gewebe offensichtlich mehr vergrößert als dem Unterschied im Polyploidiegrad entspricht; ihr Bau ist entweder

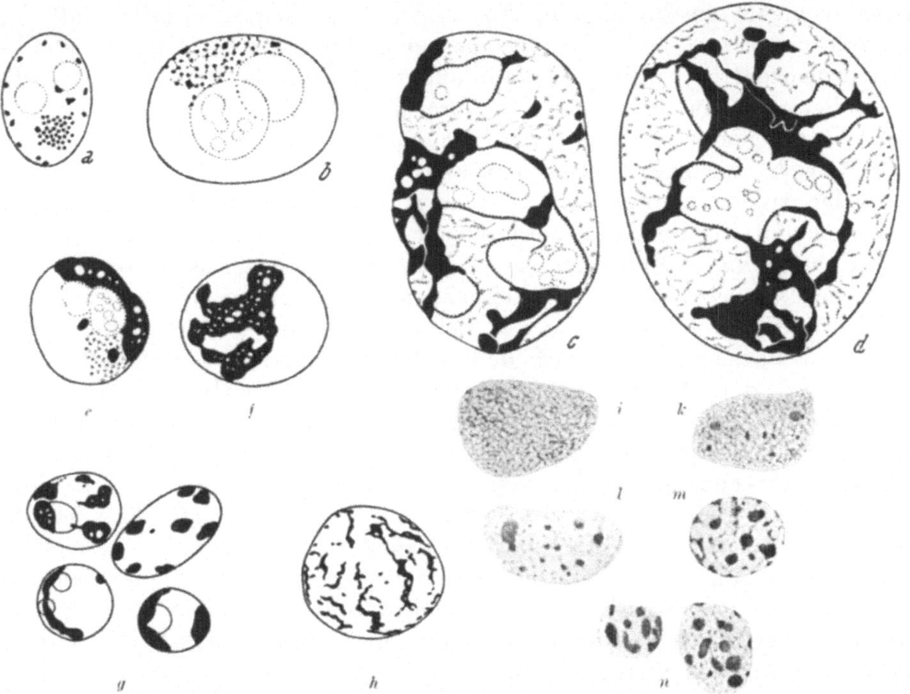

Abb. 54 *a—n*. Gewebespezifische Abwandlungen der Kernstruktur. *a—f Gagea lutea.* Ruhe- bzw. Interphasekerne von verschiedenartigem Bau (vgl. im einzelnen den Text), *a, b* diploid. *a* aus dem Integument, *b* aus einem dreizeiligen Embryo. *c—f* pentaploid. *c, d* aus einem jungen, *e, f* aus einem alten Endosperm; *g, h Rhinanthus alectorolophus, g* diploide Ruhekerne aus dem Integument mit mehr minder kompakten, scholligen Chromozentren in geringer Zahl, *h* triploider Interphasekern aus dem „eigentlichen" Endosperm mit relativ mehr und schraubigfädigen Chromozentren; *i—n Amblyostoma tigrinum* (Axolotl). Ruhekerne eines 42 Tage alten Tieres, *i, k* aus der Epidermis, *l* aus dem Darmepithel, *m, n* aus dem Leberparenchym. — *a, f* AE, KE, ca. 850fach, nach GEITLER (1948); *g, h* AE, Orceïnessigs., 1200fach, nach TSCHERMAK-WOESS (1957a); *i—n* KE, nach BARIGOZZI (1944).

bloß relativ locker oder aber stärker von dem der diploiden Kerne verschieden. Letzteres zeigt sich bei *Gagea lutea* (Abb. 54 a—f; GEITLER 1948). Diese besitzt außerhalb des Embryosackes und auch im Embryo Kerne, die eine gleichmäßige euchromatische Grundstruktur von vorwiegend körniger Beschaffenheit und kleine schollenförmige, kompakte Chromozentren in größerer Zahl und verteilt über den Kernraum enthalten (nach den Ausführungen im Abschnitt VI also dem Typ der Chromomerenkerne mit kompakten Chromozentren angehören). In den Kernen des jungen Endosperms bildet das Heterochromatin dagegen unregelmäßig geformte, schmierige, zusammenfließende Massen, die homogen oder vakuolisiert sind und in der Hauptsache in einem Polfeld liegen; sie überziehen auch die großen, unregelmäßig geformten Nukleolen; das Euchromatin gibt sich in Form zarter, locker angeordneter Fäden nicht besonders klar zu erkennen. Im alten Endosperm nimmt das Kernvolumen aus unbekannten Gründen beträchtlich ab; trotzdem bleibt die auffallende Kernstruktur im wesentlichen erhalten. Geitler bringt sie in Zusammenhang mit vermutlich intensiven, gerade im Endosperm ablaufenden Stoffwechselvorgängen[66a]. Offenbar ähnliche Faktoren sind im jungen „eigentlichen" („eigentlich" zum Unterschied von den Haustorialbildungen) Endosperm von *Rhinanthus* wirksam, wenn auch in etwas weniger einschneidender Form. Sie bewirken jedenfalls, daß die heterochromatischen Teile der Chromosomen sich nicht zu wenigen, scholligen Chromozentren vereinigen wie in anderen Geweben, sondern zum Großteil isoliert bleiben, eine stärkere Abrollung zu länglichen Gebilden mit losen Windungen erfahren und anscheinend schmierige Beschaffenheit haben (Abb. 54 *g*, *h*; Tschermak-Woess 1957 a).

In den zuletzt genannten Fällen zeigt sich so wie in den Kernen der Spermien und Eizellen, daß zusammen mit den Volumenänderungen noch andere, unbekannte Faktoren zur Abwandlung der Kernstruktur in verschiedenen Geweben beitragen können. Solche Faktoren wirken mitunter offenbar auch für sich allein, so z. B. beim Axolotl und anderen Amphibien. Bei diesen machen sie sich nach den Untersuchungen von Barigozzi (1944) erst zur Zeit der Organ- und Gewebedifferenzierung geltend, während in der Embryonalentwicklung und mit der Determination keine unterschiedlichen Kernstrukturen auftreten. Für embryonale Gewebe und die Epidermis sowie Nervenzellen von Larven und geschlechtsreifen Tieren sind nämlich Kerne mit gleichmäßiger feiner Struktur charakteristisch (Abb. 54 *i*, *k*; Barigozzi 1944, Villahermosa und Ott-Candela[66b]). Die Kerne gestreifter Muskelfasern und anderer Gewebe besitzen dagegen grobe Strukturen und enthalten Chromatinschollen (Abb. 54 *l—n*). Ob diese Schollen von bestimmten Teilen bestimmter Chromosomen herrühren und somit als Heterochromatin angesprochen werden können oder — wie Barigozzi meint — durch Fusion benachbarter euchromatischer Chromonemen entstehen, ist nicht bekannt (vgl. auch die Fußnote auf S. 95)[67].

[66a] Neuerdings fand Romanov im Endosperm zweier weiterer *Gagea*-Arten die gleichen karyologischen Besonderheiten. Darüber hinaus konnte er die Herkunft des kondensierten Chromatins klären. Es handelt sich dabei um das gesamte Chromatin des chalazalen Polkerns. Dieser triploide Kern (*Fritillaria*-Typus) ist von vornherein kleiner als seine beiden haploiden Partner und sein Chromatin ist stark kondensiert; dieser Zustand wird auch nach der Kernverschmelzung im primären Endospermkern und ebenso in dessen Abkömmlingen beibehalten (Zus. b. d. Korr.).

[66b] Die Autoren sprechen von Chromonemen und bilden auch gewundene Fäden ab. Nach eigenen Untersuchungen an der Schwanzflosse von *Xenopus mülleri* — der sich offensichtlich ebenso wie *Amblystoma* verhält — besteht eher Chromomerenbau und sind fädige Verbindungen zwischen den Chromomeren nicht deutlich zu erkennen.

[67] Bei *Xenopus* läßt sich in den fein strukturierten Kernen die Anordnung von etwas größeren und intensiver färbbaren Chromomeren in einem Polfeld beobachten und auch die Schollen der grob strukturierten liegen gewöhnlich nicht beliebig verteilt, sondern in einer zentralen Gruppe; sie stellen also möglicherweise proximale Chromosomenteile dar (eigene unveröff. Beobachtungen).

Gerade umgekehrt wie der Axolotl verhalten sich einige von GOTTSCHALK (1955) untersuchte Solanaceen. Nur die Interphasekerne und die Kerne zweier — im übrigen kurzlebiger — Dauergewebe (Wurzelhaube und Tapetum (letzteres infolge gehemmter Mitosen polyploid) enthalten kompakte Chromozentren, während in den übrigen Geweben alle Chromozentren außer den besonders kompakten, von den SAT-Chromosomen stammenden aufgelockert werden. Auch bei anderen Pflanzen spielen sich in bestimmten

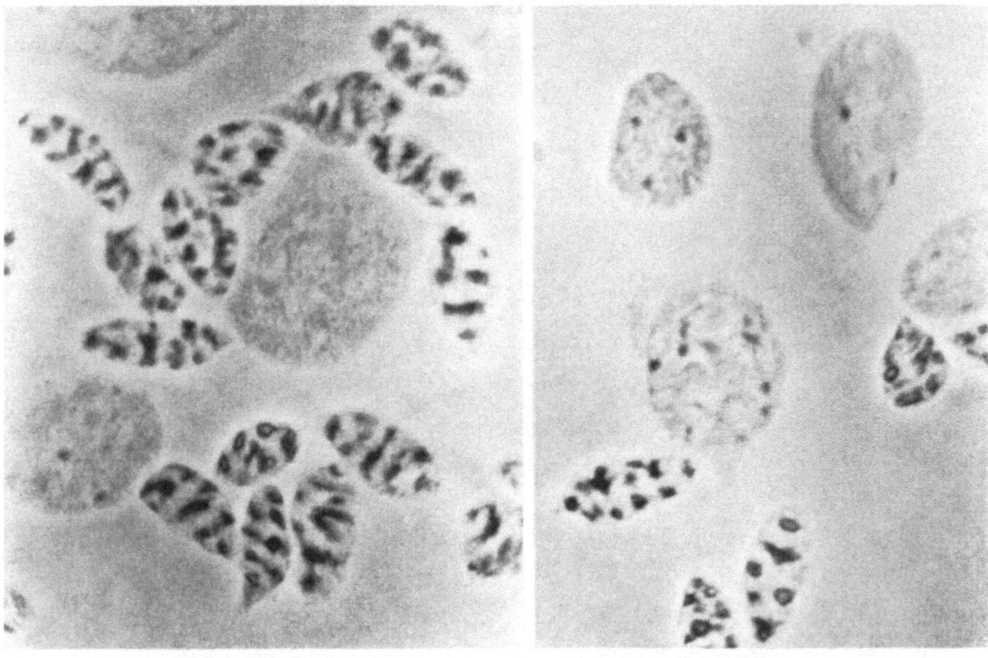

a   b

Abb. 55 *a, b*. Kerne aus der Retina der Katze. In den spindelförmigen Kernen der Netzhautstäbchen auffallende eckige Chromatinschollen, dazwischen Kerne aus anderen Zellen mit gewöhnlicher Struktur. — Orcëinessigs., Phot., Vergr. 1500fach, nach BEERMANN (1956).

Geweben an diploiden (und endopolyploiden) Kernen ähnliche Vorgänge ab (RESCH 1953).

Auch bei Säugetieren sind gewebespezifische Unterschiede im Kernbau verbreitet (BAYREUTHER unveröff. nach BEERMANN 1956, S. 221); die Tatsache ist unter anderem auch der Literatur über das Geschlechtschromatin zu entnehmen (z. B. GRAHAM und BARR, PRINCE et al., über Nervenzellen vgl. S. 93 ff. und Abb. 53). Wie weit sie mit Volumenunterschieden bei gleichem Chromosomenbestand gekoppelt sind, bedarf noch der näheren Untersuchung. Besonders auffallende Verhältnisse bestehen in den Kernen der Netzhautstäbchen. Sie enthalten beispielsweise bei der Katze mehrere, große, eckige Chromatinschollen, die quer zur Längsachse der Kerne orientiert sind (Abb. 55); ob außerdem noch andere Chromatinelemente vorhanden sind, ist den neueren Angaben von BEERMANN (1956) und den alten von FLEMMING (1882) nicht zu entnehmen. In anderen Kernen der Retina und anderer Ge-

7*

webe sind dagegen einige kleine Chromozentren in einer euchromatischen
Grundstruktur eingebettet (Abb. 55 b). Das Volumen der Stäbchenkerne
dürfte relativ niedrig sein; doch reicht diese Tatsache nicht zur Erklärung

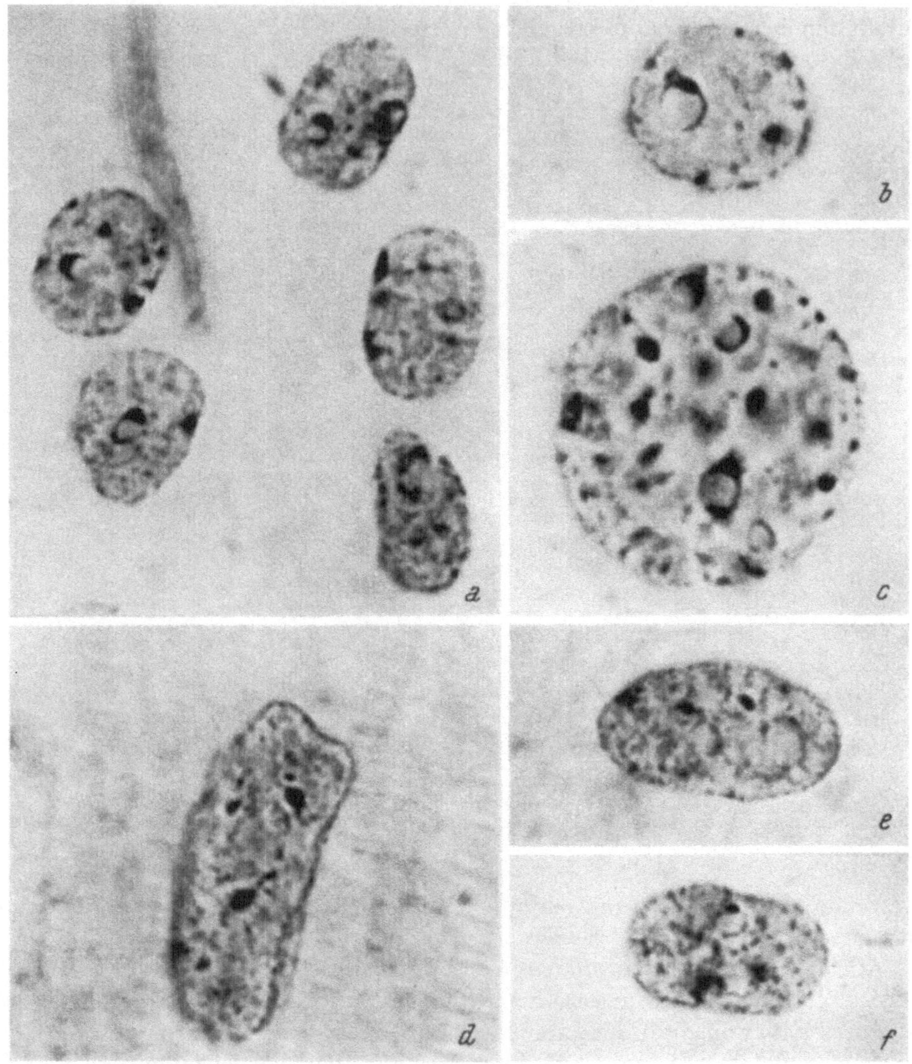

Abb. 56 a—f. *Mus musculus*, Ruhekerne aus verschiedenen Geweben. a Darmwand. b. c Leber (b diploider,
c oktoploider Kern), d Herzmuskel. e, f Rückenmark; in den Figuren a—c Nukleolus-assoziiertes Heterochromatin die Nukleolen schalenartig umgebend, bei d—f Heterochromatin nur in Form von Schollen. — AE. Feulgen.
Phot., Vergr. 2000fach, Orig.

ihres abweichenden Baues aus. Außer der Genese der Chromatinschollen
wäre zu überprüfen, ob die Kerngrundsubstanz besonders feste Beschaffenheit hat und dadurch dem Chromatin förmlich Zwangsformen aufprägen
könnte.

Bei der Maus — und das gleiche gilt höchstwahrscheinlich auch für andere Muriden — bestehen offenbar gewebespezifische Unterschiede in der Konsistenz des Nukleolus-assoziierten Heterochromatins. In vielen Geweben, wie Leber, Bauchspeicheldrüse, Milz, Darmwand, überzieht es nämlich in Form einer geschlossenen oder nicht ganz vollständigen, einseitig verdickten Schale die Nukleolen, während es im Herzmuskel und im Rückenmark zumeist in Form von abgerundeten Schollen vorliegt (Abb. 56). Übrigens ist auch die euchromatische Grundstruktur in verschiedenen Geweben verschieden: in manchen tritt sie nur wenig hervor in Form ungleichmäßig verteilter Chromomeren (z. B. in der Leber), in anderen ist sie dicht und gleichmäßig, fast wie in Liliaceenkernen (z. B. Rückenmark, vgl. Abb. 56 *b* und *e*). Ob letzteres auf eine partielle Auflockerung des Heterochromatins zurückgeht, bedarf des näheren Studiums an einem günstigeren Objekt.

Weiters kann in Chromozentrenkernen in bestimmten Geweben zu den Chromozentren eine ganz feine nuklealpositive, also euchromatische Struktur treten, die gleichmäßig über den ganzen Kernraum verteilt ist, so z. B. bei *Gibbaeum heathii, Physaria geyeri* und *Lesquerella sherwoodii* in der Wurzel, dagegen nicht im Blatt (SCHLICHTINGER, JAKOWSKA [68]). Es zeigt sich also auch hierin wieder, daß keine scharfen Grenzen zwischen verschiedenen Kerntypen bestehen — im vorliegenden Fall zwischen Chromozentren- und Chromomerenkernen.

IX. Abwandlungen der Kernstruktur bei Endopolyploidie

Im folgenden werden die Baueigentümlichkeiten von Kernen behandelt, die im Gefolge einer oder mehrerer Endomitosen o h n e Zwischenschaltung von Mitosen endopolyploid werden [69]. Obwohl sie an und für sich hier einzubeziehen wären, bleiben die endopolyploiden Kerne mit Riesenchromosomen bei den Dipteren wegen ihrer großen Bedeutung für die Cytogenetik und neuerdings für die Genphysiologie und andere Fragen einer gesonderten Behandlung vorbehalten. Sie stellen aber jedenfalls Strukturen von

---

[68] In e n d o p o l y p l o i d e n Kernen von *Gibbaeum heathii* tritt auch im Blatt die euchromatische Grundstruktur hervor. — Eine feulgenpositive Reaktion des „Enchylemas" (= Kerngrundsubstanz) bei ausdifferenzierten Kernen von *Cucumis sativus* — im Unterschied zu den meristematischen — beschrieb bereits DELAY 1946/48; doch erkannte sie nicht, daß es sich um euchromatische Strukturen handelt, und weiter machte sie keinen Unterschied zwischen diploiden und endopolyploiden Kernen, weshalb auch ihre übrigen vergleichenden Untersuchungen an verschiedenen Geweben in diesem Zusammenhang nicht verwertet werden können. Über den Bau der diploiden, triploiden und endopolyploiden Ruhekerne von *Cucumis* vgl. auch ENZENBERG.

[69] Die Begriffe der Endomitose und der Endopolyploidie werden hier in der von GEITLER (zuletzt 1953) definierten Fassung verwendet; polyploide Kerne, die durch spontane, C-Mitose-artige Vorgänge zustande kommen, werden also nicht einbezogen. Ihr Bau zeigt, von wenigen Ausnahmen abgesehen, auch keine Besonderheiten.

Ruhekernen dar, was — wohl aus praktischen Gründen — in der Einteilung des vorliegenden Werkes n i c h t zum Ausdruck kommt.

Der Bau der endopolyploiden Ruhekerne hängt einerseits sozusagen von der Ausgangssituation ab, d. h. davon, welcher Kerntypus bei der betreffenden Art vorliegt; andererseits erfährt er gewebespezifische Veränderungen, die sich infolge der endomitotischen Vervielfachung der Chromosomen in besonderer Weise und anders auswirken können als auf der diploiden Stufe. Außerdem finden sich allerdings oft auch gewebespezifische Veränderungen, wie sie in analoger Weise in den nicht endopolyploiden Kernen auftreten. Eine Abhängigkeit der Struktur vom Polyploidie g r a d besteht im allge-

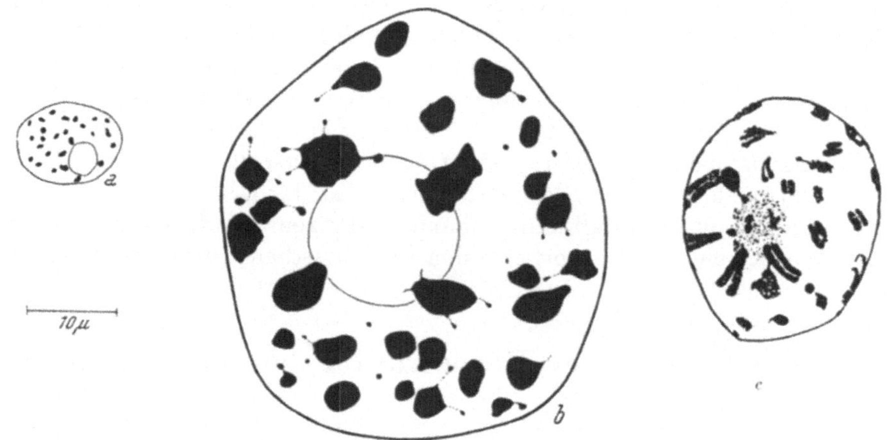

Abb. 57 a—c. *Cucurbita pepo.* Ruhekerne aus Trichomen von der Korolle (*a, b*) und von der Achse (*c*). *a* diploider Kern mit Prochromosomen, *b* endopolyploider (128n) Kern mit kräftig herangewachsenen, aber nicht vermehrten Endochromozentren. *c* endopolyploider Kern mit Endochromozentren, die in zwei Teilstücke zerfallen. — *a, b* Carnoy, KE. nach Tschermak-Woess und Hasitschka (1953); *c* nach Delay (1946/48).

meinen nicht, nur bei den pflanzlichen (und ebenso bei den tierischen) Riesenchromosomen nimmt der Streckungsgrad mit der Polyploidiestufe zu.

Die Verschiedenartigkeit endopolyploider Kerne kommt vor allem an den Chromozentren zum Ausdruck. Bei vielen Arten wachsen sie nämlich praktisch ohne Veränderung der Zahl heran zu den sogenannten E n d o - chromozentren, welche sich aus den heterochromatischen Abschnitten der endomitotischen Abkömmlinge eines Ausgangschromosoms zusammensetzen (diese Abkömmlinge werden im folgenden als E n d o c h r o m o - s o m e n bezeichnet). Endochromozentren finden sich bei Arten mit verschiedenen Kerntypen, besonders ausgeprägt bei denen mit Prochromosomenkernen.

So wie in diploiden **Prochromosomenkernen** die Zahl der Chromozentren nicht völlig der Chromosomenzahl entspricht, sondern häufig etwas niedriger liegt, weil einzelne sich zu Sammelbildungen vereinigen, gleicht auch in endopolyploiden die Anzahl der Endochromozentren meist nicht genau der Chromosomenzahl, und zwar beträgt sie oft etwas weniger, gelegentlich auch mehr; einerseits bilden sich nämlich einzelne Sammelendo-

chromozentren, andererseits können Trabanten, die sich infolge ihrer geringen Dimensionen auf der diploiden Stufe nicht oder nur schwer zu erkennen geben, mit dem endomitotischen Wachstum deutlicher hervortreten; und
schließlich kommt es gelegentlich offenbar auch zu einem Zerfall der Endochromozentren (Abb. 57). Dies läßt sich beispielsweise bei *Cucurbita pepo*
an den Endochromozentren ablesen, die den Nukleolen anliegen (Tschermak-
Woess und Hasitschka 1953[70]), und im statu nascendi auch an anderen Endochromozentren erkennen, was man Befunden von Delay (1946/48) entnehmen
kann (die Autorin erkannte nicht den endopolyploiden Charakter der betreffenden Kerne und konnte die Zerfallsbilder daher nicht deuten). Auch
bei *Cucumis sativus* stellte Turala
eine — nur durch Zerfall erklär-
bare — Vermehrung der Endochromozentren in den endopolyploiden Kernen der Basalzellen
der Antherenhaare fest. — Gewöhnlich scheinen sich vielwerti-
ge Endochromozentren in zwei
gleichwertige Teilendochromozentren zu zerlegen; ob sie auch in
anderer Weise zerfallen, bedarf
noch des näheren Studiums. —
Übrigens tragen in hochendopolyploiden Kernen dieser Kategorie
die Endochromozentren häufig
allseitig oder an zwei gegenüberliegenden Seiten kleine Ausstrahlungen, worin offenbar die Anordnung der Chromosomenschenkel
zum Ausdruck kommt (Abb. 57, 58).

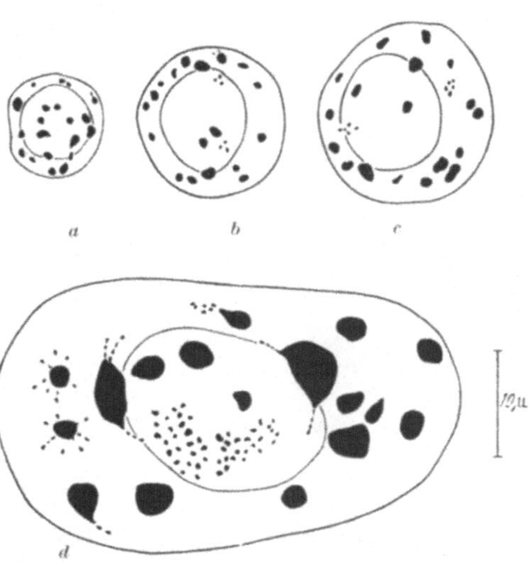

Abb. 58 a—d. *Sinapis alba*. Ruhekerne aus der Blattepidermis (a) und aus Trichomen von jungen Laubblättern
(b—d). a diploid, b tetraploid. c oktoploid, d 64-ploid;
außer kompakten Endochromozentren befinden sich in
den endopolyploiden Kernen noch zwei Gruppen isolierter
Chromatinkörnchen. — Carnoy. KE. nach Tschermak-
Woess und Hasitschka (1953).

Unterschiede zwischen verschiedenen Sorten von Hetero-
chromatin kommen in den endopolyploiden Ruhekernen sozusagen in vergrößertem Maßstab und daher deutlicher zum Vorschein als auf der haploiden und diploiden Stufe. Das gilt ganz allgemein und zeigt sich auch an bestimmten Prochromosomenkernen, wie denen von *Sinapis alba* (Tschermak-
Woess und Hasitschka 1953). Außer dem kompakten proximalen Heterochromatin, das in den endopolyploiden Kernen der Trichome, der Achse und der
Wurzel in Form scholliger Endochromozentren und einzelner Sammelendochromozentren vorliegt, gibt es nämlich noch kleine heterochromatische Körnchen, die in zwei Gruppen liegen und gemäß der Polyploidiestufe in niedri-
gerer oder höherer Anzahl vorhanden sind (Abb. 58 b—d). Es handelt sich

---

[70] Wir nannten diese Endochromozentren seinerzeit kurzweg Endotrabanten:
wahrscheinlich umfassen sie aber das proximale Heterochromatin der SAT-Endochromosomen u n d die Trabanten oder nur das erstere. Man muß also zwischen
„SAT-Endochromozentrum" (vom proximalen Heterochromatin), Endotrabant und
dem Vereinigungsprodukt beider unterscheiden.

also um eine Sorte von Heterochromatin, die nicht zur Verklebung und Bildung von Endochromozentren neigt. Eine andere Variante zeigt sich bei zwei *Lupinus*-Arten, bei denen die zwei SAT-Endochromozentren sich aus besonders dichtem, die übrigen Endochromozentren aus etwas weniger dichtem Heterochromatin zusammensetzen (Geitler 1941, Carniel 1954: Abb. 86 b; über eine weitere Besonderheit der hoch endopolyploiden Kerne im Suspensor von *Lupinus polyphyllus* vgl. weiter unten).

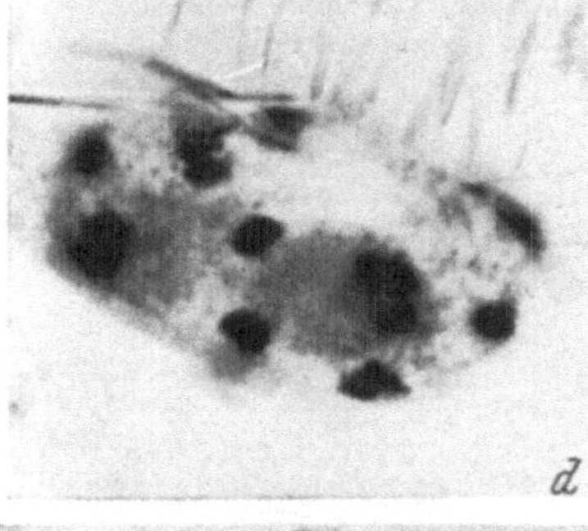

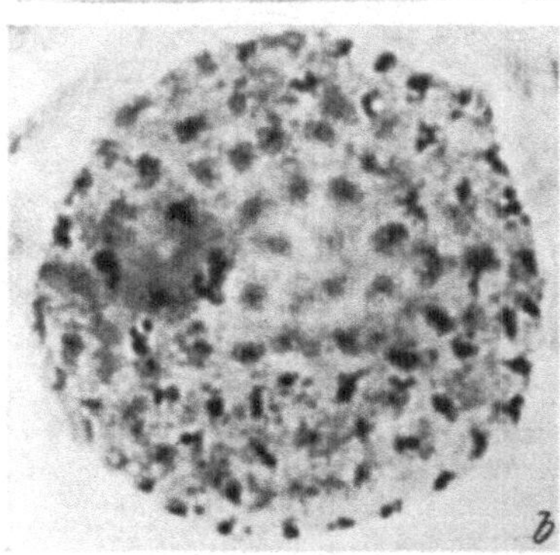

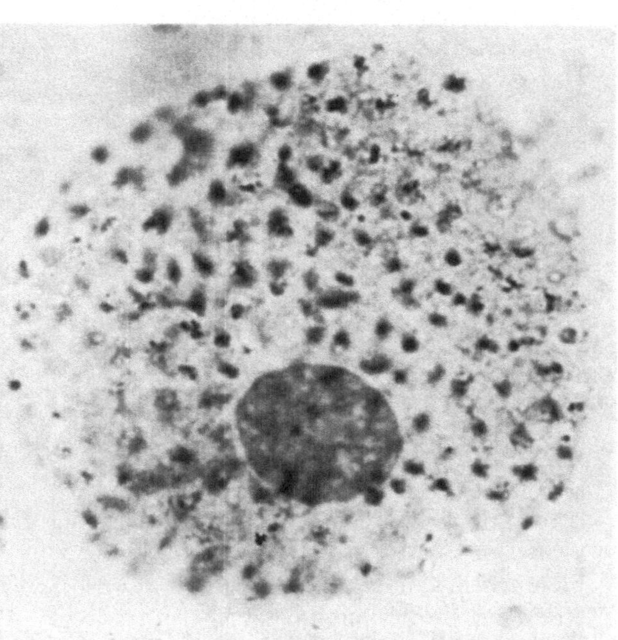

Trotz des Vorhandenseins von dichtem, gewöhnlich stark zur Verklebung neigendem Heterochromatin in Form von Prochromosomen kommt es bei manchen Arten nur in bestimmten Geweben vorübergehend oder dauernd zur Bildung von Endochromozentren, während in anderen die Endochromo-

Abb. 59 a—d. *Gibbaeum heathii*, Ruhekerne aus Raphidenzellen des Folgeblattes. *a* diploider Kern mit Chromozentren, *b* 16-ploider Kern mit Endochromozentren, *c* 16-ploider Kern mit Einzelchromozentren, *d* 64-ploider Kern mit Einzelchromozentren. — AE, KE, Phot., Vergr. 1700fach, nach Schlichtinger.

somen sich vom Beginn der Polyploidisierung an regelmäßig voneinander trennen und einwertige Chromozentren — Einzelchromozentren — bilden. So verhält sich *Gibbaeum* und höchstwahrscheinlich eine Reihe weiterer Aizoaceen (Schlichtinger, vgl. auch Wulff). In den Keimblättern und in den Raphidenzellen junger Folgeblätter von *Gibbaeum heathii* sind nämlich bis zu einem bestimmten Entwicklungsstadium Endochromozentren, dann Einzelchromozentren vorhanden. im Assimilationsgewebe der Folgeblätter von vornherein nur Einzelchromozentren (über funktionelle Zusammenhänge siehe S. 130 f). Man kann also aus der Anzahl der Einzelchromozentren den Grad der Endopolyploidie ermitteln (Abb. 59).

In **Chromozentrenkernen anderer Bauweise,** nämlich bei kräftiger proximaler Heterochromasie aller Chromosomen und stärkerer Tendenz zur Bildung von Sammelchromozentren (vgl. S. 40) sind die Verhältnisse weniger übersichtlich als in den Prochromosomenkernen. So treten beispielsweise auffallende sternförmige Endochromozentren und Sammelendochromozentren in den Kernen der Hodenwand und in Drüsenzellen der isopoden Crustacee *Anilocra* auf (MONTALENTI). Da es unter anderen auch diploide Kerne mit einem einzigen sternförmigen Sammelchromozentrum gibt, meint der Autor, es würden mit der Polyploidisierung die Sammelchromozentren als geschlossener Komplex vermehrt und jede sternförmige Figur repräsentiere einen diploiden Chromosomensatz. Dies trifft jedoch höchstwahrscheinlich nicht zu, sondern vermutlich vergrößern sich die Sammelchromozentren im Zuge der Polyploidisierung zu Sammelendochromozentren, die in Teilstücke zerfallen (Abb. 60)[71]. — Ähnlich, nur vielleicht etwas vielfältiger liegen die Dinge bei den Scarabaeiden der Gattung *Aphodius* (Abb. 61, VIRKKI 1953); allerdings sinkt in den näher untersuchten Interstitialzellen des Hodens die Anzahl der Chromozentren auf der

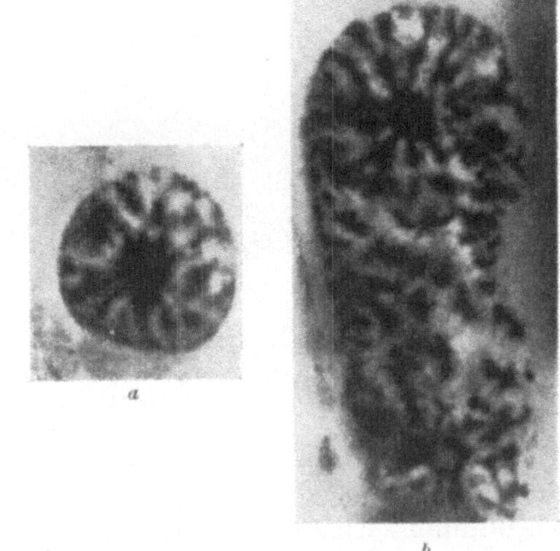

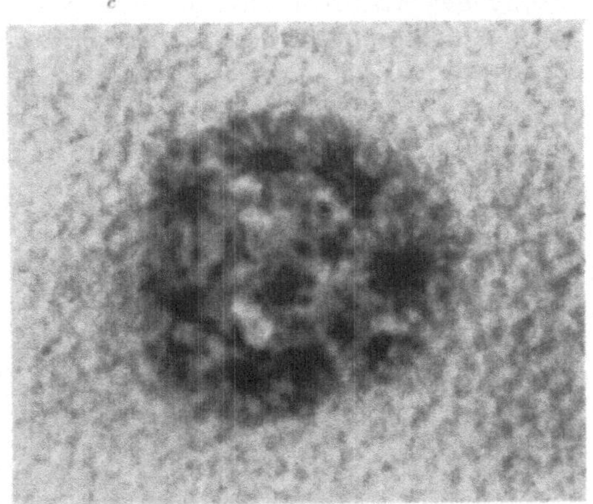

Abb. 60*a*—*c*. *Anilocra physodes*. *a* diploider Ruhekern aus dem vas deferens. *b, c* endopolyploide Kerne, *b* aus einer Follikelzelle des Hodens, *c* aus der Maxillardrüse (vgl. im einzelnen den Text). — *a, b* Eisenhämatoxylin, *c* Feulgen. Phot., Vergr. *a, b* ca. 1150fach. *c* 1050fach. nach MONTALENTI aus GEITLER (1953).

---

[71] Für die hier gebrachte Auffassung spricht unter anderem folgendes. Die in Abb. 60 *b* und *c* wiedergegebenen endopolyploiden Kerne gehören nach Größe und Chromatingehalt zu urteilen, der gleichen oder benachbarten Polyploidiestufen an. Nach den Vorstellungen von MONTALENTI müßte der eine jedoch tetraploid, der andere wenigstens 16ploid sein; wobei die viel geringere Größe der Sternfiguren

diploiden Stufe nie bis auf eins und variiert sie in diploiden und endopolyploiden Kernen in gleichem Maß (*A. foetens*) oder in den endopolyploiden
stärker (*A. fimentarius*); letzeres läßt auf einen mäßigen Zerfall der Sammel-

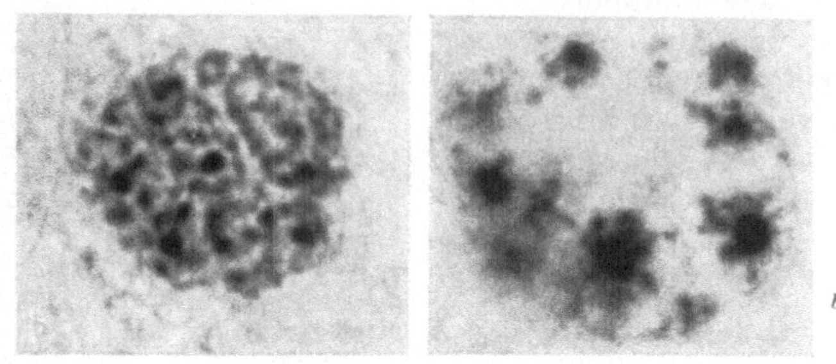

Abb. 61 *a, b.* Endopolyploide Ruhekerne aus Interstitialzellen des Hodens von *Aphodius. a A. fimentarius.* Kern mit unverästelten Endochromozentren, *b A. foetens,* Endochromozentren mit radialen Ausstrahlungen. — Sanfelice, Feulgen-Lichtgrün, Phot., Vergr. *a* 2866fach, *b* 2150fach, nach Virkki (1953).

endochromozentren schließen. Die verästelten Chromozentren und Endochromozentren stellen so gut wie sicher nur eine unter verschiedenen
Ausbildungsformen in Ruhekernen dar und haben entgegen der Vermutung des Autors nichts mit dem Formwechsel der Endomitose zu tun.

In **Chromomerenkernen von dichtem Bau** bleibt die euchromatische

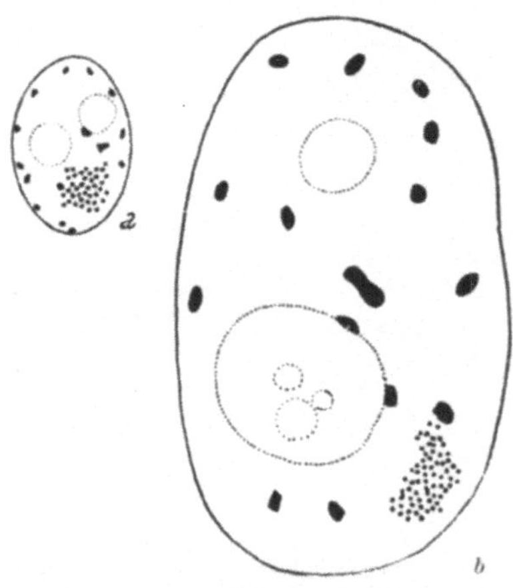

Grundstruktur mit der Polyploidisierung
gewöhnlich äußerlich unverändert; in den
polyploiden Kernen sind also die Chromomeren ebenso groß und ebenso verteilt
wie in den diploiden; nur ihre Menge
ist erhöht. Das kompakte Heterochromatin solcher Kerne verhält sich so wie
das der meisten Prochromosomen, d. h.
es bildet Endochromozentren, von denen
einzelne gelegentlich zerfallen oder zu
Sammelendochromozentren vereinigt sind
(Abb. 62, 63; z. B. Geitler 1944 b, 1948,
Lauber, Hasitschka-Jenschke 1958). Ähnlich können die Dinge liegen, wenn an
die Stelle von kompaktem lockeres, chromomerisch gegliedertes Heterochromatin
tritt (Abb. 64); so enthält ein Teil der
Antipoden von *Clivia miniata* außer der
praktisch gleichmäßigen euchromatischen

Abb. 62 *a, b. Gagea lutea. a* diploider Interphasekern aus dem Integument mit Chromozentren und euchromatischer Struktur (von
letzterer nur ein Ausschnitt im Bild unten
dargestellt), *b* endopolyploider Kern aus einer
maximal großen Zelle des Elaiosoms. — AE.
KE, nach Geitler (1948).

Grundstruktur   Endochromozentren   und   Sammelendochromozentren
in Form von Arealen dichter liegender, größerer und intensiver
färbbarer Chromomeren (Tschermak-Woess 1957 b; in anderen Anti-

bei größerer Zahl des Kernes der Abb. *c* keine Erklärung fände; auch ihre ungleiche
Größe ließe sich danach nicht erklären. Es wäre zu überprüfen, ob nicht in vielen
endopolyploiden Kernen die Anzahl der Sternfiguren der diploiden Chromosomenzahl gleicht.

poden finden sich andere, und zwar nur im Embryosack bzw. im Bereich der Blüte auftretende spezifische Abwandlungen des Baues endopolyploider Kerne — vgl. weiter unten). — In den höchstwahrscheinlich endopolyploiden Kernen der Rhizoiden von *Chara contraria* werden dagegen außer den Euchromomeren in der Regel auch die Chromozentren vermehrt; Bildung

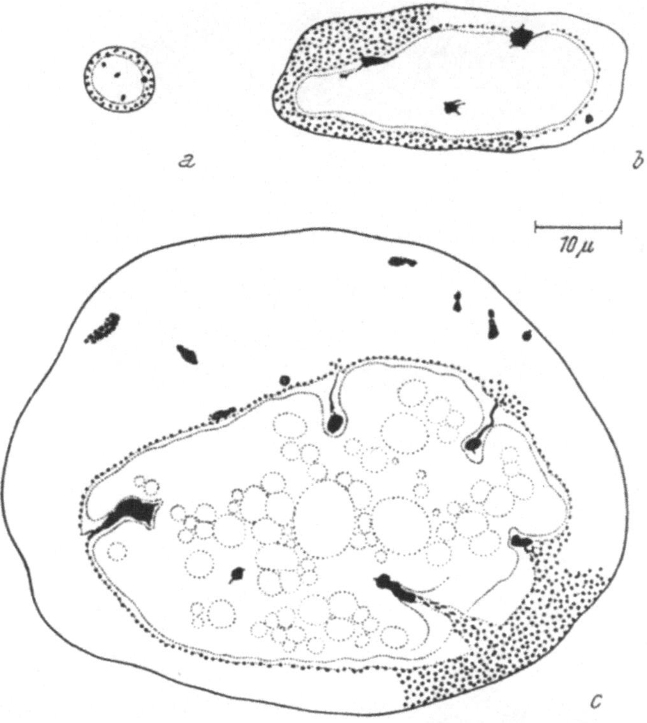

Abb. 63 a—c. *Corydalis cava*. a Kern aus der Epidermis des äußeren Integumentes zur Zeit der Anthese. b größter endopolyploider Kern aus einem Elaiosom zur Zeit der Anthese, am Nukleolus sind 5 von SAT-Chromosomen herrührende, kompakte Endochromozentren sichtbar, c hochendopolyploider Ruhekern aus einem Elaiosom voller Größe mit einer Reihe kompakter Endochromozentren, 6 von diesen sind in den stark vakuolisierten Nukleolus eingesenkt (in b und c euchromatische Struktur nur z. T. eingezeichnet. Nukleolus von Schrumpfungshof umgeben). — AE, KE, nach GEITLER (1944 b).

von Endochromozentren kommt nur selten vor, und bloß bei kompakten Chromozentren, die mit den Nukleolen in Verbindung stehen: in manchen Kernen liegt das Chromatin auch in fädiger Form vor (HASITSCHKA-JENSCHKE 1960).

Kompliziertere Verhältnisse herrschen bei der Commelinacee *Rhoeo discolor*. Die Chromomerenkerne dieser Art enthalten, wie schon besprochen, proximales kompaktes und distales etwas lockereres Heterochromatin. Im Anschluß an die Endomitose zerlegen sich die kleineren distalen Chromozentren in zwei Tochterchromozentren. die proximalen bilden Endochromozentren oder „Doppelchromozentren", in denen die Tochterchromozentren durch eine schwach feulgenpositive Kittsubstanz verbunden sind (DOLEŽAL und TSCHERMAK-WOESS). Diese Tochterchromozentren trennen sich oder verschmelzen miteinander, und schließlich kommt es in älteren Teilen der

Dauergewebe noch zu sekundären Verschmelzungen — im Blatt analog wie in den diploiden Kernen sogar bis zur Reduktion auf ein einziges proximales Sammelendochromozentrum (GEITLER 1940 b).

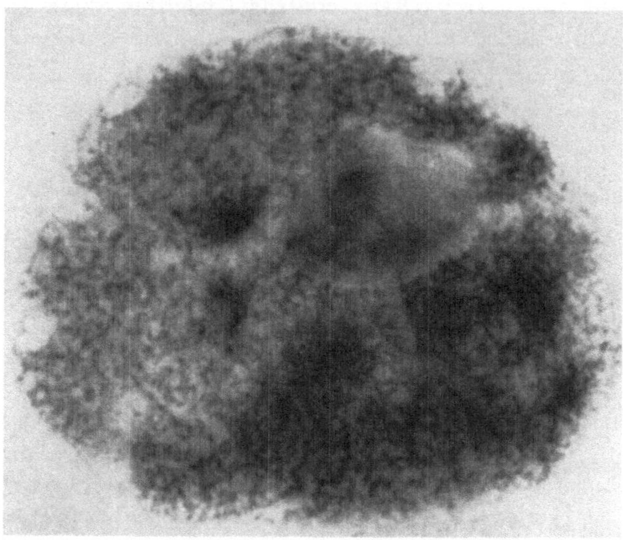

Abb. 64. *Cliria miniata*, endopolyploider Ruhekern aus einer Antipode mit 11 (z. T. nicht deutlich voneinander abgegrenzten) Endochromozentren aus lockerem Heterochromatin und praktisch gleichmäßig verteiltem Euchromatin. — AE, KE, Phot., Vergr. 1600fach, nach TSCHERMAK-WOESS (1957 b).

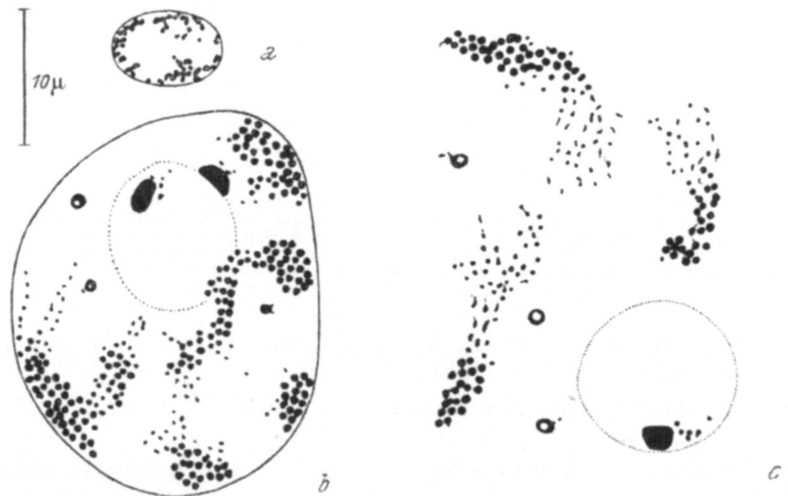

Abb. 65 a—c. *Sauromatum guttatum*, Kerne aus der Innenepidermis der Spatha. a diploider Kern aus einer Schließzelle, b endopolyploider Kern mit zwei kompakten, von den SAT-Endochromosomen stammenden Endochromozentren am Nukleolus, drei weiteren kugeligen, von den terminalen Knöpfen der Chromosomen herrührenden, frei im Kernraum liegenden und mehreren der peripheren locker gebauten Endochromozentren, die in euchromatische Ausstrahlungen auslaufen, c Ausschnitt aus einem Kern maximaler Größe, die gleichen Strukturelemente wie der Kern der Fig. b zeigend. — KE, nach GEITLER (1938 c).

In **Kernen mit lockerer, ungleichmäßiger euchromatischer Chromomerenstruktur** und kompakten oder lockeren oder beiderlei Chromozentren bilden sich gewöhnlich bei Endopolyploidie so wie in den meisten

früher erwähnten Fällen Endochromozentren und auch Sammel- und Teilendochromozentren. Diesen ist das Euchromatin oft in Form von Arealen
oder von radialen oder einseitigen Ausstrahlungen von Chromomeren bzw.
Chromomerenreihen zugeordnet (Abb. 65, 66; z. B. GRAFL 1940, TSCHERMAK-
WOESS und HASITSCHKA 1953, 1954). Ist lockeres proximales Heterochromatin
vorhanden, so können zunächst Endochromozentren entstehen und diese
später zerfallen, was offenbar durch den lockeren Bau der Kerne begünstigt
wird und zu einer relativ gleichmäßigen Verteilung des nunmehr auch wenig
distinkten Heterochromatins führt (die
SAT-Endochromozentren und andere kompakte Endochromozentren bleiben von
diesen Vorgängen unberührt, Abb. 67).
Es bestehen allerdings artspezifische und
gewebespezifische Unterschiede; denn
bei den Hydrocharitaceen und *Sauromatum* wurde in den bisher untersuchten
Geweben keine Auflösung der lockeren
Endochromozentren beobachtet, während
sie in der Epidermis von *Portulaca* und
in der Achse von Cactaceen zur Regel
gehört; in der letzteren bleibt bei lang-
samem Wachstum die Bildung der Endochromozentren sogar aus (CZEIKA). Nur
in den Trichomen rund um den Vegetationsscheitel sind die offensichtlich
endopolyploiden Kerne relativ dicht gebaut und bleiben die Endochromozentren
regelmäßig erhalten.

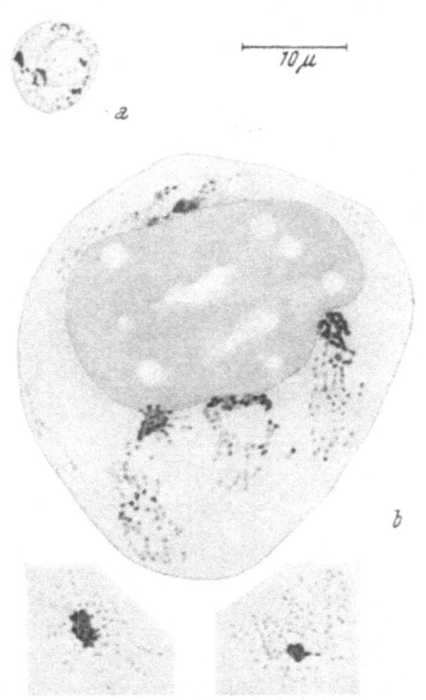

Abb. 66a, b. *Urtica caudata*. a diploider Ruhekern aus der Blattepidermis. b 64-ploider
Ruhekern aus einem Brennhaar (zwei Endochromozentren gesondert dargestellt; vgl. im
übrigen den Text). — Carnoy, KE nach
TSCHERMAK-WOESS und HASITSCHKA (1953).

Noch bevor sich ihre Endopolyploidie
herausgestellt hatte, fand GEITLER (1938c)
an den Kernen des Appendix und der
Spatha von *Sauromatum guttatum* ein
deutliches Wachstum der Chromomeren
im Eu- und Heterochromatin mit der Zunahme des Kernvolumens (Abb. 65).
Die Frage, ob die vergrößerten Chromomeren Sammelbildungen darstellen
oder ob sich ihre Substanz vermehrt, läßt sich vorderhand nicht eindeutig
klären. GRAFL (1940) meint zwar, daß in den großen Kernen des Appendix
die Vermehrung der Chromomeren in einem bestimmten Endochromozentrum der Vermehrung der Endochromosomen entspricht und das Wachstum der Chromomeren also auf einer echten Substanzzunahme beruht;
doch hält sie die Kerne für oktoploid, was sicher viel zu niedrig gegriffen
ist. Danach wären in den hochendopolyploiden (schätzungsweise 128 n)
Kernen relativ zu wenig Chromomeren vorhanden und die vergrößerten
Chromomeren könnten beispielsweise das Verschmelzungsprodukt zweier
Schwesterchromomeren darstellen.

An den **Chromosomenkernen** tritt die Endopolyploidie besonders sinnfällig zutage; so wie in den diploiden Kernen bildet nämlich in den endo-

polyploiden jedes Chromosom für sich einen distinkten stabförmigen oder schollenartigen Körper oder ein chromomerisch gegliedertes Areal (Abb 68); dies gilt für die euchromatischen Autosomen und zum Teil auch für die heterochromatischen Geschlechtschromosomen, doch sind diese unter Umständen auch zu Endochromozentren vereinigt; und zwar verhalten sie sich je nach Art und Gewebe in verschiedener Weise. Bei manchen Arten besitzen außerdem bestimmte Autosomen heterochromatische Teile, die bei Endopolyploidie zu Endochromozentren verschmelzen können.

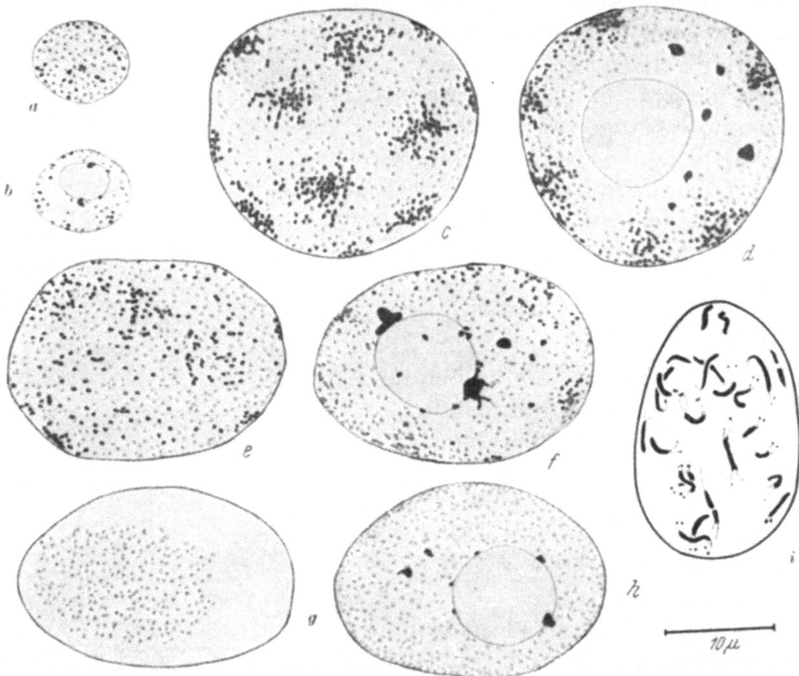

Abb. 67 a—i. *Portulaca grandiflora*, Ruhekerne und Teilungsfigur aus der Blattepidermis. *a, b* diploider Kern *c—h* drei endopolyploide Ruhekerne (alle im Oberflächenbild und im optischen Schnitt dargestellt), *c, d* mit peripher liegenden aus Heterochromomeren zusammengesetzten lockeren und mehreren kompak en, im Inneren befindlichen Endochromozentren, *e, f* die allmähliche Auflösung der peripheren Endochromozentren zeigend. *g, h* lockeres Heterochromatin weitgehend an das Euchromatin angeglichen, *i* oktoploide Prophase (nicht vollständig), Endochromosomen isoliert oder in Paaren, mit proximalem und distalem Heterochromatin.

Bei *Gerris lateralis* zeichnen sich nur die X-Chromosomen (XO-Typ der Geschlechtsbestimmung) durch somatische Heterochromasie aus und ihre Neigung bei Endopolyploidie Endochromozentren zu bilden, ist gering

Abb. 68 a—m. Endopolyploide Chromosomenkerne von verschiedenem Bau. *a, b Cassida viridis* (Coleoptere), *a* Spermatogonienmitose. *b* wahrscheinlich 64-ploider Ruhekern aus einem malpighischen Gefäß, Chromosomen nahezu so wie in den mittleren Mitosestadien ausgebildet; *c—m Gerris lateralis*, Männchen, *c* tetraploider und *d* oktoploider Ruhekern aus dem Mitteldarm (2 X + 40 bzw. 4 X + 80 Autosomen, X-Chromosomen getrennt. nicht zu Endochromozentren vereinigt), *e* Teil eines hochendopolyploiden verästelten Kernes aus der Speicheldrüse, *f. g* zum Vergleich diploider Kern aus dem Tracheenepithel und 32-ploider aus einem malpighischen Gefäß (X-Chromosomen bei *e* nur im linken Teil. bei *f, g* vollständig eingezeichnet, Autosomen durchgehend nicht dargestellt), *h* kleiner Teil eines Kernes aus der Speicheldrüse stärker vergrößert (X-Chromosomen und links oben im Oberflächenbild die Autosomen dargestellt), *i* wahrscheinlich 32-ploider Kern einer Oenocyte (?) mit einem aus 16 X zusammengesetzten, verästelten Endochromozentrum, *k* diploider Ruhekern aus einer Muskelzelle mit langgestreckten Chromosomen (X + 20 Autosomen), *l* oktoploider Kern aus dem Fettkörper mit relativ kompakten Autosomen (die 4 X-Chromosomen bilden ein zweiwertiges und zwei einwertige Chromozentren), *m* 16-ploider Kern aus den Hodensepten. Autosomen in Form kleiner Areale, die sich aus mehr oder minder verklebten Chromomeren zusammensetzen und 8 isolierte X-Chromosomen. — *a—m* AE, KE, *a, b* ca. 1150fach, *c* ca. 1600fach, *e—g* ca. 430fach, *h—k* ca. 1600fach. *l* ca. 1450fach, *m* ca. 1800fach, nach Geitler (1937 b, 1938 b, 1940 d).

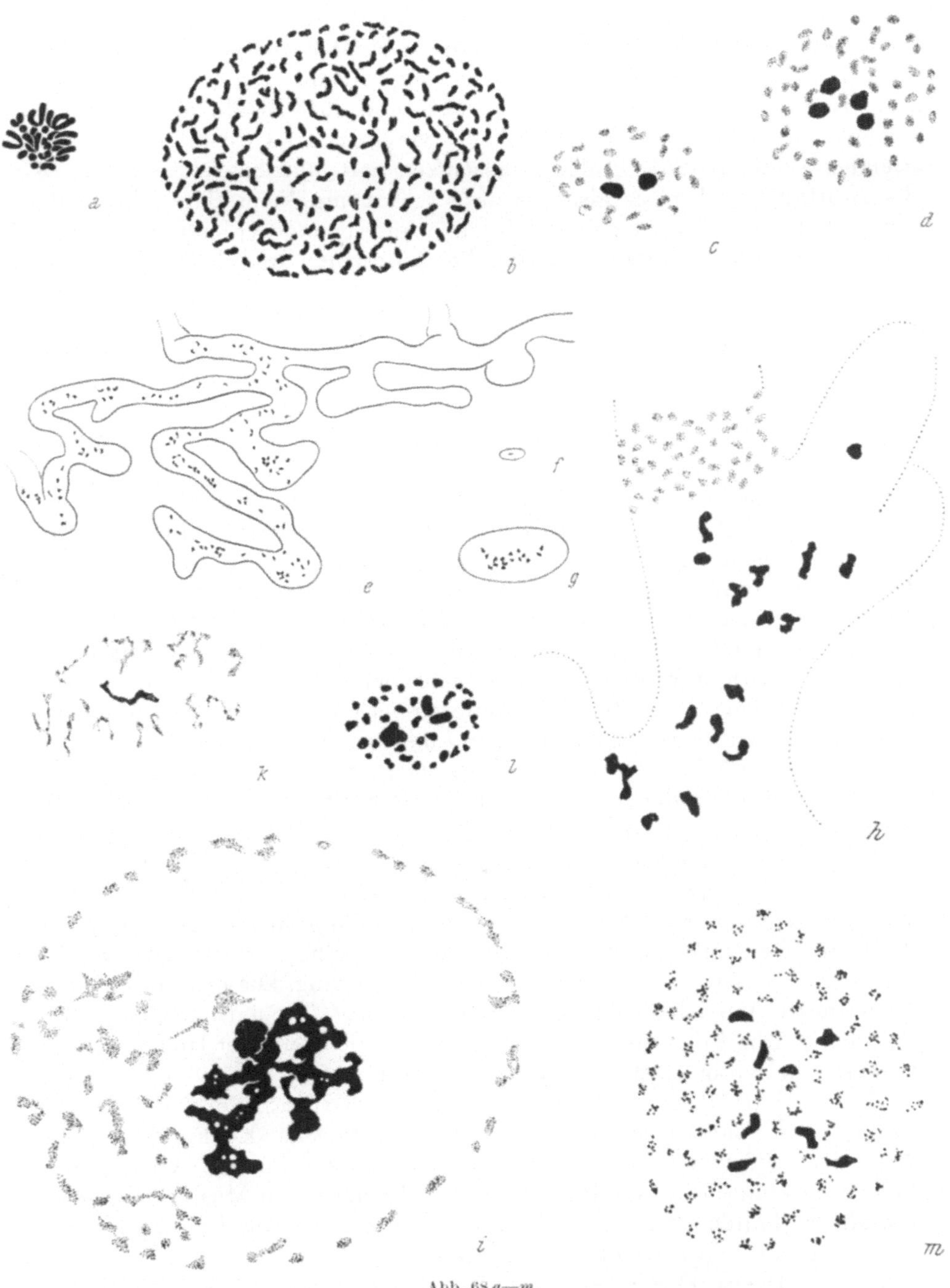

Abb. 68 a—m.

(Geitler 1937 b, 1938 b, 1939 a). Sie liegen daher in tetraploiden Kernen des Mitteldarmes von Männchen zu zweit, in oktoploiden zu viert im Zentrum des Kernes (Abb. 68 *c, d*), und man kann in einer Reihe von Geweben den Grad der Endopolyploidie auf Grund der Anzahl der X-Chromosomen (= Chromozentren) ermitteln (z. B. 1024- und 2048-Ploidie der Speicheldrüsenkerne: Abb. 68 *e—h*). We n n sie vereinigt sind, so bilden sie verzweigte, aufgegliederte Endochromozentren mit unruhigen Konturen — offensichtlich bestehen sie also aus nicht sehr kompaktem Heterochromatin (Abb. 68 *i*). Im übrigen zeigen diploide und endopolyploide Ruhekerne gewebespezifische Unterschiede, die die Autosomen und X-Chromosomen erfassen, indem sie langgestreckt nach Art mitotischer Chromosomen, mehr abgerundet oder unregelmäßig geformt sind (Abb. 68 *k, l*). Außerdem können die Autosomen, wie z. B. in den Kernen der Hodensepten, Chromomerenbau zeigen (Abb. 68 *m*) oder dichter gebaut sein, so daß sie sich an die X-Chromosomen angleichen: so verhalten sie sich in den meisten Geweben (z. B. Darmwand, Fettgewebe, Hodenwand).

Bei *Lygaeus saxatilis* ist das X-Chromosom bloß in der Meiose heterochromatisch, dagegen das Y-Chromosom durch Heterochromasie im Soma gekennzeichnet (Geitler 1939 b). Die Y-Endochromosomen bilden in den meisten Geweben kompakte Endochromozentren, nur in den Kernen der Hodensepten trennen sie sich regelmäßig voneinander und in bestimmten Geweben werden sie teilweise getrennt (Abb. 69). Diese Unterschiede hängen anscheinend mit dem mehr dichten oder lockeren Bau der Kerne zusammen, der sich auch in einer kompakten oder lockeren Beschaffenheit der Autosomen äußert. — Andere Heteropteren verhalten sich übereinstimmend oder ähnlich wie *Gerris lateralis* oder *Lygaeus;* bei manchen fehlt jedoch nicht nur im weiblichen (so wie bei *Lygaeus*), sondern auch im männlichen Soma (aber nicht in der Meiose!) jegliche Heterochromasie (Geitler 1937 b, 1939 a, b).

Wie bereits eingehend besprochen (siehe S. 46 f., dort auch Literaturangaben), zeigt sich in den Chromosomenkernen der Wanze *Corixa,* mehrerer Lepidopteren und der Trichoptere *Limnophilus* auf der diploiden Stufe eine Paarung der Homologen, und zwar eine Distanzpaarung oder eine sehr enge, zur Verschmelzung führende Paarung. Die endopolyploiden Kerne dieser Arten bieten bei erhöhter Zahl der Chromatinkörper prinzipiell das gleiche Bild wie die diploiden, da an die Stelle der Homologen die Schwesterchromosomen der letzten Endomitose treten.

Mäßige Heterochromasie und gewebespezifisch verschiedene Neigung zur Bildung von Endochromozentren zeichnet auch das X-Chromosom der Orthoptere *Psophus* aus (Geitler 1944 a). Einige andere Orthopteren dürften sich zum Teil ähnlich, zum Teil mehr nach dem Muster von *Gerris lateralis* verhalten (Baffoni 1960, der Autor spricht von Prochromosomen und nennt die Chromozentren Karyosomen!).

Möglicherweise liegen bei *Artemia salina* **Chromonemakerne** vor (vgl. S. 43) und ist in den endopolyploiden Kernen die Zahl der Chromonemen vermehrt: auch schollige Ausbildung der Chromosomen kommt in den endopolyploiden Ruhekernen der „Nährzellen des Uterus" vor (Barigozzi 1942 a).

Anukleale endopolyploide Kerne. Wie erwähnt, wachsen bei vielen Arten die Chromozentren mit der Endopolyploidisierung heran, indem sie zu Endochromozentren werden. In den Trichozyten von *Elodea canadensis*, zwei weiteren *Elodea*-Arten und *Potamogeton natans* schmelzen sie dagegen mehr und mehr ab (Tschermak-Woess und Hasitschka 1954) [72]. Daß Polyploidisierung vorliegt, obwohl ein wichtiges Kennzeichen, die Chromatin-

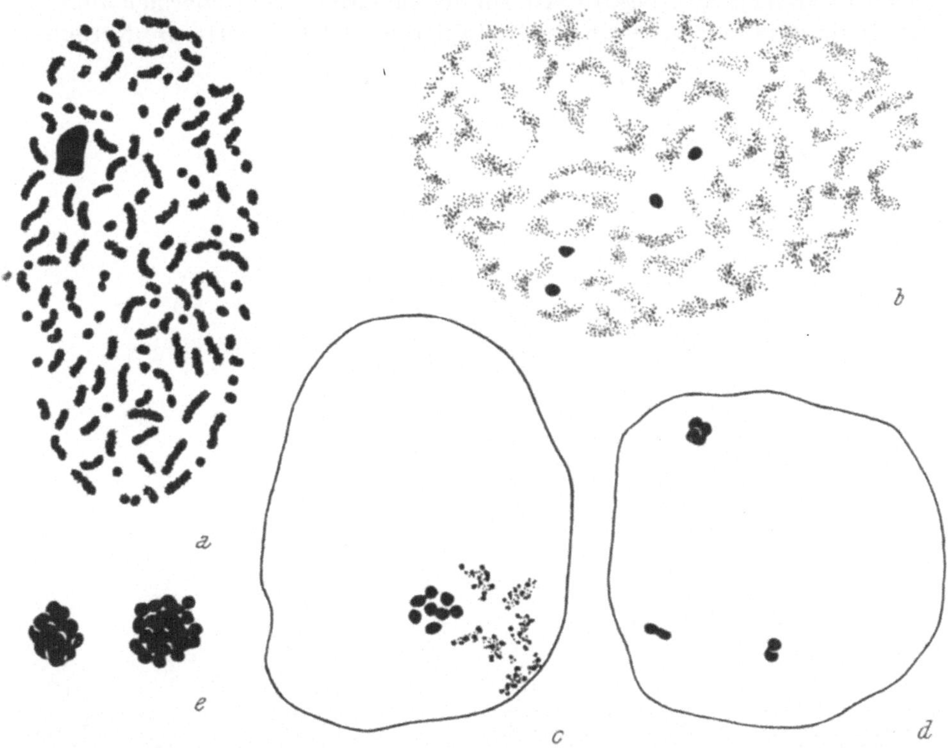

Abb. 69 a—e. *Lygaeus saxatilis*, endopolyploide Ruhekerne von Männchen. *a* Kern aus den malpighischen Gefäßen, wahrscheinlich 32-ploid, die heterochromatischen Y-Chromosomen bilden ein einziges großes Endochromozentrum. *b* 16-ploider Kern aus den Hodensepten, Y-Chromosomen getrennt (nur 4 von den insgesamt 8 dargestellt), *c*, *d* 16-ploide Kerne aus Gewebe, das dem Gehirn anliegt, mit lockeren Endochromozentren bzw. Teilendochromozentren, die aus insgesamt 8 Y-Chromosomen bestehen, im Kern der Fig. *c* auch einige chromomerisch gegliederte Autosomen dargestellt. *e* Endochromozentren aus zwei weiteren Kernen des gleichen Gewebes, die sich aus 16 bzw. 32 Y-Chromosomen zusammensetzen. — *a* Flemming-Benda, Gentianaviolett, *b—e* AE, KE, *a—e* ca. 1750fach, nach Geitler (1939b).

vermehrung scheinbar fehlt, ergibt sich so gut wie sicher aus dem rhythmischen Kernwachstum und dem Verhalten von *Potamogeton densus*, bei welchem Endochromozentren der üblichen Beschaffenheit auftreten (Abb. 70). Wahrscheinlich erfährt das Heterochromatin in den Trichozyten von *Elodea* und *Potamogeton densus* gewebespezifisch eine Entspiralisierung nach dem Muster des Euchromatins und werden infolgedessen die Endochromozentren schon während ihrer Bildung immer kleiner statt größer. Jedenfalls handelt

[72] Die homogene Beschaffenheit der Kerne in den Trichozyten und auch im Vegetationsscheitel von *Elodea canadensis* hebt auch Dangeard (1941) hervor.

es sich nicht um eine Spezifität endopolyploider Kerne, da bei anderen Arten
diploide und haploide anukleal werden.

Pflanzliche Riesenchromosomen. Während im allgemeinen der Bau der
endopolyploiden Ruhekerne nicht grundsätzlich von dem der diploiden ab-
weicht, herrschen in verschiedenen Geweben der Dipteren und im Bereich
des Embryosackes vieler Angiospermen offenbar besondere Verhältnisse, die
besondere Baueigentümlichkeiten der endopolyploiden Kerne mit sich bringen (wie bereits S. 46 f. besprochen, sind bei manchen Angiospermen auch die
nicht endopolyploiden Kerne des Endosperms und bei vielen die Kerne des

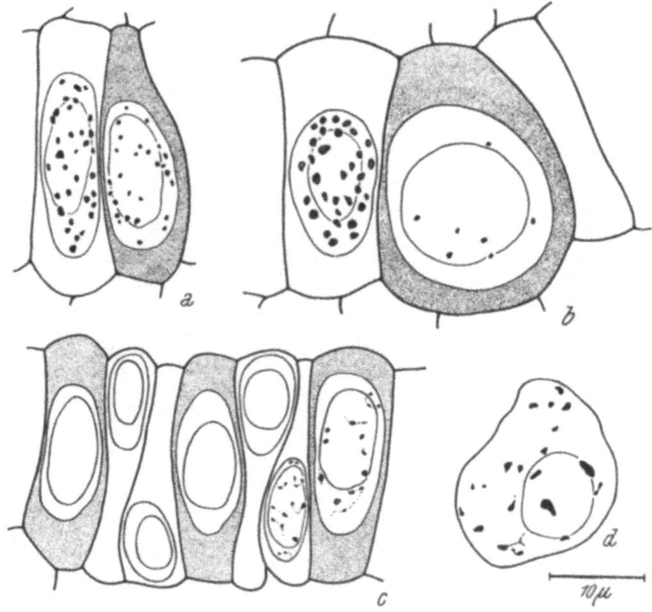

Abb. 70 a—d. Ausschnitte aus der jungen Rhizodermis bzw. Kern einer Trichozyte von *Potamogeton. a. b*
P. natans, a Atrichozyte und Trichozyte (punktiert) kurz nach ihrer Entstehung, Chromozentren im Kern der
letzteren bereits verkleinert, *b* ebenso, etwas älter, Kern der Trichozyte herangewachsen, Chromozentren noch
weiter abgebaut; *c, d P. densus, c* junge Rhizodermis mit Trichozyten, deren Kerne bereits etwas herangewachsen
sind, *d* Zellkern einer Trichozyte nach Abschluß der endomitotischen Polyploidisierung mit Endochromozentren
gewöhnlicher Beschaffenheit. — AE, KE, nach Tschermak-Woess und Hasitschka (1954).

Eies und die Polkerne anders strukturiert, als es sonst für die betreffenden
Arten charakteristisch ist). Auf die Dipteren ist hier nicht näher, sondern
nur vergleichsweise einzugehen (vgl. S. 101 f.). Von den verschiedenartigen
Varianten, die sich in endopolyploiden Kernen des Embryosackes von
Angiospermen finden, soll zunächst die auffälligste behandelt werden. Sie
besteht darin, daß die Endochromosomen in Bündeln vereinigt bleiben, sich
diese mit Zunahme des Polyploidiegrades immer mehr strecken und — abgesehen von Regionen aus kompaktem Heterochromatin — Chromomerenbau zeigen. Diese Gebilde gleichen habituell und im wesentlichen in ihrem
Aufbau den Riesenchromosomen der Dipteren und wurden als p f l a n z -
l i c h e   R i e s e n c h r o m o s o m e n (oder „Riesenchromosomen") bezeichnet (Abb. 73 a. 74 a, b, 76). Im Unterschied zu den tierischen Riesenchromosomen sind jedoch die von den Homologen stammenden Bündel (sofern der

Ausgangssatz wie im Endosperm triploid und nicht haploid wie in den
Antipoden und Synergiden ist) nicht vereinigt oder gepaart und die übereinstimmenden Chromomeren der Endochromosomen in einem „Riesenchromosom" nicht regelmäßig zu Querscheiben vereinigt; doch kommen
Ansätze zur Scheibenbildung bei manchen Arten vor (Abb. 73 c). Ausgeprägt und durchgehend treten solche pflanzliche Riesenchromosomen in

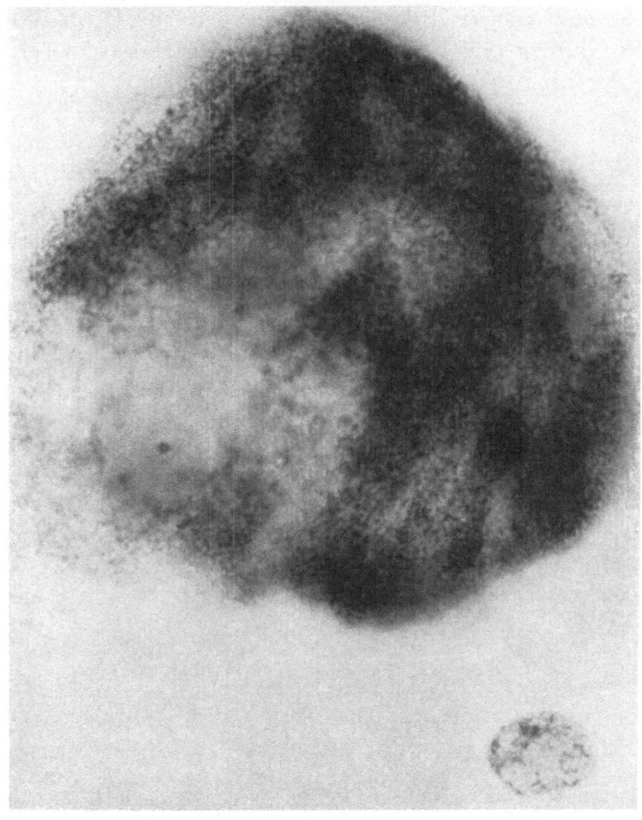

Abb. 71. *Aconitum ranunculifolium*. Hochendopolyploider Kern einer voll entwickelten Antipode (oben) und
zufällig freigelegter diploider Kern aus dem Integument (unten). — AE. Orcëinessigsäure, Phot. Vergr. 1000fach,
nach TSCHERMAK-WOESS (1956).

den beiden Kernen des chalazalen Endospermhaustoriums von *Rhinanthus
alectorolophus* auf (TSCHERMAK-WOESS 1957 a [73]). Im Mikropylarhaustorium
von *Phlomis viscosa* und im Suspensor von *Gagea lutea* überwiegen Kerne
mit „Riesenchromosomen" über anders strukturierte (ENZENBERG, HASITSCHKA-
JENSCHKE 1962), während sie z. B. in den Antipoden bzw. Synergiden

---

[73] In den oben angeführten Untersuchungen am Chalazahaustorium von *Rhinanthus alectorolophus* wurde den B-Chromosomen, die höchstwahrscheinlich auch
bei dieser Art auftreten, nicht genügend Aufmerksamkeit geschenkt (vgl. FAGERLIND,
WITSCH 1950, HAMBLER 1953, 1954, über *Rh. major* und *minor*). In den Riesenkernen
liegen ihre Abkömmlinge vermutlich dicht vereinigt als heterochromatische Körper
den größeren Nukleolen an.

von *Papaver rhoeas*, *Aconitum*-Arten, *Clivia miniata* und *Allium amno-*
philum nur vereinzelt auftreten (Abb. 79 a; Hasitschka 1956, Hasitschka-
Jenschke 1958, Tschermak-Woess 1956, 1957 b).

**Weitere Baueigentümlichkeiten endopolyploider Ruhekerne von
Angiospermen.** Andere Typen von endopolyploiden Kernen im Embryosack zeichnen sich dadurch aus, daß die Chromosomen im R u h e zustand
nach Art einer frühen bis mittleren Prophase spiralisiert sind und daher
als sehr dünne oder relativ dicke Fäden hervortreten (Abb. 78 a, b, 79 b, 81,
83, 85 a, 88 b, Geitler 1955 b [74], Hasitschka 1956, Hasitschka-Jenschke 1957,

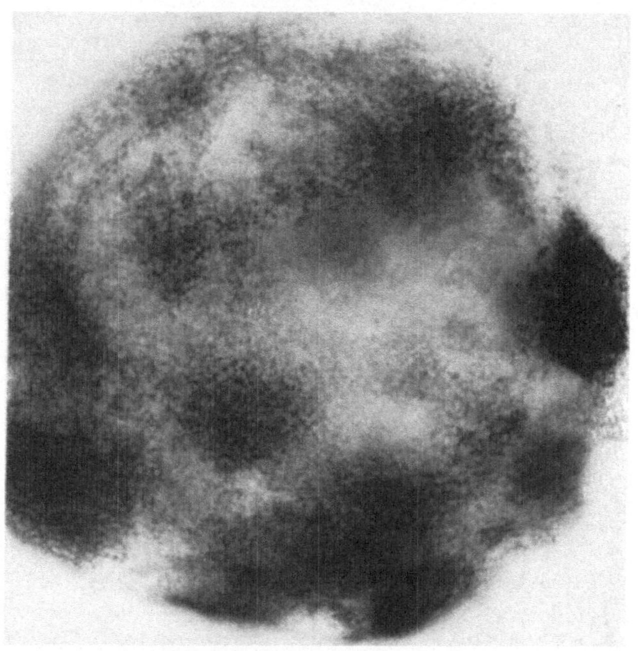

Abb. 72. *Aconitum neomonatanum.* Ruhekern aus einer voll entwickelten Antipode mit radiär gebauten Endochromozentren. — Wie Abb. 71.

1958, 1959 a, b, Tschermak-Woess 1956). Auch überlagern sich oft Spiralen
verschiedener Ordnung, indem die offenbar fein spiralisierten Fäden für
sich allein oder zu mehreren in größere Restspiralen gelegt sind (Abb. 82).
Die Endochromosomen können nämlich getrennt verlaufen oder zu zweit
oder mehreren zu lockeren Bündeln vereint sein. Eine e n g e Vereinigung
nach Art der „Riesenchromosomen" wird durch die Spiralisierung der
Einzelelemente im allgemeinen offenbar verhindert; doch gibt es auch Übergänge zwischen solchen Bündeln und „Riesenchromosomen" (z. B. bei *Dicen-*

---

[74] Die Vorgänge, die zur Entstehung der polyploiden Kerne mit permanent
prophasischer Struktur im Basalapparat des Endosperms von *Allium ursinum* führen, konnte Geitler zunächst nicht restlos klären. Auf Grund der seither — z. B.
an den Antipoden von *Eranthis* — gesammelten Erfahrungen kann kein Zweifel
bestehen, daß sie infolge von Endomitosen polyploid werden.

tra, Abb. 84). Weiters können die Endochromosomen nicht nur wie in den Bündeln mehr oder minder parallel verlaufen, sondern bloß im heterochromatischen Mittelteil vereinigt sein und rund um diesen ausstrahlen, und schließlich gibt es auch hierin Übergänge (Abb. 80, vgl. auch das Schema der Abb. 77, das nicht nur für Antipoden, sondern auch für andere endopolyploide Kerne im Bereich des Embryosackes gilt).

Veränderungen in der Spiralisierung bedingen vielleicht auch das Hervortreten euchromatischer Strukturen in den hochendopolyploiden Kernen

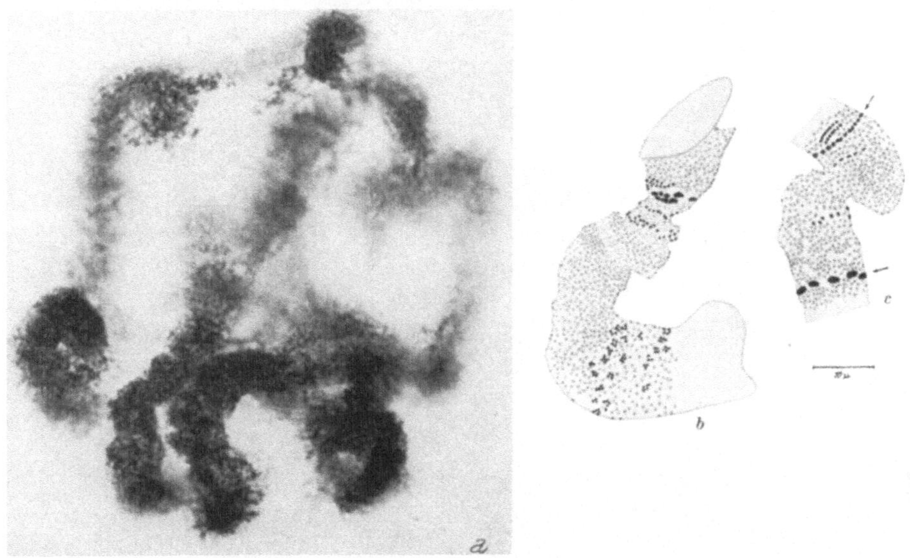

Abb. 73 *a—c. Aconitum ranunculifolium* (*a*) und *A. variegatum* (*b, c*). *a* Kern mit „Riesenchromosomen" aus einer zweikernigen Antipode, *b* etwas abgeflachtes „Riesenchromosom", in welchem an bestimmten Stellen eine gewisse Ordnung der Chromomeren bzw. heterochromatischen Schollen zu erkennen ist (Struktur in den optisch verkürzten Teilen nicht eingezeichnet), *c* Teil eines „Riesenchromosoms", scheibenartige Bildungen durch Pfeile bezeichnet. — *a* AE, Orcëinessigsäure, Phot. Vergr. 1000fach. *b, c* AE, KE, nach TSCHERMAK-WOESS (1956).

des Suspensorhaustoriums von *Lupinus polyphyllus* (GEITLER 1941, S. 27 ff.). Die diploiden Kerne in Meristemen enthalten nämlich 40 bis 45 abgerundete Prochromosomen und lassen nichts vom Euchromatin erkennen; in den diploiden und niedrig endopolyploiden des Tapetums verhält sich das Euchromatin ebenso (CARNIEL 1952); in den großen des Supensors strahlen dagegen von den Endochromozentren peripher Reihen kleiner Euchromomeren aus (Abb. 86 *a, b*). Ob je e i n e Reihe von e i n e m Endochromosom herrührt und also tatsächlich ein Spiralisierungseffekt vorliegt, oder ob eine leichte Bündelung zur Vergröberung und zum Sichtbarwerden der euchromatischen Teile führt, läßt sich allerdings vorderhand nicht sicher entscheiden.

Riesenkerne mit ähnlichen, nur dichter liegenden Endochromozentren wie im Suspensor von *Lupinus* treten schließlich in den Antipoden von *Aconitum* auf (Abb. 72; TSCHERMAK-WOESS 1956). Sie gehen hier aus Chromomerenkernen von mäßig dichtem Bau hervor, also einem Typus von Kernen, der bei Polyploidisierung in anderen Geweben gewöhnlich keine derartige Gliederung zeigt, sondern im großen und ganzen gleichmäßig von Chromatin erfüllt ist. Endopolyploide Kerne von gleichmäßiger Chromomeren-

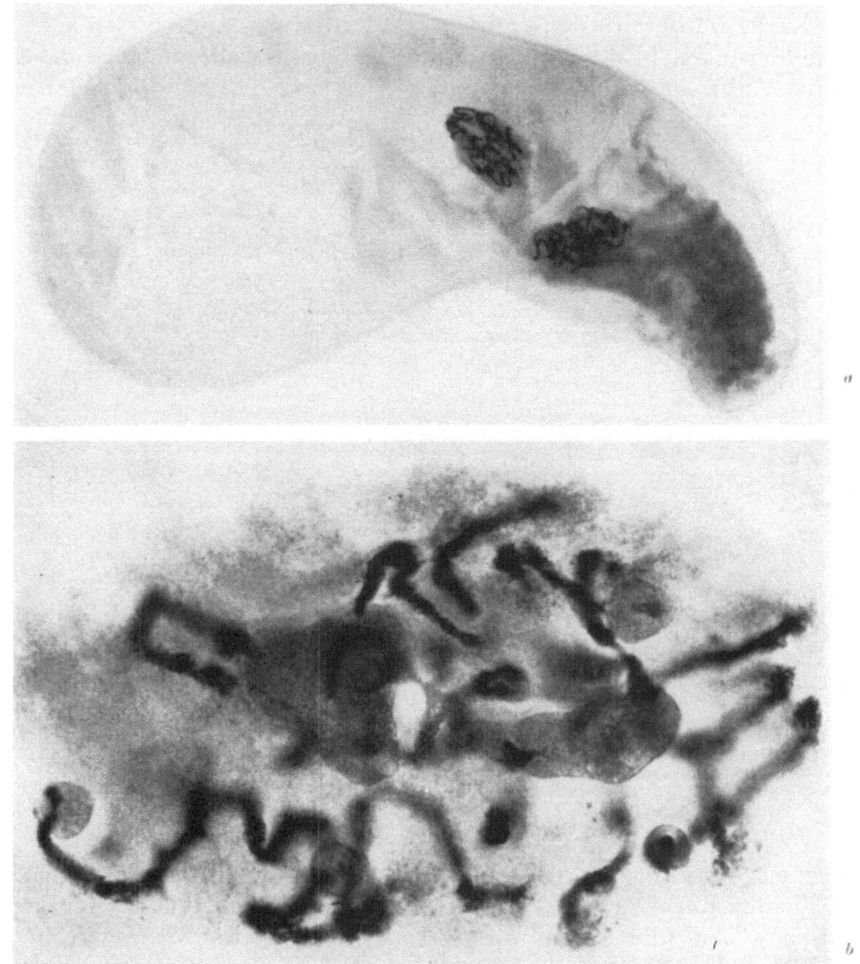

Abb. 74 a, b. *Rhinanthus alectorolophus. a* Chalazahaustorium mit zwei 192-ploiden Ruhekernen, in diesen „Riesenchromosomen" (Totalpräparat), *b* 192-ploider Ruhekern aus einem Chalazahaustorium mit „Riesenchromosomen" die zum Großteil mit ihren heterochromatischen Enden mit Nukleolen in Verbindung stehen. — AE, Orcëinessigsäure, Phot., Vergr. *a* 95fach, *b* 700fach, nach Tschermak-Woess (1957a).

struktur kommen übrigens in den Antipoden bzw. Synergiden verschiedener Arten, darunter auch *Aconitum* gleichfalls vor (Abb. 71).

Sehr bemerkenswert und aus dem Rahmen des bisher Bekannten fallend ist der Bau des maximal 128ploiden Kernes des einzelligen Suspensors von *Potamogeton densus* (Hasitschka-Jenschke 1959 b). Er entwickelt sich aus einem diploiden Kern mit ungefähr 30 Chromozentren und zeigt stets die folgende Struktur: locker verteilt befinden sich im Karyoplasma Endochromozentren und gelegentlich auch Teilendochromozentren aus kompaktem Heterochromatin, die völlig isoliert liegen; an andere, darunter auch die am Nukleolus, schließen sich kurze Abschnitte gebündelter Endochromosomen an, die zum Großteil eine Scheibenfolge nahezu nach Art der Dipteren-Riesenchromosomen haben, und außerdem gibt es derartige Abschnitte, die nicht oder nicht sichtbar mit kompakten Endochromozentren verbunden sind, jedoch Scheiben von Heterochromomeren enthalten (Abb. 87 a, b). Manche dieser Abschnitte sind so kurz, daß sie sicher nicht die ganze Länge der Endochromosomen umfassen können, und auch die isolierten kompakten Endochromozentren entsprechen höchstwahrscheinlich nur den verschmolze-

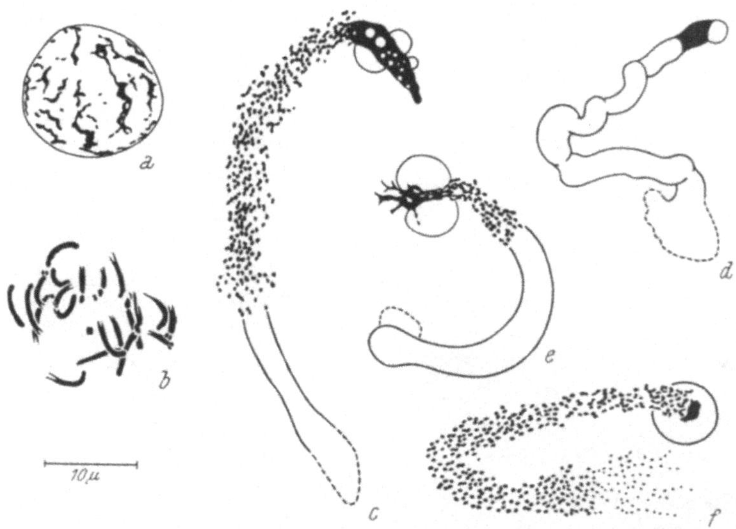

Abb. 75 a—f. *Rhinanthus alectorolophus*. a triploider Interphasekern, b triploide Prophase, beide aus dem „eigentlichen" Endosperm, zum Vergleich mit den „Riesenchromosomen" (c—f) aus den endopolyploiden Kernen des Chalazahaustoriums (diese z. T. nur in den Umrissen dargestellt). — AE, Orcëinessigsäure, nach TSCHERMAK-WOESS (1957 a).

nen p r o x i m a l e n Teilen der Endochromosomen. Vielleicht ist dieser Aufbau so zu verstehen, daß alle im Kern des voll entwickelten Suspensors sichtbaren Teile aus den Chromozentren des diploiden Kernes hervorgehen und von diesen einige aus kompaktem, einige aus lockerem und die restlichen aus beiderlei Heterochromatin bestehen, was jedoch auf der diploiden Stufe nicht deutlich zu erkennen ist, sondern so wie in anderen Fällen erst mit der Polyploidisierung klarer zum Vorschein kommt. Nach dieser Deutung stellen die riesenchromosomenartigen Abschnitte gebündelte Teile von Endochromosomen aus lockerem Heterochromatin dar, und das Euchromatin bleibt ebenso wie auf der diploiden Stufe so weit aufgelockert, daß es nicht sichtbar ist. — Übrigens zeigen sich bei *Potamogeton densus* auf engstem Raum konstant sehr kräftige gewebespezifische Unterschiede in der Struktur endopolyploider Kerne: der maximal 192-ploide Kern der basalen Endospermzelle (helobiales Endosperm!) ist nämlich im Unterschied zum Kern des Suspensors dicht erfüllt von getrennt verlaufenden oder vielleicht auch zu zweit eng vereinigten fädig ausgebildeten Chromosomen (Abb. 88 b; einen oktoploiden Kern aus einer Trichocyte mit gewöhnlich ausgebildeten Endochromozentren zeigt Abb. 88 a).

Die zuletzt behandelten endopolyploiden Kerne mit besonderen Strukturen finden sich, wie bereits erwähnt, im Bereich des Embryosackes, d. h. in Synergiden, Antipoden, im Endosperm und seinen Haustorialbildungen sowie im Suspensor; darüber hinaus wurden Bildungen nach Art pflanzlicher Riesenchromosomen in nicht ganz typischer Form noch beobachtet in der Epidermis des äußeren Integumentes von *Melandrium viscosum* und in Trichomen an den Staubblättern von *Bryonia dioica* (Tschermak-Woess und Hasitschka 1954, Hasitschka-Jenschke 1961), also im Bereich der Blüte, dagegen bisher nicht in vegetativen Teilen. Unterschiede im Polyploidiegrad können hierfür nicht maßgebend sein, da auch in vegetativen Organen hohe Polyploidiegrade auftreten und andererseits im Embryosack häufig schon zu Beginn der Polyploidisierung und auch in Fällen, in denen im Endzustand nur niedrige Grade erreicht werden (z. B. Antipoden von *Helleborus*, Hasitschka-Jenschke 1959 a), sich das Chromatin in abweichender Form zeigt.

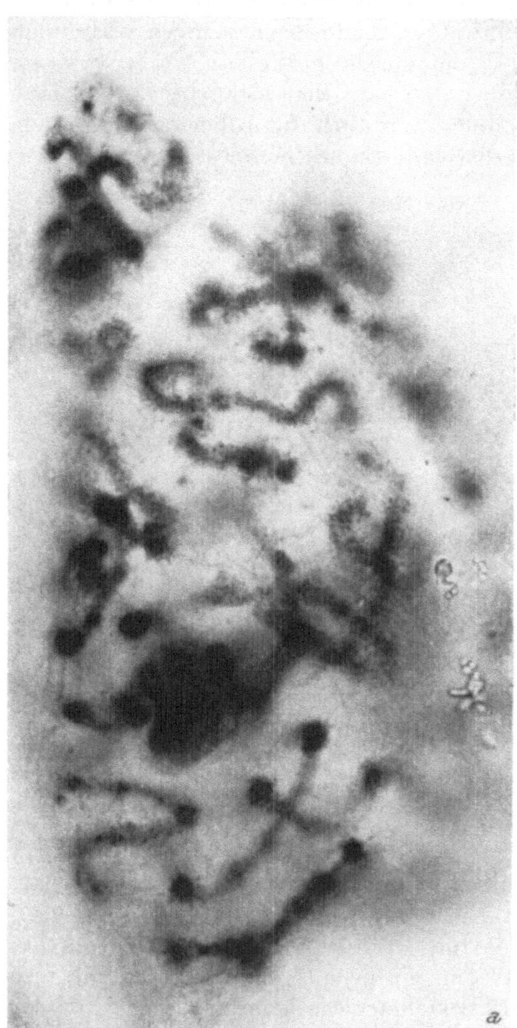

Abb. 76. *Phlomis viscosa.* Schätzungsweise 192-ploider Ruhekern mit „Riesenchromosomen" aus dem Mikropylarhaustorium. — AE, KE, Phot., Vergr. 680fach. nach Enzenberg.

So wie die Ausbildung und Rückbildung der Strukturmodifikationen tierischer Riesenchromosomen (Balbianiringe und „puffs". beides sind Auflockerungszonen in bestimmten Abschnitten) nach Untersuchungen von Panitz bzw. Clever und Karlson offenbar innersekretorisch gesteuert ist, könnte vielleicht auch die Ausbildung bestimmter Strukturen pflanzlicher endopolyploider (und auch nicht endopolyploider) Kerne von Hormonen beeinflußt werden, und im speziellen von Hormonen, die im Bereich der Blüte wirksam sind.

Von Interesse ist auch die Tatsache, daß bei manchen Arten offenbar
bloß e i n Strukturtypus starr festgelegt ist (z. B. „Riesenchromosomen" im

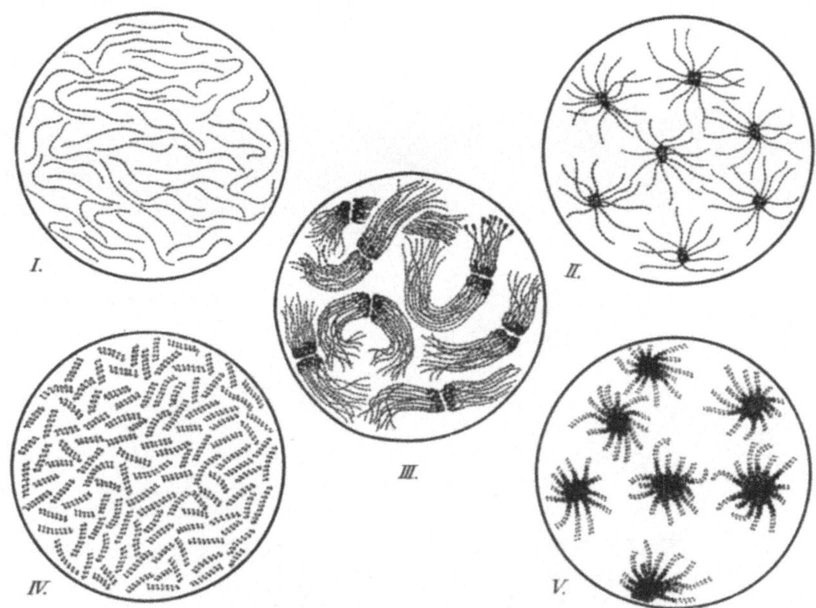

Abb. 77. *Papaver rhoeas.* I—V. Schematische Darstellung der Strukturtypen, die in den endopolyploiden Kernen der Antipoden vorkommen HASITSCHKA (1956).

Chalazahaustorium von *Rhinanthus*), während bei anderen verschiedene
Abwandlungen möglich sind („Riesenchromosomen", fein oder grob spirali-

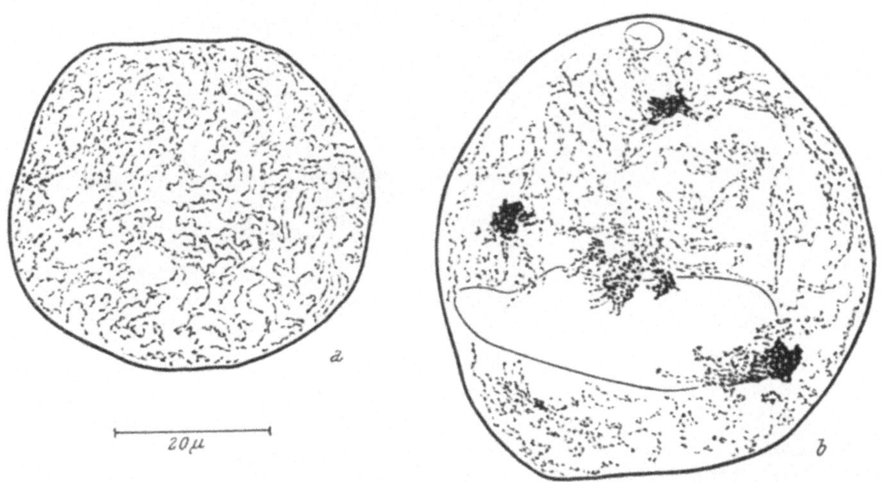

Abb. 78*a, b. Papaver rhoeas,* endopolyploide Ruhekerne aus Antipoden. *a* Kern nahezu gleichmäßig von dünn-fädigen Chromosomen erfüllt, *b* ähnlich *a,* Chromosomen jedoch z. T. zu Endochromozentren zusammenschlie-ßend. — AE. KE, nach HASITSCHKA (1956).

sierte getrennte oder zu Endochromozentren zusammengeschlossene Chromosomen in den Antipoden von *Papaver*); welche davon zustande kommen, ist

— nach gewissen Anzeichen bei *Papaver* zu schließen — vielleicht von genetischen Faktoren und von Umweltsfaktoren abhängig, doch ist noch weiteres

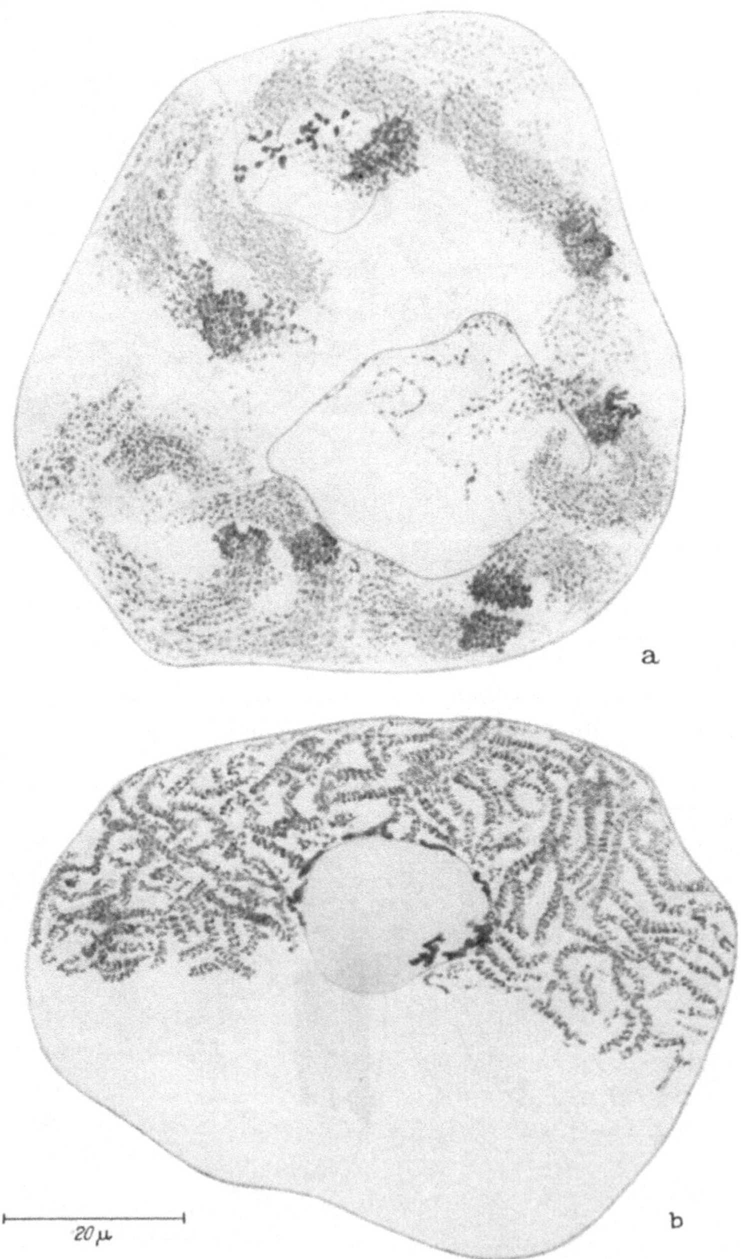

Abb. 79a. b. *Papaver rhoeas*, endopolyploide Ruhekerne aus Antipoden. *a* mit „Riesenchromosomen". *b* mit spiralisierten. gleichmäßig über den Kernraum verteilten Chromosomen (nur eine Kernhälfte ausgezeichnet). — AE. KE. nach Hasitschka (1956).

Beobachtungsmaterial zur Erhärtung dieser Vermutung nötig. In den Einährzellen der Muscide *Calliphora,* in denen sich analoge Unterschiede im

Kernbau wie in den Antipoden von Angiospermen finden, läßt sich nach BIER eine Steuerung durch Erbfaktoren und Temperaturverhältnisse erkennen, und bei *Phryne cincta* geht in den Speicheldrüsen die sonst

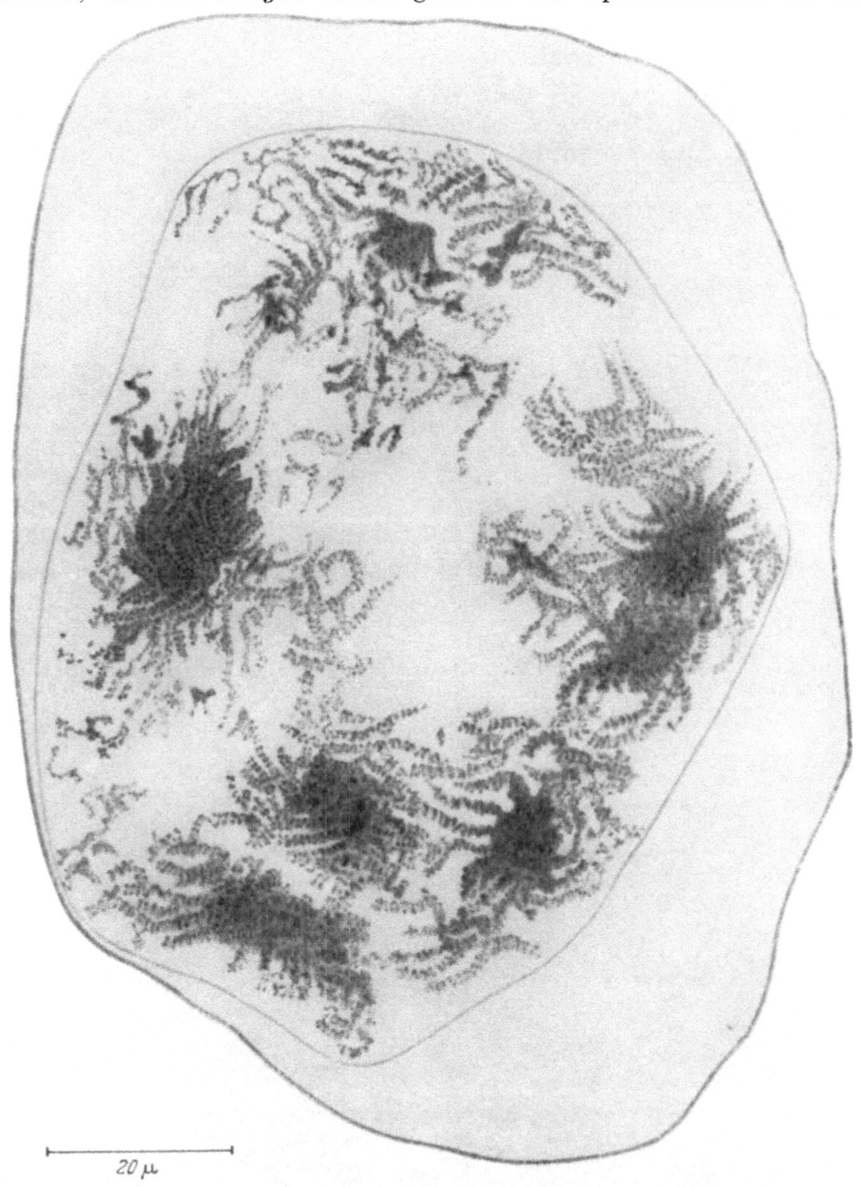

Abb. 80. *Papaver rhoeas*. Antipode mit hochendopolyploidem Ruhekern, der 7 (n = 7!) Endochromozentren enthält, welche sich aus spiralisierten Chromosomen zusammensetzen, einzelne Chromosomen abgesprengt. — AE, KE, nach HASITSCHKA (1956).

lockere Bündelung des X-Chromosoms bei niedriger Temperatur in eine straffere über (WOLF 1957).

Auf Grund der Beobachtungen über die Gewebe- (oder Zell-) und Stadium-spezifische Ausbildung der Balbianiringe und „puffs", über ihr Verteilungsmuster und andere Eigenschaften nimmt Beermann (zuletzt zusammenfassend 1959, vgl. auch 1961) an, daß sie Orte besonderer Genaktivi-

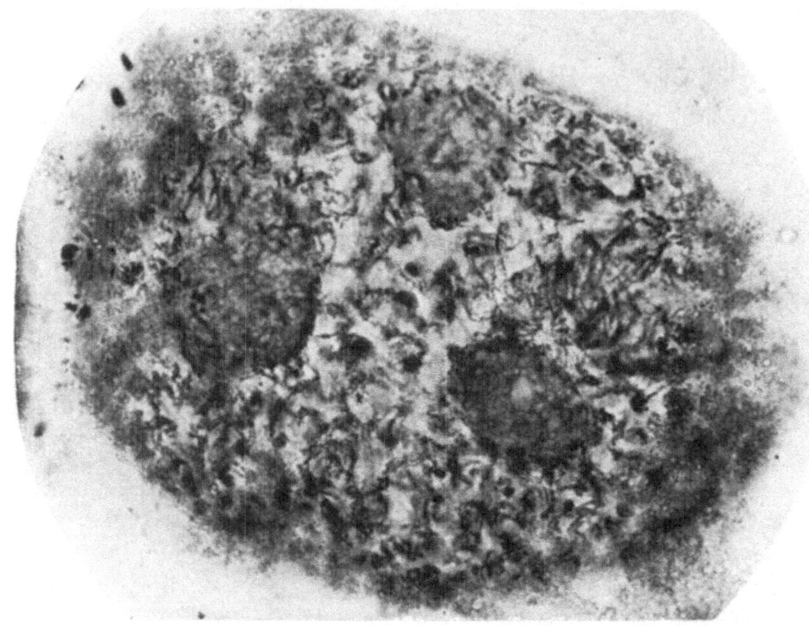

Abb. 81. *Allium ursinum.* Endopolyploider Ruhekern aus dem „Basalapparat" des Endosperms mit prophaseartig ausgebildeten Chromosomen. — AE, KE, Phot., Vergr. 570fach, nach Geitler (1955 b).

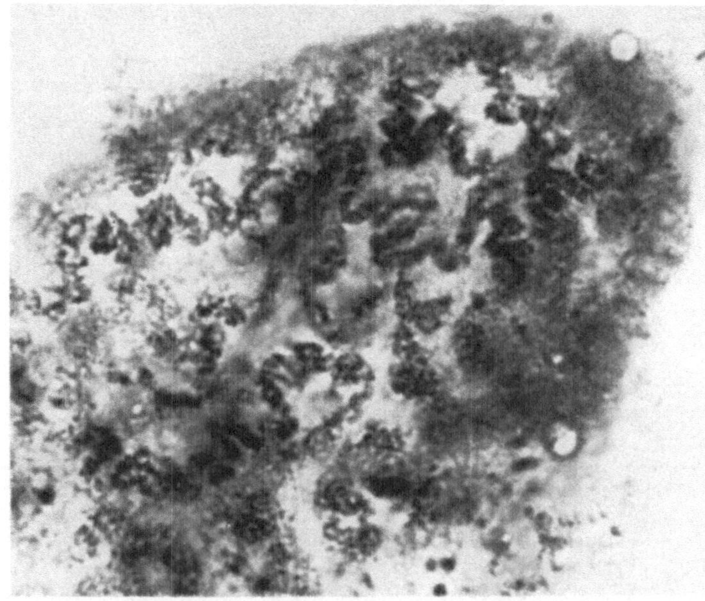

Abb. 82. *Allium ursinum.* Wie Abb. 81, Teil eines Kernes im Oberflächenbild mit Quadruplochromosomen, die Reliktspiralen zeigen. — AE, KE, Phot., Vergr. 1700fach, nach Geitler (1955 b).

tät darstellen. Es liegt nahe, nach ähnlichen Beziehungen zwischen den Abwandlungen im Bau pflanzlicher Riesenkerne zu suchen, doch fanden sich bisher keine Tatsachen, die für eine funktionelle Deutung sprechen. Nur das folgende verdient vielleicht hervorgehoben zu werden. Wie aus den Abbildungen 57 bis 88 zu ersehen ist, nimmt in endopolyploiden Kernen gewöhnlich die Größe der Nukleolen zu, so daß sie bei hohen Polyploidiegraden häufig sehr auffallende Dimensionen erreichen[75]. Ihre Zahl beträgt sehr häufig eins, gelegentlich etwas mehr. Mit ihnen im Zusammenhang befinden

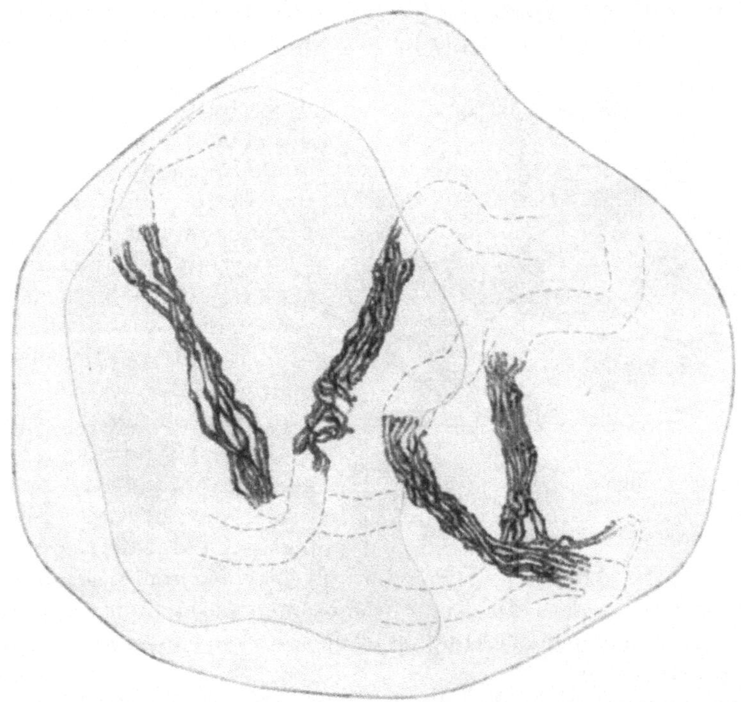

Abb. 83. *Allium ursinum*. Oktoploider Ruhekern aus einer Synergide mit Bündeln, die sich aus eng spiralisierten, fädigen Chromosomen zusammensetzen (nur Abschnitte einzelner Bündel dargestellt). — AE, KE, ca. 2650fach, nach HASITSCHKA-JENSCHKE (1957).

sich nur diejenigen Endochromosomen, die aus den SAT-Chromosomen der Ausgangskerne hervorgegangen sind. Dies läßt sich häufig aus dem Kernbau ablesen und außerdem in postendomitotischen Mitosen erkennen. Anders verhält es sich im Chalazahaustorium von *Rhinanthus alectorolophus*. In diesem stehen 10 bis 17 „Riesenchromosomen" mit Nukleolen in Verbindung: im triploid bleibenden Teil des Endosperms sind dagegen nur 9 SAT-Chromosomen vorhanden. Von den betreffenden „Riesenchromosomen" senken sich einige mit ihren Enden aus kompaktem Heterochromatin in große

---

[75] STEFFEN (1955) verfolgte im Endothel von *Pedicularis palustris* den Zuwachs bis zum Abschluß der Polyploidisierung ganz genau. Er ist bezogen auf das Volumen im diploiden Ausgangskern größer als die Zunahme des Kernvolumens (statt Nuzellus ist in der zitierten Publikation durchgehend Integument einzusetzen).

ausgebuchtete Nukleolen, an anderen quellen an den gleichfalls kompakten Enden offenbar kleine Tröpfchen von Nukleolarsubstanz hervor, die sich zu kleinen kugeligen Nukleolen vereinigen (Abb. 74 *b*, 75 *c—f*). Außer den „angestammten" SAT-Chromosomen vermögen somit anscheinend noch andere sich an der Bildung oder Kondensierung von Nukleolarsubstanz zu beteiligen. Es tritt also an loci, die sonst keine Aktivität in dieser Richtung zeigen, eine neuartige oder vielleicht bloß gesteigerte Aktivität auf.

Makronuklei der Ciliaten. Wie Geitler (1941) und Piekarski (1941) auf Grund älterer Angaben, insbesondere denen von Poljansky, wahrscheinlich machen konnten und Grell (1949, vgl. auch Raikov 1960) für das marine Suktor *Ephelota* nachwies, werden die Makronuklei der Ciliaten endomitotisch polyploid. Während und unmittelbar nach Beendigung der Polyploidisierung treten in den Makronukleusanlagen mancher Arten offenbar Bündel von Endochromosomen, Endochromozentren und Sammelendochromozentren auf. Alle diese Strukturen wären eines näheren Studiums und Vergleiches mit denen im Bereich des Embryosackes von Angiospermen wert. Manche Abbildungen lassen sogar die Vermutung zu, daß Gebilde nach Art der Riesenchromosomen der Dipteren vorkommen (vgl. Grassé, Abb. 32 *c*, S. 87). Im voll entwickelten Makronukleus fallen allem Anschein nach die Endochromosomen auseinander und sofern sie während der Anlagenentwicklung stärker spiralisiert waren, kommt es nun zur Entspiralisierung.

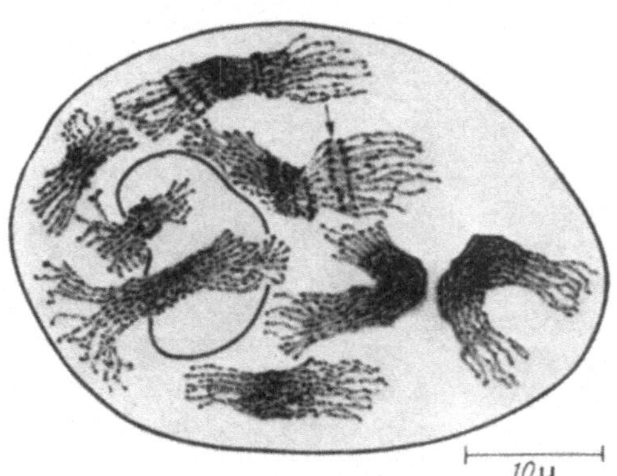

Abb. 84. *Dicentra spectabilis*. Schätzungsweise 16-ploider Ruhekern aus einer Antipode mit Bündeln von Endochromosomen, die an einigen Stellen (eine durch Pfeil bezeichnet) Ansätze zur Bildung von Scheiben zeigen. — AE, KE, nach Hasitschka-Jenschke (1959 a).

Bei den meisten Arten hat der voll entwickelte Makronukleus Chromomerenbau, wobei sich eine Anordnung der Chromomeren in Ketten und bei mechanischen Eingriffen eine feste Verbindung in diesen Ketten erkennen läßt (Abb. 89 *a*, *b*; Moses, Schwartz). Im Makronukleus des Makrozooids einer marinen *Zoothamnion*-Art sind nach Grell (1950 a) die Chromosomen im Leben als zarte Fäden sichtbar (Abb. 89 *c*), bei dem Süßwasser-Suktor *Tokophrya* verlaufen sie spiralig gewunden (Grell 1953 a), und bei anderen Arten sind nach Fixierung fädige Strukturen zu beobachten (z. B. Grell 1950 b); auch schollige, tropfenartige und kugelige Form nehmen die chromatischen Bestandteile im Makronukleus an (z. B. Devidé und Geitler, Grell 1956, S. 67; vgl. auch Abb. 26 *a*, *b*, *c*) [76]. Darüber, daß die Chromosomen

---

[76] Völlig unhaltbar ist die Ansicht von Seshachar, der die scholligen und körnigen Strukturen im Makronukleus fixierter Präparate generell für Artefakte hält, dagegen in der Entstehung fädiger Gebilde aus Makronuklei, welche bei Zentrifugierung aus der Zelle geschleudert und gezerrt werden, einen Beweis für die

in stark aufgelockerter oder anders veränderter Form, aber als individualisierte Körper erhalten bleiben, kann wohl entgegen älteren Ansichten kein Zweifel mehr bestehen.

Theoretisch ergibt sich aus der Fähigkeit zur Regeneration vollwertiger Makronuklei aus Bruchstücken von $^1/_{30}$ bis $^1/_{40}$ des Gesamtvolumens, dem Verhalten während der äqualen Teilungen und vor allem während der inäqualen Knospungsteilungen bestimmter Arten die Forderung, daß zwischen den Chromosomen eines Satzes irgendeine Verbindung besteht (siehe im einzelnen GRELL 1950 a), Praktisch sind bisher keine Anzeichen eines solchen Zusammenhanges in der Struktur des Makronukleus gefunden worden (vgl. z. B. KIMBALL), was ihre sichtbare oder zumindest unsichtbare Existenz jedoch nicht ausschließt.

X. Funktionsabhängige Unterschiede der Kernstruktur

Es gibt eine Reihe von Fällen, in denen mit Funktionsänderungen oder -steigerungen der Zellen, Gewebe oder Organe ein Wechsel im Bau der Kerne einhergeht. Höchstwahrscheinlich

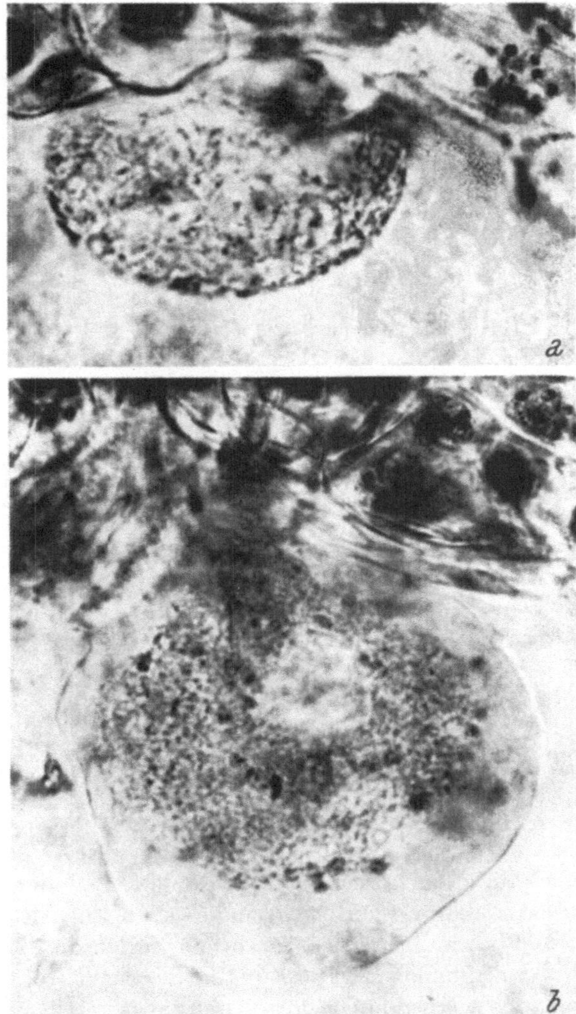

Abb. 85 a, b. *Allium pulchellum*, endopolyploide Ruhekerne aus Synergiden. a mit fädig ausgebildeten, gleichmäßig verteilten Chromosomen, b mit homogener euchromatischer Chromomerenstruktur und Endochromozentren bzw. Teilendochromozentren. — AE, KE, Phot., Vergr. 600fach, nach HASITSCHKA-JENSCHKE (1958).

stellen sich in der Regel die Veränderungen am Kern als F o l g e cytoplasmatischer Zustandsänderungen ein oder gleichzeitig mit ihnen und werden chromosomale Natur des Makronukleusinhaltes sieht. Zerrungsbilder, wie der Autor sie wiedergibt, kommen häufig als Artefakte infolge mechanischer Einwirkungen auf unfixierte Zellkerne zustande.

den beide bei Vielzellern durch ein übergeordnetes Prinzip, wie Hormone gesteuert. Da es sich um ein Grenzgebiet handelt, das über den Rahmen des vorliegenden Artikels hinausgeht, kann im folgenden nur eine knappe Darstellung gegeben werden.

Relativ häufig sind bestimmte physiologische Leistungen mit einer Erhöhung oder Abnahme des Kernvolumens verbunden und wird im Zusam-

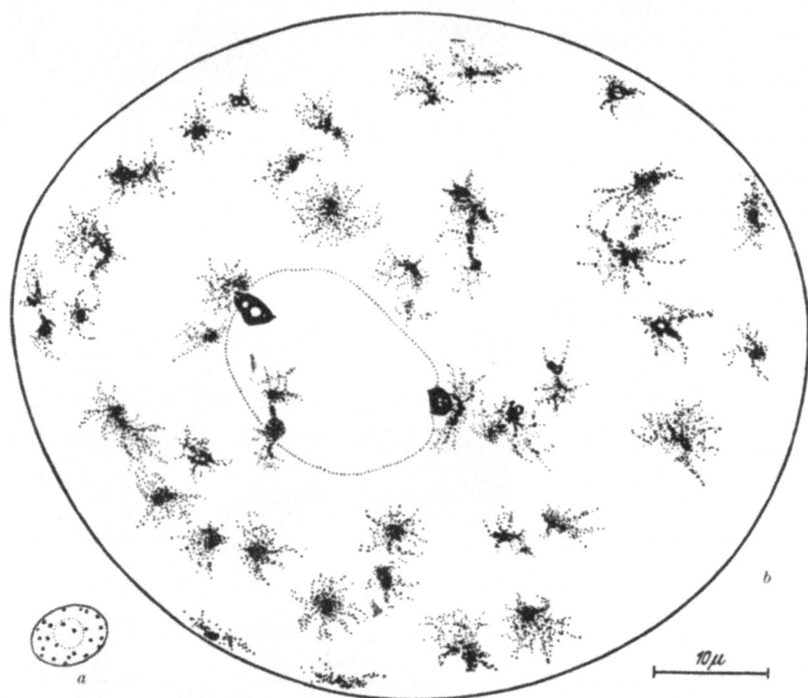

Abb. 86a. b. *Lupinus polyphyllus.* a diploider Kern aus einer Epidermiszelle eines älteren Embryos mit Nukleolus und kompakten Chromozentren. b hochendopolyploider Kern aus einem voll entwickelten Suspensor, dem Nukleolus anliegend. zwei relativ kompakte Endochromozentren (von den SAT-Chromosomen stammend). im übrigen Kernraum etwas lockerer gebaute Endochromozentren mit radialen euchromatischen Ausstrahlungen. — AE, KE, nach Geitler (1941).

menhang damit die Kernstruktur lockerer oder dichter. Auch der Nukleolarapparat kann gleichzeitig oder auch für sich allein betroffen sein. Und schließlich ändert sich in manchen Fällen die Beschaffenheit des Chromatins.

Funktionelle Veränderungen der Kerngröße führte man früher zumeist auf eine wechselnde Hydratation zurück (vgl. auch S. 9, Benninghoff 1949/51. spricht z. B. von einem funktionellen Kernödem im Sinne einer Schwellung durch Wasseraufnahme); doch konnten Alfert, Bern und Kahn zeigen, daß die Volumenzunahme der Kerne im Schilddrüsenepithel der Ratte im Gefolge von Thiouracyl-Aktivierung auf einer Vermehrung der nicht-basischen Eiweißstoffe der Kerngrundsubstanz beruht. Auch die höchstwahrscheinlich funktionelle Volumenverdopplung der Kerne der Uterusdrüsenzellen unter Östrogeneinwirkung geht auf eine Proteinzunahme zurück (Alfert und Bern).

Ein eindrucksvolles Beispiel für Veränderungen des Kernvolumens sowie des Volumens und der Gestalt des Nukleolarapparates im Zusammenhang mit Leistungssteigerungen oder -verminderungen der Zelle liefert die Dasycladacee *Acetabularia mediterranea* (STICH 1951, 1956, zusammenfassend 1959, HÄMMERLING zusammenfassend 1957). Bei intensiver Photosynthese, Eiweißproduktion und Wachstumsleistung nimmt das Nukleolus- und Kernvolumen zu und zerfällt der zuerst kugelige Nukleolus in mehrere wurstförmige, stark vakuolisierte Teilstücke. Unterbindung der Eiweiß-

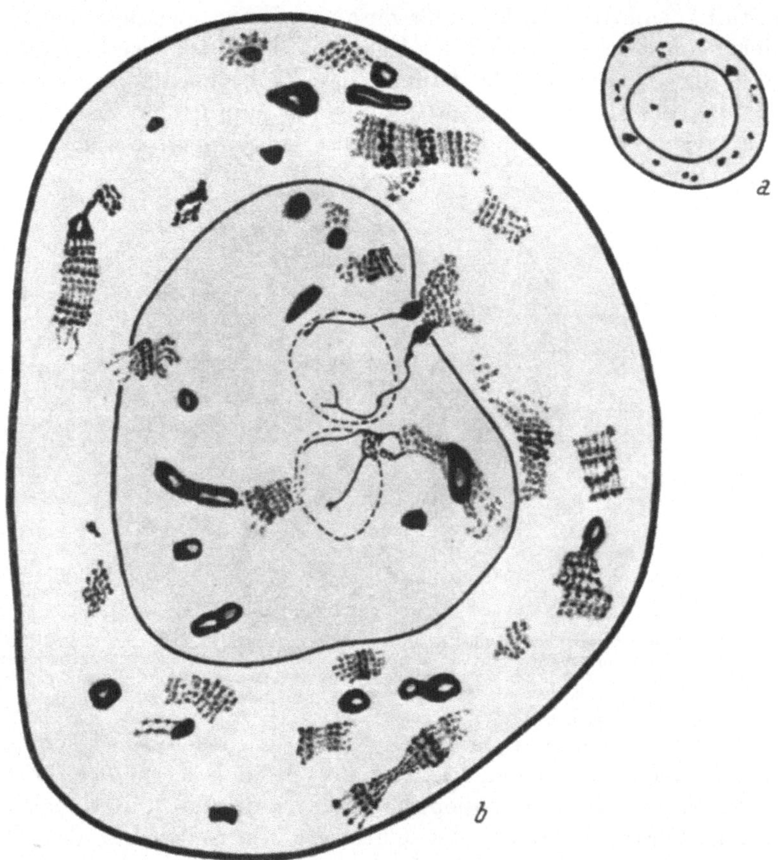

Abb. 87 a, b. *Potamogeton densus. a* diploider Kern aus dem Embryo, *b* schätzungsweise 64-ploider Ruhekern aus dem Suspensor (vgl. im einzelnen den Text). — AE. KE, nach HASITSCHKA-JENSCHKE (1959 b).

synthese durch Verdunklung zieht eine Reduktion des Nukleolarapparates und Kernvolumens nach sich.

Was die Strukturveränderungen des Chromatins betrifft, so liegen zwar zahlreiche ältere Angaben vor (Beispiele aus dem Pflanzenreich bei TISCHLER 1934, S. 210 ff.), doch bedürfen sie zum Großteil einer neuerlichen kritischen Überprüfung. Im folgenden mögen bloß einige Beispiele aus neuerer Zeit behandelt werden. Nach GEITLER (1939 a) zeigen sich an den 16ploiden Kernen der Drüsenzellen des Mitteldarmepithels von *Gerris lateralis* mannigfache Veränderungen, die zweifellos in Beziehung zur Funktion stehen. So wie in einigen anderen Geweben enthalten die Kerne nach ihrer

Fertigstellung zunächst Chromosomen in Form kompakter Schollen (es handelt sich um Chromosomenkerne, vgl. S. 45); später folgen ein Stadium schwächster chromatischer Färbbarkeit (vielleicht auf einer funktionellen Auflockerung beruhend?) und dann ein auffallendes Stadium der Vakuolisierung aller Chromosomen (Abb. 90 a, b). Im Sinne neuerer Vorstellungen könnte man annehmen, daß die Chromosomen in diesem letzteren Stadium durch Ansammlung von Genprodukten aufgebläht werden. Während in diesem Fall vermutlich ein kausaler Zusammenhang zwischen den Strukturveränderungen des Kernes und der Funktion der Zelle besteht, stellt sich im folgenden die abgeänderte Beschaffenheit des Chromatins nur sekundär ein (GRAFL 1940). Bei *Sauromatum guttatum* steigt nämlich zur Zeit der Anthese hormonal gesteuert die Atmungsintensität im Appendix stark an und es

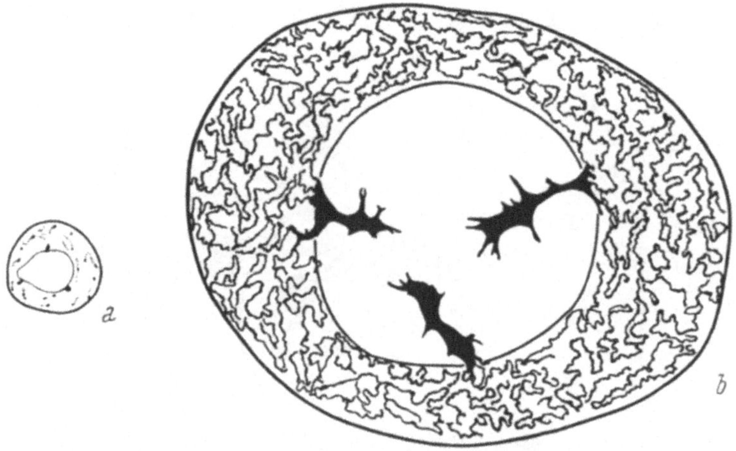

Abb. 88 a, b. *Potamogeton densus*. a triploider Ruhekern aus dem zentralen Endosperm mit kleinen Chromozentren, die sich z. T. in undeutlichen euchromatischen Fäden fortsetzen, b 192-ploider Ruhekern aus dem basalen Endosperm mit gleichmäßiger, deutlich fädiger Struktur und drei großen von den SAT-Chromsomen stammenden Endochromozentren. — AE, KE, nach HASITSCHKA-JENSCHKE (1959 b).

kommt im Zusammenhang damit zu einer deutlichen Erwärmung. Diese bewirkt offenbar, daß in den hochendopolyploiden Kernen der Epidermis (und auch in den Kernen subepidermaler Schichten) die Konsistenz des Chromatins verändert wird, die Chromomeren innerhalb der Chromozentren verkleben und zusammenfließen, wodurch unregelmäßig geformte, vakuolisierte Gebilde entstehen (Abb. 90 c, d). Mit der Abkühlung geht diese Strukturmodifikation wieder zurück. Sie läßt sich in gleicher Weise durch künstliche Erwärmung des Appendix erzielen.

Bei *Gerris* und *Sauromatum* spielen sich die Strukturveränderungen an voll entwickelten Kernen ab. Im Unterschied dazu schieben sie sich bei der Aizoacee *Gibbaeum heathii* schon in die Polyploidisierungsperiode ein (SCHLICHTINGER); auch ist keine äußerlich sichtbare Änderung der Konsistenz des Chromatins zu bemerken. Nur der Zusammenhalt in den heterochromatischen Teilen der Endochromosomen wird parallel mit dem Funktionswechsel aufgehoben (diploide Kerne vom Prochromosomentyp). Das Mesophyll der Folgeblätter wird nämlich hoch endopolyploid; bis zur oktoploiden oder 16ploiden Stufe enthalten die Kerne Endochromozentren und werden in den Zellen Raphiden angehäuft; dann zerlegen sich die Endochromozentren in Einzelchromozentren und gleichzeitig setzt unter allmählichem Schwund der Raphiden kräftige Wasserspeicherung ein (vgl. auch S. 104 f.).

Funktionelle Unterschiede an diploiden Kernen vom Typ des Chromosomenkerns erwähnt Lipp (1953, 1955); wie auf S. 46 näher ausgeführt, sind

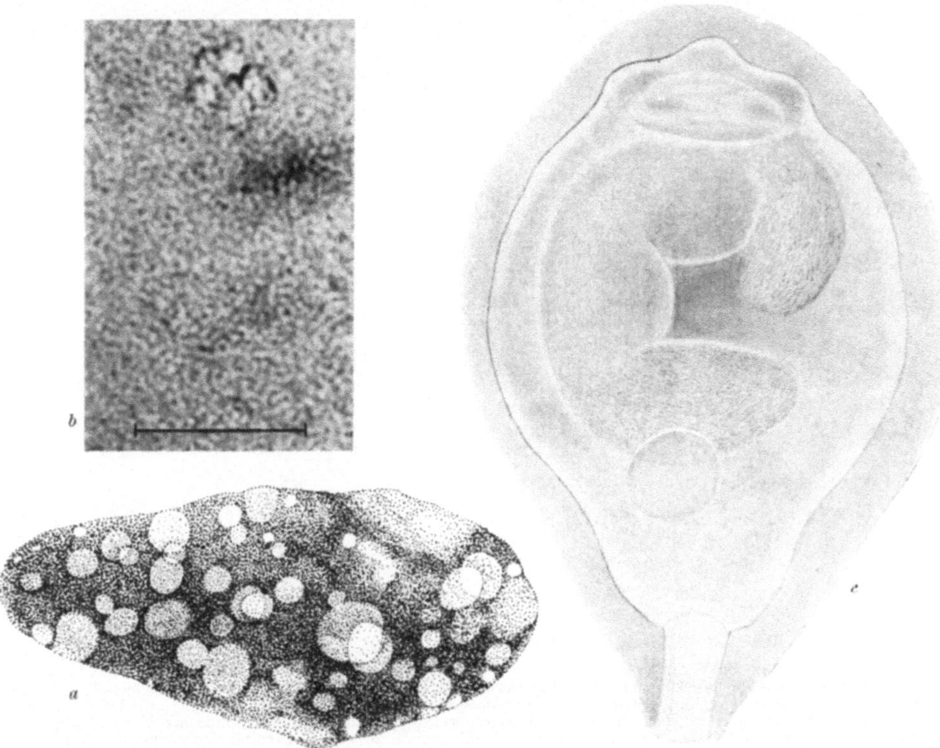

Abb. 89 a—c. Makronuklei von Ciliaten. a. b Paramecium bursaria, a vegetativer Makronukleus mit zahlreichen Nukleolen, b Ausschnitt aus einem Makronukleus, der im Kulturmedium (Erdextrakt mit Kaliumnitratzusatz) bloßgelegt wurde, Chromatin in Form von ,,Granulaketten", c Zoothamnion sp. Makrozooid, im Makronukleus feinfädiges Chromatin. — a Sanfelice, Feulgen. 1800fach. nach Egelhaaf. b ca. 2250fach. nach Schwartz. c nach dem Leben. nach Grell (1950a).

in diploiden Geweben von *Pieris brassicae* und anderen Schmetterlingen, sowie der Wanze *Corixa punctata* die homologen Chromosomen gepaart; während der Chitinbildungsphase vergrößern sich die Kerne der Epidermis vorübergehend, wobei die Bindung der Homologen gelockert wird. Ob sie rein passiv durch die allgemeine Auflockerung getrennt werden oder ob die Paarungskräfte vorübergehend nachlassen, ist fraglich.

Nach Vitagliano sollen zur Zeit der Bildung eines RNS-reichen Sekrets die endopolyploiden Kerne der Hodenfollikel von *Asellus* sich stark kontrahieren und schwach färbbares Chromatin in diffuser Verteilung zeigen; während der nachfolgenden Expansion der Kerne soll das Chromatin in Form stark färbbarer Schollen hervortreten (keine Bildbelege). Dieses Verhalten wäre zu dem sonst üblichen gerade entgegengesetzt. Ähnliche Unter-

schiede beschreibt Montefoschi für das gleiche ebenfalls endopolyploide
Gewebe von *Anilocra*. Auch für die endopolyploide Speicheldrüse dieser
Art gibt Siniscalco mit dem Sekretionszyklus parallel verlaufende cyklische
Veränderungen des Kernvolumens an, wobei aber das Chromatin in den
kontrahierten Kernen erwartungsgemäß dichter angeordnet und offenbar
gleichfalls stärker kontrahiert ist; außerdem wird im Stadium der maxima-
len Kontraktion die Zahl der Nukleolen vermindert.

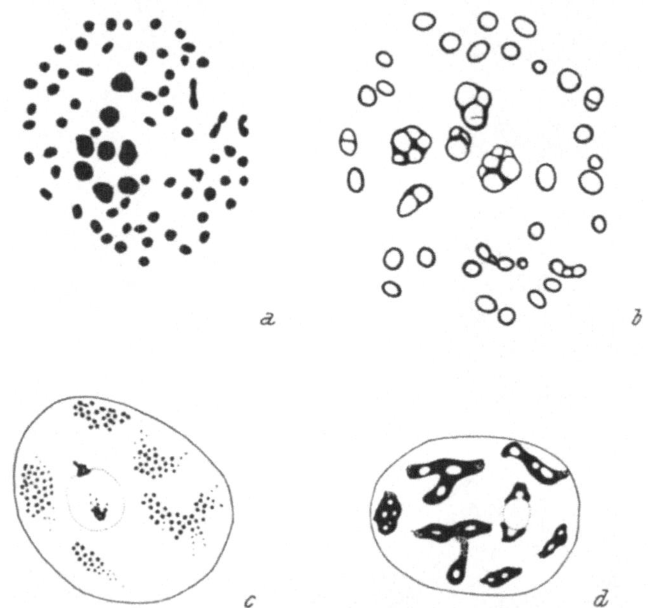

Abb. 90 *a—d.* Funktionelle Veränderungen der Kernstruktur *a. b Gerris lateralis*, Männchen. 16-ploide Ruhekerne aus dem Mitteldarmepithel, *a* nach der Fertigstellung, Chromosomen als kompakte Schollen. *b* im
Stadium der Chromosomenvakuolisierung: *c, d Sauromatum guttatum*, endopolyploide Kerne aus der Epidermis
des Appendix, *a* drei Tage vor der Anthese (5 chromomerisch gegliederte Endochromozentren im Flächenbild
und die 2 kompakteren SAT-Endochromozentren am Nukleolus dargestellt), *b* zur Zeit der stärksten Erwärmung
während der Anthese (Chromomeren innerhalb der Endochromozentren verklebt, diese als vakuolisierte Körper
von schmieriger Beschaffenheit ausgebildet). — *a, b* AE, KE. ca. 1700fach, nach Geitler (1939 a): *c, d* KE.
ca. 1000fach. nach Grafl (1940).

Mit dem derzeitigen Stand der Kenntnisse nicht mehr vereinbar und
durch die angeführten Tatsachen nicht unterbaut ist die Hypothese von
Painter (1945), wonach in den Geleé royal produzierenden, höchstwahrscheinlich endopolyploiden Drüsen der Honigbiene und in den Speicheldrüsen von *Drosophila* die heterochromatischen Abschnitte ständig Chromatin produzieren sollen, das mit Hilfe des Nukleolarapparates in RNS um-
gewandelt und dem Cytoplasma zugeführt wird.

XI. Geschlechtsgebundene Unterschiede der Kernstruktur

Unterschiede im Bau der Ruhekerne zwischen männlichen und weiblichen
Individuen einer Art wurden zuerst von Heitz (1928 a, b) und anderen
Autoren (Shimotomai und Koyama, Lorbeer) bei Moosen und dann von Geit-
ler (1937 b, 1938 b, 1939 b, 1940 d) bei Wanzen gefunden. Ganz besonderes

Interesse wurde ihnen aber erst gewidmet, seit BARR und seine Mitarbeiter
sie auch bei einer Reihe von Mammalia entdeckten und das von ihnen so be-

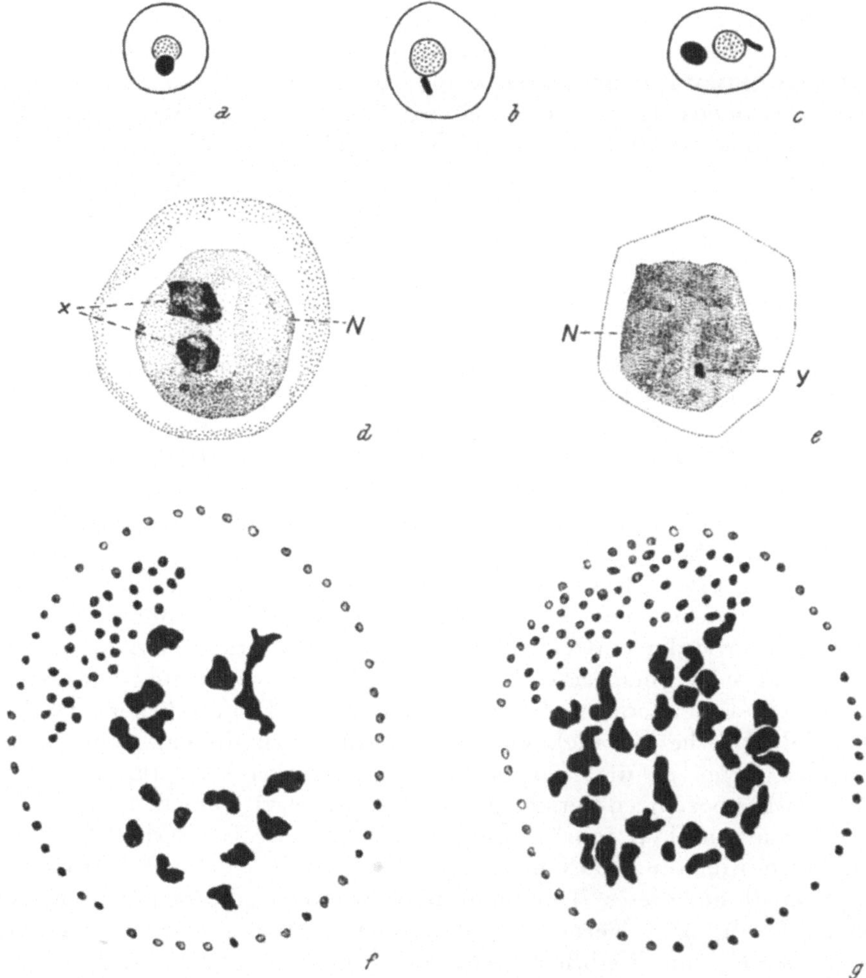

Abb. 91 a—g. Geschlechtsabhängige Unterschiede im Bau der Ruhekerne. a—c *Pogonatum inflexum*, Ruhekerne. a aus einem weiblichen Gametophyten, mit großem vom X-Chromosom stammendem Chromozentrum
am Nukleolus, b aus einem männlichen Gametophyten mit kleinem vom Y-Chromosom herrührendem Chromozentrum. c aus dem Sporophyten mit zwei entsprechenden Chromozentren; d, e *Sphaerocarpus donnellii*, Ruhekerne. d aus einem weiblichen Gametophyten mit zwei vom X-Chromosom herrührenden Chromozentren (die
beiden Schenkel des X bilden gewöhnlich jeder für sich ein Chromozentrum), e aus einem männlichen Gametophyten mit einem kleinen, dem Y entsprechenden Chromozentrum; f, g *Gerris lateralis*, 32-ploide Ruhekerne
aus dem Fettgewebe (es handelt sich um besonders differenzierte Zellen, möglicherweise Oenocyten), f von Männchen, mit 16 X-Chromosomen (zwei davon miteinander verbunden), g von Weibchen mit 32 X-Chromosomen
(in f und g Autosomen nur zum Teil dargestellt). — a—c Navashin, Eisenhämatoxylin. 3200fach, umgezeichnet
nach SHIMOTOMAI und KOYAMA; d, e AE, Eisen-KE, 3750fach, nach LORBEER (1934); f, g AE, KE, ca. 1800fach,
nach GEITLER (1937 b).

nannte Geschlechtschromatin (= sex chromatin) große praktische und theo-
retische Bedeutung gewann.

Was die Moose betrifft, so geht schon aus Angaben von HEITZ (1928 a, b,
vgl. auch LORBEER 1934, S. 691 f.) hervor, daß die Interkinesekerne männ-

licher und weiblicher Gametophyten der Lebermoose *Pellia fabbroniana* und *Pellia neesiana* sich unterscheiden durch das Vorhandensein eines großen vom X-Chromosom stammenden Chromozentrums in den einen und eines kleinen vom Y-Chromosom herrührenden in den anderen (dazu kommen noch einige weitere kleine Chromozentren, die Abschnitten der Autosomen entsprechen). Für die Ruhekerne des Laubmooses *Pogonatum inflexum* heben Shimotomai und Koyama analoge Unterschiede hervor und auch für *Sphaerocarpus donellii*, ein weiteres Lebermoos, gilt im wesentlichen das gleiche (Lorbeer 1934, S. 599 und S. 611; Abb. 91 a—e).

Bei den daraufhin untersuchten Heteropteren finden sich zum Großteil auffallende Unterschiede im Bau der somatischen Kerne der beiden Geschlechter. Infolge der verschiedenartigen Mechanismen der Geschlechtsbestimmung und des Vorkommens oder Fehlens von somatischer Heterochromasie der Geschlechtschromosomen herrscht keine Einheitlichkeit. Die meisten Arten verhalten sich im wesentlichen so wie *Lygaeus saxatilis*, d. h. es liegt der XY-Mechanismus vor und in den somatischen Kernen der Männchen finden sich e i n Chromozentrum oder bei Endopolyploidie m e h r e r e heterochromatische Körper, während im Soma der Weibchen jegliche Heterochromasie fehlt (Geitler 1939 b, 1940 d). Dies geht darauf zurück, daß nur dem Y somatische Heterochromasie eigen ist; das X verhält sich im Soma so wie die Autosomen euchromatisch (in der Meiose dagegen heterochromatisch wie das Y; untersucht ist nur die Spermatogenese und nicht die Ovogenese). Diploide Kerne von Männchen enthalten daher ein Chromozentrum, das einem einzigen Y-Chromosom entspricht. In endopolyploiden Kernen sind entweder einwertige Chromozentren in erhöhter Zahl (Hodensepten) oder e i n entsprechend großes Endochromozentrum, gelegentlich auch mehrere Teilendochromozentren vorhanden (z. B. Fettkörper, Speicheldrüse, Malpighische Gefäße). Bei den verschiedenen diesem Typus zuzurechnenden Arten ist die Tendenz zur Bildung von Einzelchromozentren bzw. Endochromozentren verschieden ausgeprägt (vgl. auch S. 112).

Einen anderen Typ repräsentiert *Gerris lateralis* (Geitler 1937 b): bei Geschlechtsbestimmung nach dem XO-Mechanismus ist das X-Chromosom (und praktisch nur dieses [77]) im männlichen wie im weiblichen Soma heterochromatisch: diploide Kerne von Männchen enthalten also ein Chromozentrum, solche von Weibchen zwei oder ein zweiwertiges (Abb. 51). In endopolyploiden Kernen sind gewöhnlich Einzelchromozentren in entsprechend erhöhter Zahl vorhanden, seltener werden als solche deutlich kenntliche zweiwertige oder mehrwertige Endochromozentren bzw. Teilendochromozentren gebildet (Abb. 91 *f*, *g*). — Die Arten einer Gattung können hinsichtlich der geschlechtsgebundenen Unterschiede im Kernbau übereinstimmen (3 *Euryderma*-Species, 2 *Lygus*-Species) oder auch nicht. Letzteres zeigt sich am Beispiel von *Gerris lacustris*, einer Art, die wie *G. lateralis* den XO-Mechanismus, aber keine somatische Heterochromasie aufweist (Geitler 1937 b). Weiters kann partielle Heterochromasie einzelner Autosomen vorliegen und das Bild komplizieren (Geitler 1938 b). Nicht gesichert ist es,

---

[77] Dazu kommen noch die kleinen Trabanten eines Autosomenpaares.

ob es auch Heteropteren gibt, bei denen X u n d Y im Soma heterochromatisch und in den Ruhekernen zu unterscheiden sind (Gerride n. n.? GEITLER 1938 b). Auch fehlen noch Untersuchungen an somatischen Kernen von Arten mit multiplen Geschlechtschromosomenmechanismen [für die Meiose von *Gelastocoris* wies TROEDSON Heterochromasie der („compound") X-Chromosomen in den Männchen und Euchromasie in den Weibchen nach].

Höchstwahrscheinlich besteht auch in anderen Verwandtschaftskreisen der Insekten somatische Heterochromasie von Geschlechtschromosomen und kann sie zur Unterscheidung der beiden Geschlechter an Hand der Ruhekerne dienen. Doch liegen bisher bloß drei nicht sehr eingehende Untersuchungen vor, die sich einseitig nur auf photographische, zum Großteil nicht sehr klare Bildbelege stützen (SMITH, FRIZZI, BAFFONI 1960). Danach herrschen vermutlich bei einer weiteren Heteroptere, einigen (aber nicht allen untersuchten) Orthopteren und einer Coleoptere ähnliche Verhältnisse wie bei *Gerris lateralis*. Ein näheres Studium würden vor allem zwei Blattoiden (*Periplaneta* und *Blatta*) verdienen, da so wie bei einer Reihe von Säugern in den diploiden Ruhekernen von Weibchen sich e i n Chromozentrum (oder manchmal statt dessen zwei) durch seine Größe auszeichnen soll, während in denen von Männchen kein vergleichbares vorhanden ist (XO-Typ: BAFFONI 1960). Die Ruhekerne weiblicher Larven der Lepidopteren *Archips fumiferana* und *Bombyx mori* enthalten nach SMITH bzw. FRIZZI e i n Chromozentrum, die männlichen dagegen keines. Mit der Polyploidisierung wächst es zu einem entsprechend großen Endochromozentrum heran, und bei *Bombyx* zeigt sich dann ein Aufbau aus mehreren Körnchen und kommt es hie und da auch zur·Zerlegung in mehrere Teilstücke. FRIZZI nimmt für *Bombyx* an, daß das Chromozentrum vom Y-Chromosom der (bekanntlich heterogametischen) Weibchen stammt, was zwar sehr wahrscheinlich, aber vorderhand nicht bewiesen ist[78]: X und Y (= Z, W) ließen sich nämlich bisher noch nicht karyologisch, sondern nur genetisch identifizieren (vgl. TANAKA 1954); nach KAWAGUCHI (1928, 1933) sind möglicherweise die SAT-Chromosomen mit den Geschlechtschromosomen identisch.

Auch für eine Arachnide (*Pholcus*, XO-Mechanismus) gibt BAFFONI (1960) an, daß sich so wie bei *Gerris lateralis* an den Ruhekernen, allerdings nur an diploiden und nicht an den unübersichtlicheren endopolyploiden, das Geschlecht ablesen läßt. Weiters findet der gleiche Autor (1957, 1959 a) bei der decapoden Crustacee *Potamon fluviatile* in den diploiden Ruhekernen verschiedener Gewebe von Weibchen außer mehreren kleineren Chromozentren eine markante größere Scholle, die er als das Verschmelzungsprodukt der heterochromatischen Abschnitte der zwei X-Chromosomen anspricht; den Mangel einer solchen Scholle in den Ruhekernen der XO-Männchen deutet er damit, daß das X-Chromosom in einfacher Auflage bloß ein kleines Chromozentrum ergibt, welches sich von den übrigen autosomaler Herkunft

---

[78] Von vornherein unhaltbar ist dagegen die Interpretation von JAMES; er meint, die Weibchen wären XO und das eine X liefere in den Weibchen ein Chromozentrum; während die zwei X der Männchen sich euchromatisch verhalten; die Chromosomenzahl wird nämlich allgemein für beide Geschlechter mit 2 n = 56 angegeben.

nicht unterscheidet [79]. Die Tatsachen entsprechen in diesem Fall also anscheinend im wesentlichen den im letzten Jahrzehnt an verschiedenen Säugern erhobenen bekannten Befunden über das Geschlechtschromatin (vgl. unten), mit dem Unterschied, daß bei diesen der XY-Mechanismus vorliegt, was sich aber im Bau der Ruhekerne nicht in besonderer Weise äußert. Auch die Deutung stimmt mit der bis vor kurzem für Säuger gewöhnlich angenommenen überein; doch bringt sie gewisse Schwierigkeiten mit sich. Vor allem ist es schwer vorstellbar, wie ohne somatische Paarung, welche bei den Säugern sicher und bei *Potamon* höchstwahrscheinlich nicht auftritt [80], die heterochromatischen Teile der beiden X-Chromosomen im weiblichen Soma praktisch regelmäßig verschmelzen sollen.

Der Stand des Wissens und der Erklärungsversuche in bezug auf das Geschlechtschromatin der Mammalia ist kurz folgender. Zunächst ergab sich aus den Untersuchungen von Barr und Mitarbeitern — die später vielfach bestätigt wurden — die Tatsache, daß sich beim Menschen und einer Reihe anderer Arten aus dem Bild, das der Ruhekern bietet, normalerweise das Geschlecht ablesen läßt (z. B. Barr und Bertram, Barr, Bertram und Lindsay. Moore, Graham und Barr, Moore und Barr 1953, 1954, 1955, Mylle und Graham, Prince. Graham und Barr; eine kurze Zusammenfassung gibt Ludwig 1959. eingehende Literaturangaben bis 1956 bei Klinger, bis 1959 bei James, bis 1960 bei Hienz, bis 1961 bei Hamerton). In zahlreichen Geweben — allerdings sind nicht alle gleich gut geeignet — zeigen nämlich die Kerne weiblicher Individuen in einem hohen Prozentsatz ein durch seine Größe und Lage (an der Kernmembran oder am Nukleolus) auffallendes Chromozentrum, das Geschlechtschromatin, während in den gleichen Geweben männlicher Individuen Kerne mit einem ähnlichen Chromozentrum nicht oder nur in einem sehr kleinen Prozentsatz zu finden sind (Abb. 53 a, b). Wie oben angedeutet, versuchte man dieses Verhalten zunächst mit der Annahme zu erklären, daß das relativ große Chromozentrum der weiblichen Kerne ein Sammelchromozentrum darstellt, welches durch die Vereinigung des Heterochromatins der beiden X-Chromosomen zustande kommt. die in den somatischen Kernen dicht nebeneinander liegen, also somatisch gepaart sein müßten. Demgegenüber sollte in den männlichen Kernen das eine X-Chromosom zwar auch heterochromatisch sein, jedoch für sich allein nur ein kleines, von anderen nicht unterscheidbares Chromozentrum liefern. Diese Hypothese wurde später fallengelassen, vor allem, weil sich in mitotischen Teilungen keine Anzeichen einer somatischen Paarung der X-Chromosomen der weiblichen Individuen zeigten und auch andere Befunde sich nicht mit ihr in Einklang bringen ließen. Bei weiblichen Individuen, die ein zusätzliches X-Chromosom (im ganzen also 3 X) besitzen, treten nämlich gewöhnlich zwei Körper von Geschlechtschromatin auf. und bei männlichen Indivi-

---

[79] Die Bildbelege mögen in der Originalarbeit nachgesehen werden, da sie bei größerer Zahl eher überzeugen können, als wenn einige wenige herausgegriffen werden.

[80] Baffoni geht auf diesen Punkt nicht ein; in der einzigen wiedergegebenen mitotischen (oogonialen) Mitose von Weibchen sind die beiden X-Chromosomen durch mehrere Autosomen voneinander getrennt.

duen der Konstitution XXY findet sich e i n solcher Körper. Ohno und Mitarbeiter (Ohno et al. 1959, Ohno und Hauschka 1960, Ohno und Weiler 1961) sowie Barr und Carr (1960) nehmen vielmehr neuerdings an, daß von den zwei X normaler somatischer Kerne von weiblichen Individuen nur e i n e s sich heterochromatisch verhält und das andere so wie das X der Männer bzw. Männchen nach Art von Euchromatin aufgelockert wird. Ohno und Mitarbeiter versuchten diese letztere Hypothese durch Untersuchungen an Prophasekernen bzw. Prometaphasen von Ratte, Maus, Goldhamster und menschlichen Foeten zu erhärten. Ob ihre Beobachtungsdaten bereits ausreichen, läßt sich den knappen Angaben und Bildbelegen vorderhand noch nicht entnehmen. Zum Teil stützen sie sich auch auf Untersuchungen am Huhn (Ohno et al. 1960), was nach Ansicht der Verfasserin höchstwahrscheinlich nicht gerechtfertigt ist. Sie gehen nämlich von der Annahme aus, daß das Vorkommen von Geschlechtschromatin bei Mammalia und Aves auf den gleichen Grundlagen beruht, was aber höchstwahrscheinlich gar nicht zutrifft. Für das Huhn ergibt sich jedenfalls eine viel einfachere Erklärung. Die Tatsachen, die allerdings wohl auch noch einer gründlicheren Unterbauung bedürfen, sind die folgenden. Nach Kosin und Ishizaki tritt in den somatischen Kernen von Weibchen Geschlechtschromatin auf, in den Kernen von Männchen fehlt es. Da die Geschlechtsbestimmung dem XO-Mechanismus folgt, die Weibchen heterogametisch sind und Ohno und Mitarbeiter (1960) nur im Weibchen in mitotischen Prophasen Heterochromasie des X-Chromosoms fanden, liegt offenbar geschlechtsgebundene Heterochromasie vor, wie sie in ähnlicher Weise zumindest in der Meiose von anderen Organismen bekannt ist (vgl. oben Troedson über die Heteroptere *Gelastocoris*). Entgegen der Ansicht von Ohno und Mitarbeitern (1960) ist dieser Fall mit dem der Ratte nicht unmittelbar vergleichbar, da nach der Auffassung der Autoren bei dieser ja die beiden übereinstimmenden X-Chromosomen sich im g l e i c h e n Kern, also in identischem Milieu, verschieden verhalten, während beim Huhn das X der Weibchen heterochromatisch und die zwei X der Männchen euchromatisch sind, sich der Unterschied also nur in v e r s c h i e d e n e m Milieu einstellt (die Richtigkeit der Befunde vorausgesetzt!).

Theoretisch stehen den neuen Erklärungsversuchen in bezug auf die Mammalia keine unüberwindlichen Hindernisse entgegen. Nach der Auffassung der genannten Autoren würde in den Ruhekernen eine Art von Gleichgewichtszustand bestehen, indem ein diploider Satz von Autosomen e i n entspiralisiertes, sich „euchromatisch verhaltendes" X-Chromosom sozusagen erfordert [81]. Das zweite X-Chromosom der Weibchen und auch zusätzliche (also bei den Konstitutionen XXX, XXY, XXXY) sollen sich dagegen

---

[81] Nach der Manifestierung bestimmter im X lokalisierter, heterozygot vorhandener Gene bei Mäusen bzw. beim Menschen kommen Lyon sowie Beutler et al. zu dem Schluß, daß in einem Teil der Zellen das mütterliche und in einem andren Teil das väterliche X inaktiviert wird. — Umstritten ist es unter andrem noch, ob bei dem X, welches Geschlechtschromatin liefern soll, totale oder partielle Heterochromasie besteht (vgl. auch Grumbach und Morishima und die anschließende Diskussion).

„heterochromatisch verhalten" und Geschlechtschromatin bilden; alle zu dem einen euchromatischen zusätzlichen X-Chromosomen würden „heterochromatinisiert", also möglicherweise in eine in gewissem Sinn inaktive Form übergeführt. Vielleicht bestehen in dieser Hinsicht ähnliche funktionelle Zusammenhänge wie bei den spontanen hyperdiploiden Formen von *Narcissus bulbocodium,* bei denen Fernandes (1949, vgl. auch 1943. 1952) eine „Heterochromatinisierung" der zum diploiden Satz hinzugekommenen Chromosomen fand. Auch die heterochromatischen B-Chromosomen vieler Angiospermen könnte man zu einem Vergleich in diesem Sinn heranziehen.

Literatur

Ajello, L., 1948: A cytological and nutritional study of *Polychytrium aggregatum.* Amer. J. Bot. 35. 1—12.

Alfert, M., 1950: A cytochemical study of oogenesis and cleavage in the mouse. J. Cell. and Comp. Phys. **36**, 381—406.

— 1957: Some cytochemical contributions to genetic chemistry. In: The chemical basis of heredity. Ed.: W. D. McElroy and B. Glass, 186—194.

— 1958: Cytochemische Untersuchungen an basischen Kernproteinen während der Gametenbildung, Befruchtung und Entwicklung. 9. Coll. Ges. phys. Chemie 17./19. April in Mosbach/Baden, 73—84.

— and H. A. Bern, 1951: Hormonal influence on nuclear synthesis. I. Estrogen and uterine gland nuclei. Proc. Nat. Acad. Sci. (Wash.) **37**. 202—205.

— — and R. H. Kahn, 1955: Hormonal influence on nuclear synthesis. IV. Karyometric and microphotometric studies of rat thyroid nuclei in different functional states. Acta Anat. **23**. 185—205.

— and N. O. Goldstein, 1955: Cytochemical properties of nucleoproteins in *Tetrahymenia pyriformis;* a difference in protein composition between macro- and micronuclei. J. Exper. Zool. **130**, 403—421.

Allen. G. S.. 1946: Embryogeny and development of the apical meristems of *Pseudotsuga.* I. Fertilization and early embryogeny. Amer. J. Bot. **33**, 666—677.

Andresen. N., 1956: Cytological investigations on the giant amoeba *Chaos chaos* L. C. r. Lab. Carlsberg, Sér. chim. **29**, 436—555.

Backus. E. J.. and G. W. Keitt. 1940: Some nuclear phenomena in *Venturia inaequalis.* Bull. Torrey Bot. Club **67**, 765—770.

Baffoni, G. M., 1956 a: Il nucleo della cellula nervosa dei Vertebrati. Osservazioni sui Mammiferi. Atti Accad. Naz. Lincei. Cl. Sci. Fis. Mat. Nat. **20**, 125—129.

— 1956 b: Il nucleo della cellula nervosa dei Vertebrati. Osservazioni in Anfibi anuri. Rend. Accad. Naz. Lincei, ser. 8, **21**, 491—497.

— 1957: La cromatina sessuale in elementi somatici di un Crostaceo decapode. Rend. Accad. Naz. Lincei, ser. 8. **22**, 533—538.

— 1959 a: Corpi cromatoidi, eterocromosomi e cromatina sessuale in Crostacei Decapodi. Atti Accad. Naz. Lincei, scr. 8, **5**. 229—285.

— 1959 b: Osservazioni sulla morfogenesi ed istogenesi cerebellare in un anfibio anuro (*Bufo bufo* L.). Riv. Neurobiol. **5**, 33—73.

— 1960: Osservazioni sul dimorfismo sessuale nel nucleo intercinetico dei tessuti somatici di alcuni Artropodi. Rend. Accad. Naz. Lincei, ser. 8, **28**. 937—942.

Bajer. A.. 1953: Endosperm — a valuable material for experimental studies of mitosis in vivo. Acta Soc. Bot. Pol. **22**. 475—482.

Baker. J. R., and H. G. Callan, 1950: „Heterochromatin". Nature **166**. 227—228.

— J. Gordon. and F. Rapp. 1960: Electron-dense crystallites in nuclei of human amnion cells infected with measles virus. Nature **185**. 790—791.

Bakerspigel, A.. 1957: The structure and mode of division of the nuclei in the yeast cells and mycelium of *Blastomyces dermatidis.* Canad. J. Microbiol. 3. 923—936.

— 1958: The structure and mode of division of the nuclei in the vegetative spores and hyphae of *Endogone sphagnophila* ATK. Amer. J. Bot. **45**, 404—410.

— 1959 a: The structure and manner of division of the nuclei in the vegetative mycelium of *Neurospora crassa.* Amer. J. Bot. **46**, 180—190.

BAKERSPIGEL, A.. 1959 b: The structure and manner of division of the nuclei in the vegetative mycelium of the Basidiomycete *Schizophyllum commune*. Canad. J. Bot. **37**, 835—842.
— 1959 c: The structure and manner of division of the nuclei in the vegetative mycelium of the Fungi imperfecti. I. *Phyllosticta* sp. Cytologia **24**, 516—522.
— 1960 a: Nuclear structure and division in the vegetative mycelium of the Saprolegniaceae. Amer. J. Bot. **47**, 94—100.
— 1960 b: Nuclear structure and division in the Fungi imperfecti. II. *Scopulariopsis brevicaulis*. Cytologia **25**, 344—351.
BARIGOZZI, C., 1942 a: I fenomeni cromosomici nelle cellule somatiche di *Artemia salina* LEACH. Chromosoma **2**, 251—292.
— 1942 b: Sulla struttura dei cromosomi in nuclei iperploidi di *Gryllotalpa gryllotalpa* L. Chromosoma **2**, 345—366.
— 1944: I fenomeni cromosomici nello svillupo di *Amblyostoma tigrinum* GREEN. con riferimento a quello degli altri anfibi *Triton* (Molge) *cristatus LAUR.* e *Rana esculenta* L. Rend. Ist. Lomb. Lett. Classe Sci. **77**, 272—302.
— 1947: Struttura nucleare e differenziamento somatico. Arch. Ital. Anat. Embr. **52**, 83—135.
— 1949: Struttura del nucleo e differenziamento. Pubbl. Staz. Zool. Napoli **21**. Suppl. 228—238.
— 1950: A general survey on heterochromatin. Port. Acta Biol. ser. A, Goldschmidt-Vol. 593—620.
— 1955: The structure of the resting nucleus. In: Fine structure of the cell. Symposium held in Leiden 1954: 110—120.
BARR, M. L., and E. G. BERTRAM, 1949: A morphological distinction between neurones of the male and female, and the behaviour of the nucleolar satellite during accelerated nucleoprotein synthesis. Nature **163**, 676—677.
— — and H. A. LINDSAY, 1950: The morphology of the nerve cell nucleus, according to sex. Anat. Rec. **107**, 283—297.
— and D. H. CARR, 1960: Sex chromatin. sex chromosomes and sex anomalies. Canad. med. Ass. J. **83**, 979—986.
BATYGINA, T. B., 1961: Change of male gametes in the course of fertilization in wheat Dokladv Akademii Nauk SSSR. **137**, 220—223 (Übersetzung des Amer. Inst. Biol. Sci. Wash. 1961, 67—70).
BAUER, H.. 1953: Kern- und Zellteilung. In: HARTMANN, M.: Allgemeine Biologie. 4. Aufl. 279—354.
BECKER, W. A.. 1936: Vitale Cytoplasma- und Kernfärbungen. Protoplasma 26, 439—487.
BEERMANN, W., 1952: Chromomerenkonstanz und spezifische Modifikationen der Chromosomenstruktur in der Entwicklung und Organdifferenzierung von *Chironomus tentans*. Chromosoma **5**, 139—198.
— 1956: Nuclear differentiation and functional morphology of chromosomes. Cold Spring Harbor Symposia **21**, 217—232.
- 1959: Chromosomal differentiation in insects. Developmental Cytology. New York. 83—103.
— 1960: Der Nukleolus als lebenswichtiger Bestandteil des Zellkerns. Chromosoma **11**, 263—296.
— 1961: Ein Balbiani-Ring als locus einer Speicheldrüsen-Mutation. Chromosoma **12**, 1—25.
— and G. F. BAHR. 1954: The submicroscopic structure of the Balbianiring. Exper. Cell Res. **6**, 195—201.
BEHEIM-SCHWARZBACH. DOROTHEE. 1955: Morphologische Beobachtungen an Nervenzellkernen. J. Hirnforschung **2**, 1—33.
BĚLAŘ. K., 1922: Untersuchungen an *Actinophrys sol* EHRENBERG. I. Die Morphologie des Formwechsels. Arch. Protistenk. **46**, 1—96.
— 1926: Der Formwechsel der Protistenkerne. Ergebn. u. Fortschr. Zool. **6**, 1—420.
— 1928: Die cytologischen Grundlagen der Vererbung. Handbuch der Vererbungswissenschaft I B.
— 1929: Beiträge zur Kausalanalyse der Mitose. III. Untersuchungen an den Staubfadenhaarzellen und Blattmeristemzellen von *Tradescantia virginica*. Z. Zellforsch. mikr. Anat. **10**, 73—134.
— 1930: Über die reversible Entmischung des lebenden Protoplasmas I. Protoplasma **9**, 209—244.
— 1931: Befruchtung. Handwörterbuch Naturwiss. 2. Aufl. **1**, 760—792.
BELLING. J.. 1921: On counting chromosomes in pollen mother cells. Amer. Natur. **55**. 573—574.

Benninghoff, A., 1949/51: Funktionelle Kernschwellung und Kernschrumpfung. Anat. Nachrichten 1, 50—51.

Beutler, E., Mary Yeh, and V. F. Fairbanks, 1962: The normal human female as a mosaic of X-chromosome activity: studies using the gene for G-6-PD-deficiency as a marker. Proc. Nat. Acad. Sc. (Wash.) 48, 9—16.

Bier, K., 1959: Quantitative Untersuchungen über die Variabilität der Nährzellkernstruktur und ihre Beeinflussung durch die Temperatur. Chromosoma 10, 619—653.

Bloch, D. P., and G. C. Godman, 1957: A cytological and cytochemical investigation of the development of the viral papilloma of human skin. J. exper. Med. 105, 161—176.

Borgert, A., 1910: Kern- und Zellteilung bei marinen Ceratien-Arten. Arch. Protistenk. 20, 1—46.

Bosc, M., 1946: Sur la structure des noyaux et la méiose de Plasmopora viticola (BERK. et CURT.) Berl. et de Toni. Compt. R. Acad. Sci. (Paris) 223, 584—586.

Boyer, G. S., C. Leuchtenberger and H. S. Ginsberg, 1957: Cytological and cytochemical studies of Hela cells infected with adenoviruses. J. exp. Med. 105, 195—216.

Brachet, J., 1957: Biochemical Cytology. New York.

Bryan, G. S., and R. I. Evans, 1956: Chromatin behavior in the development and maturation of the egg nucleus of Zamia umbrosa. Amer. J. Bot. 43, 640—646.

— — 1957: Types of development from the central nucleus of Zamia umbrosa. Amer. J. Bot. 44, 404—415.

Bünning, E., und Gisela Schöne-Schneiderhöhn. 1957: Die Bedeutung der Zellkerne im Mechanismus der endogenen Tagesrhythmik. Planta 48, 459—467.

Bushnell, R. J., 1936: The development and metamorphosis of the mid-intestinal epithelium of Acanthoscelides obtectus (Coleoptera). J. Morph. 60, 221—240.

Callan, H. G., 1952: A general account of experimental work on amphibian oocyte nuclei. Symposia Soc. Exper. Biol. 6, 243—255.

Callen, E. O., 1940: The morphology, cytology and sexuality of the homothallic Rhizopus sexualis (Smith) Callen. Ann. Bot. N. S. 4, 791—818.

Carniel, K., 1952: Das Verhalten der Kerne im Tapetum der Angiospermen mit besonderer Berücksichtigung von Endomitosen und sogenannten Endomitosen. Österr. bot. Z. 99, 318—362.

— 1954: Endomitosen im zellulär-einkernigen Tapetum. Österr. bot. Z. 101, 435—436.

— 1960: Endständige Nukleolen und Zahl der Nukleolenchromosomen bei Rhoeo discolor. Österr. bot. Z. 107, 403—408.

Caspersson, T., 1941: Studien über den Eiweißumsatz der Zelle. Naturwiss. 29, 33—43.

Cheissin, E., 1957/58: Cytologische Untersuchungen verschiedener Stadien des Lebenszyklus der Kaninchencoccidien. I. Eimeria intestinalis E. Cheissin, 1948. Arch. Protistenk. 102, 265—290.

Chen, T. T., 1936 a: Observations on mitosis in opalinids (Protozoa, Ciliata). I. The behavior and individuality of chromosomes and their significance. Proc. Nat. Acad. Sci. (Wash.) 22, 594—602.

— 1936 b: Observations on mitosis in opalinids (Protozoa, Ciliata). II. The association of chromosomes and nucleoli. Proc. Nat. Acad. Sci. (Wash.) 22, 602—607.

— 1940: Polyploidy and its origin in Paramecium. J. Hered. 31, 175—184.

— 1944: The nuclei in avian malaria parasites. I. The structure of nuclei in Plasmodium elongatum with some considerations on technique. Amer. J. Hyg. 40, 26—34.

— 1948: Chromosomes in Opalinidae (Protozoa, Ciliata) with special reference to their behavior, morphology, individuality, diploidy, haploidy, and association with nucleoli. J. Morph. 83, 281—357.

Cleveland, L. R., 1938: Morphology and mitosis of Teranympha. Arch. Protistenk. 91, 442—451.

— 1949 a: Hormone-induced sexual cycles of flagellates. I. Gametogenesis, fertilization, and meiosis in Trichonympha. J. Morph. 85, 197—296.

— 1949 b: The whole life cycle of chromosomes and their coiling systems. Transact. Amer. Phil. Soc. n. s. 39, Part 1.

Clever, U., und P. Karlson, 1960: Induktion von Puff-Veränderungen in den Speicheldrüsenchromosomen von Chironomus tentans durch Ecdyson. Exper. Cell Res. 20, 623—626.

Cooper, K. W., 1959: Cytogenetic analysis of major heterochromatic elements (especially Xh and Y) in Drosophila melanogaster, and the theory of „heterochromatin". Chromosoma 10, 535—588.

CROSBY LONGWELL, ARLENE and G. SVIHLA, 1960: Specific chromosomal control of the nucleolus and of the cytoplasm in wheat. Exper. Cell Res. **20**, 294—312.
CUTTER, V. M., 1942: Nuclear behavior in the Mucorales. I. The *Mucor* pattern; II. The *Rhizopus, Phycomyces,* and *Sporodinia* patterns. Bull. Torrey Bot. Club **69**, 480—508; 592—616.
— 1946: The chromosomes of *Neurospora tetrasperma.* Mycologia **38**, 693—698.
CZEIKA, G., 1956: Strukturveränderungen endopolyploider Ruhekerne im Zusammenhang mit wechselnder Bündelung der Tochterchromosomen und karyologisch-anatomische Untersuchungen an Sukkulenten. Österr. bot. Z. **103**, 536—566.

DANGEARD, P., 1937: Recherches sur la structure des noyaux chez quelques Angiospermes. Le Botaniste **28**, 291—400.
— 1941: Recherches sur la structure des noyaux et l'action des fixateurs, particulièrement de l'aceto-carmin. Le Botaniste **31**, 113—187.
— 1945: A propos de la structure des noyaux et de la mitose chez le *Tropaeolum majus.* Bull. Soc. Bot. France **92**, 267—274.
— 1947: Cytologie végétale et cytologie général. Paris.
DARLINGTON, C. D., 1947: Nucleic acid and the chromosomes. Symp. Soc. Exper. Biol. **1**. 252—269.
— 1955: The chromosome as a physico-chemical entity. Nature **176**, 1139—1144.
— and L. LA COUR, 1940: Nucleic acid starvation of chromosomes in *Trillium.* J. Genet. **40**, 185—212.
— — 1960: The handling of chromosomes. London.
DAWSON, J. A., W. R. KESSLER, and J. K. SILBERSTEIN, 1937: Mitosis in *Amoeba proteus.* Biol. Bull. **72**, 125—144.
DELAPORTE, B., et A. SACCAS, 1947: Étude morphologique et cytologique de plusieurs souches de *Penicillium notatum* WESTLING. Ann. Inst. Pasteur **73**, 850—861.
DELAY, CECILE, 1941: Sur le noyau des Lycopodiales. Bull. Soc. Bot. Fr. **88**, 458—464.
— 1946/48: Recherches sur la structure des noyaux quiescents chez les Phanerogames. Rev. Cyt. Cytophys. veg. **9**, 169—223; 1948: **10**, 103—229.
DEVIDÉ, Z., 1951: Chromosomes in Ciliates. Bull. internat. de l'Academie Yougoslave, n. s. **3**, 75—114.
— und L. GEITLER, 1950: Die Chromosomen der Ciliaten. Chromosoma **3**, 110—136.
DOLEŽAL, RUTH. und ELISABETH TSCHERMAK-WOESS, 1955: Verhalten von Eu- und Heterochromatin und interphasisches Kernwachstum bei *Rhoeo discolor;* Vergleich von Mitose und Endomitose. Österr. bot. Z. **102**. 158—185.
DOUTRELIGNE, JENNY, 1933: Chromosomes et nucléoles dans les noyaux du type euchromocentrique. La Cellule **42**, 31—72.
— 1939: Les divers „types" de structure nucléaire et de mitose somatique chez les phanérogames. La Cellule **48**, 191—212.
DRACINSCHI, MARGIT, 1930: Über das reife Spermium der Filicales und von *Pilularia globulifera* L. Ber. dtsch. bot. Ges. **48**, 293—311.
DRAWERT, H., und MARIANNE MIX. 1961: Licht- und elektronenmikroskopische Untersuchungen an Desmidiaceen. III. Mitteilung: Der Nucleolus im Interphasekern von *Micrasterias rotata.* Flora **150**, 185—190.
DREW, KATHLEEN M., 1934: Contribution to the cytology of *Spermothamnion Turneri* (MERT.) ARESCH. I. The diploid generation. Ann. Bot. **48**, 549—573.

ECKSTEIN, BARBARA. 1958: Karyologische Untersuchungen an einer Wildhefe. Arch. Mikrobiol. **32**, 65—80.
EGELHAAF, A., 1954/55: Cytologisch-entwicklungsphysiologische Untersuchungen zur Konjugation von *Paramecium bursaria* FOCKE. Arch. Protistenk. **100**, 447—514.
EHRLICH, H. C., and E. S. McDONOUGH, 1949: The nuclear history in the basidia and basidiospores of *Schizophyllum commune* FRIES. Amer. J. Bot. **36**, 360—363.
EICHHORN, A., 1931: Recherches caryologiques comparées chez les Angiospermes et les Gymnospermes. Arch. Bot. **5**, Mém. 2, 1—100.
— 1933: Sur l'existence de prochromosomes dans les noyaux du *Sinapis nigra.* Compt. rend. séances Soc. Biol. **112**, 535—536.
— 1957: Nouvelle contribution a l'étude caryologique des Palmiers. Rev. Cyt. Biol. Vég. **18**, 139—151.
ENZENBERG. UTA, 1961: Beiträge zur Karyologie des Endosperms. Österr. bot. Z. **108**, 245—285.
ESTABLE, C., and J. SOTELO, 1954: The behaviour of nucleolonema during mitosis. Symp. at the VIIIth Congress of Cell Biol. Leiden, Series B, **21**, 170—190.

Evans. H. J., 1959: Nuclear behaviour in the cultivated mushroom. Chromosoma 10. 115—135.

Fagerlind, F., 1936: Die Chromosomenzahl von *Alectorolophus* und Saison-Dimorphismus. Hereditas 22. 189—192.
Favre-Duchartre, M., 1955: Contribution à l'étude de la reproduction chez le *Ginkgo biloba*. Rev. Cyt. et Biol. 17, 1—218.
Felix, K., H. Fischer and A. Krekels, 1956: Protamines and Nucleoprotamines. Progr. in Biophys. 6, 1—23.
Fell, H. B., and F. Hughes. 1949: Mitosis in the mouse. A study of living and fixed cells in tissue cultures. Quart. Journ. Micr. Sci. 90, 355—380.
Fernandes, A., 1943: Sur l'origine des chromosomes surnuméraires hétérochromatiques chez *Narcissus bulbocodium* L. Bol. Soc. Broteriana 17, 251—256.
— 1949: Le problème de l'heterochromatinisation chez *Narcissus bulbocodium* L. Bol. Soc. Broteriana 23, 5—88.
— 1952: Sur le rôle probable des hétérochromatinosomes dans l'évolution des nombres chromosomiques. Sci. Gen. 4. 168—181.
Flemming, W., 1882: Zellsubstanz, Kern und Zellteilung. Leipzig.
Föyn, B., 1936: Über die Kernverhältnisse der Foraminifere *Myxotheca arenilega* Schaudinn. Arch. Protistenk. 87, 272—295.
Freese, E., 1958: The arrangement of DNA in the chromosomes. Cold Spring Harbor Symp. Quant. Biol. 23, 13—18.
Frizzi, G., 1948: L'eteropicnosi come indice di riconoscimento dei sessi in *Bombyx mori* L. Ric. sci. 18, 1—7.
Fumagalli, Z., 1942: Studi sulla testa dello spermatozoo di *Bos taurus*. Lo sperimentale 96, 243—333.

Ganesan, A. T., 1956: The nucleus of yeast cell—a study of fiveday old fermenting cultures. Cytologia 21. 124—134.
Geitler, L., 1927: Somatische Teilung. Reduktionsteilung, Kopulation und Parthenogenese bei *Cocconeis placentula*. Arch. Protistenk. 59. 506—549.
— 1929: Über den Bau der Kerne zweier Diatomeen. Arch. Protistenk. 68. 625—636.
— 1933: Das Verhalten der Chromozentren von *Agapanthus* während der Meiose. Österr. bot. Z. 82, 277—282.
— 1934 a: Die Schleifenkerne von *Simulium*. Zool. Jahrb. Abt. allg. Zool. u. Phys. d. Tiere 54, 237—248.
— 1934 b: Grundriß der Cytologie. Berlin.
— 1935 a: Untersuchungen über den Kernbau von *Spirogyra* mittels Feulgen-Nuklealfärbung. Ber. dtsch. bot. Ges. 53. 270—275.
— 1935 b: Der Teilungsrhythmus in den spermatogenen Fäden von *Nitella mucronata*. Jb. wiss. Bot. 87. 31—44.
— 1935 c: Neue Untersuchungen über die Mitose von *Spirogyra*. Arch. Protistenk. 85. 10—19.
— 1936: Vergleichende Untersuchungen über den feineren Kern- und Chromosomenbau der Cladophoraceen. Planta 25, 530—578.
— 1937 a: Chromatophor. Chondriosomen, Plasmabewegung und Kernbau von *Pinnularia nobilis* und einigen anderen Diatomeen nach Lebendbeobachtungen. Protoplasma 27, 534—543.
— 1937 b: Die Analyse des Kernbaus und der Kernteilung der Wasserläufer *Gerris lateralis* und *Gerris lacustris* (Hemiptera heteroptera) und die Somadifferenzierung. Z. Zellforsch. mikr. Anat. 26, 641—672.
— 1938 a: Chromosomenbau. Berlin.
— 1938 b: Über den Bau des Ruhekerns mit besonderer Berücksichtigung der Heteropteren und Dipteren. Biol. Zbl. 58, 152—179.
— 1938 c: Über das Wachstum von Chromozentrenkernen und zweierlei Heterochromatin bei Blütenpflanzen. Z. Zellforsch. mikr. Anat. 28, 133—153.
— 1939 a: Die Entstehung der polyploiden Somakerne der Heteropteren durch Chromosomenteilung ohne Kernteilung. Chromosoma 1. 1—22.
— 1939 b: Das Heterochromatin der Geschlechtschromosomen bei Heteropteren. Chromosoma 1, 197—229.
— 1940 a: Temperaturbedingte Ausbildung von Spezialsegmenten an Chromosomenenden. Chromosoma 1. 554—561.
— 1940 b: Kernwachstum und Kernbau bei zwei Blütenpflanzen. Chromosoma 1, 474—485.

Geitler. L.. 1940 c: Die Polyploidie der Dauergewebe höherer Pflanzen. Ber. dtsch. bot. Ges. **58**, 131—142.

— 1940 d: Neue Untersuchungen über Bau und Wachstum des Zellkerns in Geweben. Naturwiss. **28**, 241—248.

— 1941: Das Wachstum des Zellkerns in tierischen und pflanzlichen Geweben. Ergebnisse d. Biol. **18**, 1—54.

— 1942: Kern- und Chromosomenbau bei Protisten im Vergleich mit dem höherer Pflanzen und Tiere. Ergebnisse und Probleme. Naturwiss. **30**, 151—156.

— 1944 a: Zur Kenntnis des Kern- und Chromosomenbaus der Heuschrecken und Wanzen. Chromosoma **2**, 531—543.

— 1944 b: Der Bau der Riesenkerne des Elaiosoms von *Corydalis cava*. Chromosoma **2**, 544—548.

— 1948: Notizen zur endomitotischen Polyploidisierung in Trichozyten und Elaiosomen sowie über Kernstrukturen bei *Gagea lutea*. Chromosoma **3**, 271—281.

— 1951 a: Morphologie und Entwicklungsgeschichte der Zelle. Fortschr. Bot. **13**, 1—22.

— 1951 b: Der Bau des Zellkerns von *Navicula radiosa* und verwandten Arten und die präanaphasische Trennung von Tochtercentromeren. Österr. bot. Z. **98**, 206—214.

— 1952: Untersuchungen über Kopulation und Auxosporenbildung pennater Diatomeen. III. Gleichartigkeit der Gonenkerne und Verhalten des Heterochromatins bei *Navicula radiosa*. Österr. bot. Z. **99**, 469—482.

— 1953: Endomitose und endomitotische Polyploidisierung. Protoplasmatologia VI C.

— 1955 a: Normale und pathologische Anatomie der Zelle. Handbuch d. Pflanzenphys. I, 123—167.

— 1955 b: Riesenkerne im Endosperm von *Allium ursinum*. Österr. bot. Z. **102**, 460—475.

— 1958 a: Selektive Paarung und gegenseitige Beeinflussung der Kopulationspartner bei der Diatomee *Cocconeis*. Planta **51**. 584—599.

— 1958 b: Notizen über Rassenbildung, Fortpflanzung, Formwechsel und morphologische Eigentümlichkeiten bei pennaten Diatomeen. Österr. Bot. Z. **105**, 408—442.

— 1958 c: Fortpflanzungsbiologische Eigentümlichkeiten von *Cocconeis* und Vorarbeiten zu einer systematischen Gliederung von *Cocconeis placentula* nebst Beobachtungen an Bastarden. Österr. bot. Z. **105**, 350—378.

— 1960: Spontane Rotation und Oscillation des Chromatophors in den Haarzellen und Zoosporangien von *Coleochaete soluta*. Planta **55**, 115—142.

Gerassimova, H., 1933: Fertilization in *Crepis capillaris*. La Cellule **42**, 103—148.

Gerassimova-Navashina, E. N., 1960: The effect of temperature conditions on the course of embryological processes in plants. Doklady Akademii Nauk SSSR. **131**. 688—691 (Übersetzung des Amer. Inst. Biol. Sci. Wash. 1960. 81—84).

— and T. B. Batygina, 1959: The fusion of sexual nuclei during fertilization in grasses. Dokladv Akademii Nauk SSSR. **124**, 223—226 (Übersetzung des Amer. Inst. Biol. Sci. Wash. 1959, 11—15).

Girbardt, M., 1955: Lebendbeobachtungen an *Polystictus versicolor* (L.). Flora **142**, 540—563.

— 1958: Das Verhalten der Zellkerne von *Polystictus versicolor*. Ber. dtsch. bot. Ges. **71**. (23)—(24).

Godward, M. B. E., 1950: On the nucleolus and nucleolar-organizing chromosomes of *Spirogyra*. Ann. Bot. n. s. **14**, 39—53.

— 1953: Geitler's nucleolar substance in *Spirogyra*. Ann. Bot. n. s. **17**, 403—416.

Gottschalk, W.. 1955: Vergleichend cytologische Untersuchungen an den Ruhe- und Arbeitskernen verschiedener pflanzlicher Gewebe. Planta **45**, 147—165.

Govaert, J., 1953: Deoxyribonucleic acid content of the germinal vesicle of the oocyte in *Fasciola hepatica*. Nature **172**, 302—303.

Grafl, Ina, 1940: Cytologische Untersuchungen an *Sauromatum guttatum*. Österr. bot. Z. **89**, 81—118.

Graham, M. A., and M. L. Barr, 1952: A sex difference in the morphology of metabolic nuclei in somatic cells of the cat. Anat. Rec. **112**, 709—723.

Grassé, P. P., 1952: Traité de Zoologie 1. Paris.

Grégoire, V.. 1932: Euchromocentres et chromosomes dans les végétaux. Bull. Acad. R. Belg., Cl. Sc., Vᵉ série, **17**, 1435—1448.

Grell. K. G., 1938: Untersuchungen an Schizogregarinen I. *Lipocystis polyspora* n. g. n. sp., eine neue Schizogregarine aus dem Fettkörper von *Panorpa communis* L. Arch. Protistenk. **91**, 526—545.

Grell, K. G., 1949: Die Entwicklung der Makronukleusanlage im Exkonjuganten von *Epheloia gemmipara* R. Hertwig. Biol. Zbl. **68**, 289—312.
— 1950 a: Der Kerndualismus der Ciliaten und Suktorien. Naturwiss. **37**, 347—356.
— 1950 b: Der Generationswechsel des parasitischen Suktors *Tachyblaston ephelotensis* Martin. Z. Parasit. **14**, 499—534.
— 1953 a: Der Stand unserer Kenntnisse über den Bau der Protistenkerne. Verh. dtsch. zool. Ges. Freiburg 1952, 212—251.
— 1953 b: Entwicklung und Geschlechtsbestimmung von *Eucoccidium dinophili*. Arch. Protistenk. **99**, 156—186.
— 1953 c: Die Struktur des Makronukleus von Tokophrya. Arch. Protistenk. **98**, 466—468.
— 1956: Protozoologie. Berlin.
— und K. E. Wohlfarth-Bottermann, 1957: Licht- und Elektronenmikroskopische Untersuchungen an dem Dinoflagellaten *Amphidinium elegans* n. sp. Z. Zellforsch. **47**, 7—17.
Grosch, D. S., 1950: Cytological aspects of growth in impaternate (male) larvae of *Habrobracon*. J. Morph. **86**, 153—176.
Grumbach, M. M., and A. Morishima, 1962: Sex chromatin and sex chromosome. On the origin of sex chromatin from a single X-chromosome. Acta Cytol. **6**, 46—60.
Guilliermond, A., G. Mangenot et L. Plantefol, 1933: Traité de cytologie végétale. Paris.

Hambler, D. J., 1953: Prochromosomes and supernumerary chromosomes in *Rhinanthus minor* Ehrh. Nature **172**, 629.
— 1954: Cytology of the Scrophulariaceae and Orobanchaceae. Nature **174**, 838
Hamerton, J. L., 1961: Sex chromatin and human chromosomes. Internat. Rev. Cytol. **12**, 1—68.
Hämmerling, J., 1931: Entwicklung und Formbildungsvermögen von *Acetabularia mediterranea*. Biol. Zbl. Zbl. **51**, 633—647.
— 1957: Nucleus and cytoplasm in *Acetabularia*. VIIIme Congr. Intern. Bot., Paris. Compt. rend. Sèanc. et Rapp. et Communic. déposès lors du Congr. Sect. **10**, 87—103.
Hartmann, M., 1953: Allgemeine Biologie. 4. Aufl.
Hasitschka, Gertrude, 1956: Bildung von Chromosomenbündeln nach Art der Speicheldrüsenchromosomen, spiralisierte Ruhekernchromosomen und andere Struktureigentümlichkeiten in den endopolyploiden Riesenkernen der Antipoden von *Papaver rheoas*. Chromosoma **8**, 87—113.
Hasitschka-Jenschke, Gertrude, 1957: Die Entwicklung der Samenanlage von *Allium ursinum* mit besonderer Berücksichtigung der endopolyploiden Kerne in Synergiden und Antipoden. Österr. bot. Z. **104**, 1—24.
— 1958: Zur Karyologie der Samenanlage dreier *Allium*-Arten. Österr. bot. Z. **105**, 71—82.
— 1959 a: Vergleichende karyologische Untersuchungen an Antipoden. Chromosoma **10**, 229—267.
— 1959 b: Bemerkenswerte Kernstrukturen im Endosperm und im Suspensor zweier Helobiae. Österr. bot. Z. **106**, 301—314.
— 1960 a: Vergleichende Untersuchungen an haploiden und durch Colchicineinwirkung diploid gewordenen Stämmen von *Oedogonium cardiacum*. Österr. bot. Z. **107**, 194—211.
— 1960 b: Beitrag zur Karyologie von Characeen. Österr. bot. Z. **107**, 228—240.
— 1961: Das Längenverhältnis der eu- und heterochromatischen Abschnitte riesenchromosomenartiger Bildungen verglichen mit dem der Prophasechromosomen bei *Bryonia dioica*. Chromosoma **12**, 466—483.
— 1962: Notizen über endopolykloide Kerne im Bereich der Samenanlage. Österr. bot. Z. **109**, 125—137.
Hatch, W. R., 1935: Gametogenesis in *Allomyces arbuscula*. Ann. Bot. **49**, 623—649.
Haupt, A. W., 1940/41: Oogenesis and Fertilization in *Pinus lambertiana* and *P. monophylla*. Bot. Gaz **102**, 482—498.
Heilbrunn, L. V., 1958: The viscosity of protoplasm. Protoplasmatologia II C 1.
Heim, Panca, 1955: Le noyau dans le cycle évolutif de *Plasmodiophora Brassicae* Woron. Rev. Mycol. **20**, 131—157.
Heitz, E., 1926: Der Nachweis der Chromosomen. Vergleichende Studien über ihre Zahl, Größe und Form im Pflanzenreich. I. Z. Bot. **18**, 625—681.

HEITZ, E., 1928 a: Der bilaterale Bau der Geschlechtschromosomen und Autosomen' bei *Pellia Fabbroniana, P. epiphylla* und einigen anderen Jungermanniaceen. Planta 5. 725—768.
— 1928 b: Das Heterochromatin der Moose I. Jb. wiss. Bot. 69, 762—818.
— 1929: Heterochromatin, Chromocentren, Chromomeren. Ber. dtsch. bot. Ges. 47, 274—284.
— 1931: Die Ursache der gesetzmäßigen Zahl, Lage, Form und Größe pflanzlicher Nukleolen. Planta 12, 775—844.
— 1932: Die Herkunft der Chromozentren. Planta 18, 571—636.
— 1933: Über totale und partielle somatische Heteropyknose sowie strukturelle Geschlechtschromosomen bei *Drosophila funebris*. Z. Zellforsch. mikr. Anat. 19, 720—742.
— 1934 a: Über α- und β-Heterochromatin sowie Konstanz und Bau der Chromomeren bei *Drosophila*. Biol. Zbl. 54, 588—609.
— 1934 b: Die somatische Heteropyknose bei *Drosophila melanogaster* und ihre genetische Bedeutung. Z. Zellforsch. mikr. Anat. 20, 237—287.
— 1936: Die Nukleal-Quetschmethode. Ber. dtsch. bot. Ges. 53, 870—878.
— 1944: Kleinere Beiträge zur Zellenlehre: II. und III. Über die Riesenkerne der Schnecken und Asseln. Der Bau des Spermienkopfes von *Goniodiscus rotundatus*. Rev. Suisse de Zool. 51, 402—409.
— 1950: Über das Heterochromatin von *Valeriana dioica*. Genetica Iberica 2, 235—238.
— 1951: Kleinere Beiträge zur Zellenlehre IV. Über Großkerne bei Collembolen. Zool. Anzeiger 146, 197—201.
— 1952: Über eine Spiralstruktur in dem Spermatozoid von *Pellia Neesiana*. Experientia 8, 462.
— 1957: Die Chromosomenstruktur im Kern während der Kernteilung und der Entwicklung des Organismus. „Conference on Chromosomes" W. E. J. Tjeenk Willnik Verlagsges. Zwolle — die Niederl.
HERTL, M., 1957: Zum Nukleolus-Problem. Z. Zellforsch. mikr. Anat. 46, 18—51.
HIENZ, H. A., 1959: Die zellkernmorphologische Geschlechtserkennung in Theorie und Praxis. Einzeldarstellungen aus Theorie und Klinik der Medizin 10, Heidelberg.
HILL, R. B., K. B. BENSCH and D. W. KING, 1959: Unimpaired mitosis in cells with modified deoxyribonucleic acid. Nature 184. 1429.
HIMES, W. H., A. W. POLLISTER and B. C. MOORE, 1955: Protein content of tissue nuclei. J. Histochem. Cytochem. 3, 390.
HOLLANDE, A., et M. EUJUMET, 1953: Contribution à l'étude biologique des Sphérocollides et leur parasites. Partie I. Thalassiocollidae. Physematidae, Thalassiophysidae. Ann. Sci. Nat. Zool. 15, 99—183.
HORNE, A. S., 1930: Nuclear division in the Plasmodiophorales. Ann. Bot. 44, 199—230.
HORSTMANN, E., und A. KNOOP, 1957: Zur Struktur des Nukleolus und des Kernes. Z. Zellforsch. 46, 100—107.
HUGHES-SCHRADER, SALLY, 1946: A new type of spermiogenesis in iceryine coccids, with linear alignment of chromosomes in the sperm. J. Morph. 78, 43—84.
— 1948: Cytology of coccids (Coccoidea-Homoptera). Advances in Genetics 2, 127—203.

JACHIMSKY, H., 1935: Beitrag zur Kenntnis von Geschlechtschromosomen und Heterochromatin bei Moosen. Jb. wiss. Bot. 81, 203—238.
JAKOWSKA, SOPHIE, 1951: The resting nucleus in *Physaria* and *Lesquerella*. Bull. Torrey Bot. Cl. 78, 221—226.
JAMES, J., 1960: Observations on the so-called sex chromatin. Z. Zellforsch. 51, 597—616.
JUNG, M., und H. ROCHELMEIER, 1960: Zur Morphologie und Cytologie von *Claviceps purpurea* (TULASNE) in saprophytischer Kultur. Beitr. Biol. Pfl. 35, 343—378.

KAUFMANN, B. P., HELEN GAY and MARGARET R. MCDONALD, 1960: Organizational patterns within chromosomes. Intern. Rev. Cytol. 9, 77—127.
KAWAGUCHI, E., 1928: Zytologische Untersuchungen am Seidenspinner und seinen Verwandten. I. Gametogenese von *Bombyx mori* L. und *Bombyx mandarina* M. und ihrer Bastarde. Z. Zellforsch. mikr. Anat. 7, 519—552.
— 1933: Die Heteropyknose der Geschlechtschromosomen der Lepidopteren. Cytologia 4, 339—354.

Kimball, R. F., 1953: The structure of the macronucleus of *Paramecium aurelia*. Proc. Nat. Acad. Sci. (Wash.) **39**, 345—347.

King, G. C., 1959: The nucleoli and related structures in the Desmids. New Phytologist **58**, 20—28.

Kirby, H., 1926: On *Staurojoenina assimilis* sp. nov., an intestinal flagellate from the termite, *Kalotermes minor* Hagen. Univ. Calif. Publ. Zool., **29**, 25—102.

Klinger, H. P., 1957: The sex chromatin in fetal and maternal portions of the human placenta. Acta anat. **30**, 371—397.

Kniep, H., 1915: Beiträge zur Kenntnis der Hymenomyceten. III. Z. Bot. **7**, 369—398.

Knox-Davies, P. S., and J. G. Dickson, 1960: Cytology of *Helminthosporium turcicum* and its ascigerous stage, *Trichometa sphaeria turcica*. Amer. J. Bot. **47**, 328—339.

Köhler-Wieder, R., 1937: Ein Beitrag zu Kenntnis der Kernteilung bei Peridineen. Österr. bot. Z. **86**, 198—221.

Kosin, I. L., and H. Ishizaki, 1959: Incidence of sex chromatin in *Gallus domesticus*. Science **130**, 43—44.

Kudo, R. R., 1947: *Pelomyxa carolinensis* Wilson II. Nuclear division and plasmotomy. J. Morph. **80**, 93—144.

— 1954: Protozoology. 4th Ed. Illinois.

Küster, E., 1956: Die Pflanzenzelle. (Kap. II: Zellkern, bearbeitet von G. Reese). 3. Aufl., Jena.

Kuwada, Y., and T. Nakamura, 1940: Behaviour of chromonemata in mitosis IX. On the configurations assumed by the spiralized chromonemata. Cytologia **10**, 492—515.

— N. Sinke and Z. Nakazawa, 1938/39: The hydration and dehydration phenomena in mitosis. II. A consideration of the spiral stage with the results of experiments and observation. Cytologia **9**, 393—411.

Kylin, H., 1923: Studien über die Entwicklungsgeschichte der Florideen. Svenska Vet. Akad. Handl. **63**, No. 11.

— 1956: Die Gattungen der Rhodophyceen. Lund.

La Cour, L. F., 1951: Heterochromatin and the organization of nucleoli in plants. Heredity **5**, 37—50.

Landmann, Waldtraut, 1958: Vergleichende Untersuchungen an meiotischen und endomitotischen Chromomeren von *Gentiana cruciata* L. Planta **51**, 99—102.

Lauber, Henriette, 1947: Untersuchungen über das Wachstum der Früchte einiger Angiospermen unter endomitotischer Polyploidisierung. Österr. Bot. Z. **94**, 30—60.

Lee, C., 1955: Fertilization in *Ginkgo biloba*. Bot. Gaz. **117**, 79—100.

Leedale, G. F., 1958: Nuclear structure and mitosis in the Euglenineae. Arch. Mikrobiol. **32**, 32—64.

Lehmann, F. E., 1959: Der Feinbau der Organoide von *Amoeba proteus* und seine Beeinflussung durch verschiedene Fixierstoffe. Ergebnisse der Biol. **21**, 88—127.

Levan, A., 1947: Studies on the camphor reaction of yeast. Hereditas **33**, 457—514.

Liesche, W., 1938: Die Kern- und Fortpflanzungsverhältnisse von *Amoeba proteus*. Arch. Protistenk. **91**, 135—186.

Lima-De-Faria, A., 1959 a: Matrix and kinetochore in living material. Hereditas **45**, 463—464.

— 1959 b: Differential uptake of tritiated thymidine into hetero- and euchromatin in *Melanoplus* and *Secale*. J. Biophys. Biochem. Cytol. **6**, 457—466.

— P. Sarvella and R. Morris, 1959: Different chromomere numbers at meiosis and mitosis in *Ornithogalum*. Hereditas **45**, 467—480.

Linnert, Gertrud, 1955: Die Struktur der Pachytänchromosomen in Eu- und Heterochromatin und ihre Auswirkung auf die Chiasma-Bildung bei *Salvia*-Arten. Chromosoma **7**, 90—128.

Lipp, Christine, 1953: Über Kernwachstum, Endomitosen und Funktionszyklen in den trichogenen Zellen von *Corixa punctata* Illig. Chromosoma **5**, 454—486.

— 1955: Beitrag zur somatischen Cytologie der Schmetterlinge. Chromosoma **7**, 1—13.

— 1959: Cytologische Untersuchungen zum Kompensationsprinzip nach Henke am Flügel von *Ephestia kühniella* Z. Biol. Zbl. **78**, 1—21.

Lorbeer, G., 1934: Die Zytologie der Lebermoose mit besonderer Berücksichtigung allgemeiner Chromosomenfragen. Jb. wiss. Bot. **80**, 567—817.

Lucas, G. B., 1946: Genetics of *Glomerella*. IV. Nuclear phenomena in the ascus. Amer. J. Bot. **33**, 802—806.

Ludwig, K. S., 1959: Das Geschlechtschromatin. Umschau 59, 399—401.

Luyet, B. J., and R. A. Ernst, 1934: On the comparative specific gravity of some cell components. Biodyn. 2, 1—14.

Lyon, Mary, F., 1961: Gene action in the X-chromosome of the mouse (*Mus musculus* L.). Nature 190, 372—373.

Maheshwari, P., 1950: An introduction to the embryology of Angiosperms. New York, Toronto, London (McGraw-Hill Book Comp.)

Manton, Irene, 1935: Some new evidence on the physical nature of plant nuclei from intraspecific polyploids. Proc. R. Soc. London, ser. B. 118, 522—547.

Marini, M., 1956: Osservazioni sul nucleo della cellula nervosa degli anfibi urodeli. Rend. Acc. Lincei, s. 8, 20, 373—377.

Marshak, A., and C. Marshak, 1956: On the question of the DNA content of sea urgin eggs. Exper. Cell. Res. 10, 246—247.

Maschlanka, Hildegard, 1943: Zytologische Untersuchungen an Algen aus der Familie der Dasycladaceen. Naturwiss. 31, 548—549.

McClellai, J. F., 1959: Nuclear division in *Pelomyxa illinoisensis* Kudo. J. Protozool. 6, 322—331.

McClintock, Barbara, 1934: The relation of a particular chromosomal element to the development of the nucleoli in *Zea mays*. Z. Zellforsch. mikr. Anat. 21, 294—328.

— 1945: *Neurospora*. I. Preliminary observations of the chromosomes of Neurospora crassa. Amer. J. Bot. 32, 671—678.

McDonough, E. S., 1937: The nuclear history of *Sclerospora graminicola*. Mycologia 29, 151—173.

McLeish, J., 1952: The action of maleic hydrazide in Vicia. Heredity 6, 125—147.

Mechelke, F., 1951: Über sporadische Polysomatie in Wurzelspitzen bei *Hordeum vulgare*. Österr. bot. Z. 98, 420—426.

Meyer, A., 1920: Morphologische und physiologische Analyse der Zelle der Pflanzen und Tiere. Jena.

Milovidov, P. F., 1933: Ergebnisse mit Nuclealfärbung bei einigen niederen Pflanzen. Arch. Protistenk. 81, 138—165.

Mirsky, A. E., and S. Osawa, 1961: The interphase nucleus. In: The Cell II. New York and London, 677—763.

Montalenti, G., 1949: A new type of polyploid nucleus in gland cells of Cymathoids (Crust., Isop.) and its cyclic modifications during the phases of activity of the cell. Proc. 6th Int. Congr. Exp. Cytol.: Exper. Cell Res. Suppl. 1, 123—128.

Montefoschi, Silvia, 1951/52: Ricerche sulla funzione delle cellule folliculari e sulla sua relazione con la spermatogenesi in *Anilocra* (Crust. Isopod.). Caryologia 4, 25—43.

Moore, K. L., and M. L. Barr, 1953· Morphology of the nerve cell nucleus in mammals, with special reference to the sex chromatin. J. comp. neurology 98, 213—231.

— — 1954: Nuclear morphology, according to sex, in human tissues. Acta Anat. 21, 197—208.

— — 1955: The sex chromatin in benign tumours and related conditions in man. Brit. J. Cancer 9, 246—252.

— M. A. Graham and M. L. Barr, 1953: The detection of chromosomal sex in hermaphrodites from a skin biobsy. Surg. Gynecol. and Obstetr. 96, 641—648.

Moroff, T., 1908: Die bei den Cephalopoden vorkommenden *Aggregata*-Arten als Grundlage einer kritischen Studie über die Physiologie des Zellkerns. Arch. Protistenk. 11, 1—224.

Moses, M. J., 1950: Nucleic acids and proteins of the nuclei of *Paramecium*. J. Morph. 87, 493—535.

Mügge, Elfriede, 1957/58: Die Konjugation von *Vorticella campanula* (Ehrbg.). Arch. Protistenk. 102, 166—208.

Mylle, M., and M. A. Graham, 1954: Sex chromatin in neurons of human frontal cortex and sympathetic ganglia. Anat. Rec. 118, 402.

Naha, P. M., 1960: Nuclear phenomena in *Trametes cingulata* Berk. Nature 186, 903—904.

Naylor, Margaret, 1958: The cytology of *Halidrys siliquosa* (L.) Lyngb. Ann. of Bot. 22, n. s., 205—217.

Ohno, S., and T. S. Hauschka, 1960: Allocycly of the x-chromosome in tumors and normal tissues. Cancer Res. **20**, 541—545.
— W. D. Kaplan and R. Kinosita, 1959: Formation of the sex chromatin by a single x-chromosome in liver cells of *Rattus norvegicus*. Exper. Cell Res. **18**, 415—418.
— — — 1960: On the sex chromatin of *Gallus domesticus*. Exper. Cell Res. **19**, 180—183.
— and R. Kinosita, 1954: Morphology of intranuclear inclusions in liver cells infected with contagious canine hepatitis. Exper. Cell Res. **7**, 578—580.
— — 1956: Three dimensional observations on the intranuclear structure. Exper. Cell Res. **10**, 569—574.
— and S. Makino, 1961: The single-X nature of sex chromatin in man. Lancet 1, 78—79.
— and C. Weiler, 1961: Sex chromosome behavior pattern in germ and somatic cells of *Mesocricetus auratus*. Chromosoma **12**, 362—373.
Olive, L. S., 1944: Development of the perithecium in *Aspergillus Fischeri* Wehmer, with a description of crozier formation. Mycologia **36**, 266—275.
— 1947: Cytology of the teliospores, basidia and basidiospores of *Sphenospora Kevorkianii* Linder. Mycologia **39**, 409—425.
— 1949: Karyogamy and meiosis in the rust *Coeleosporium vernoniae*. Amer. J. Bot. **36**, 41—54.
— 1952: Studies on the morphology and cytology of *Intersonilia perplexans* Derx. Bull. Torrey Bot. Cl. **79**, 126—138.
— 1953: The structure and behavior of fungus nuclei. Bot. Rev. **19**, 439—586.
Olszewski, J., 1947: Zur Morphologie und Entwicklung des Arbeitskerns unter besonderer Berücksichtigung des Nervenzellkerns. Biol. Zbl. **66**, 265—304.
Östergren, G., 1950: Isopycnosis and isopycnotic, two new terms for use in chromosome studies. Hereditas **36**, 511—513.
Overton, J. B., 1906: Über Reduktionsteilung in den Pollenmutterzellen einiger Dikotylen. Jb. wiss. Bot. **42**, 121—153.

Painter, T. S., 1945: Nuclear phenomena associated with secretion in certain gland cells with especial reference to the origin of cytoplasmatic nucleic acid. J. exper. Zool. **101**, 523—547.
Panitz, R., 1960: Innersekretorische Wirkung auf Strukturmodifikationen der Speicheldrüsenchromosomen von *Acricotopus lucidus* (Chironomide). Naturwiss. **47**, 383.
Pappas, G. D., 1956: Helical structures in the nucleus of *Amoeba proteus*. J. Biophys. Biochem. Cytol. **2**, 221—222.
— 1959: Electron microscope studies on *Amoebae*. Ann. N. Y. Acad. Sci. **78**, 448—473.
— and Ph. W. Brandt, 1960: Helical structures in the nuclei of free-living amebas. 4. Intern. Kongr. Elektronenmikr. (Berlin 1958) Verh. II, 244—246.
Patau, K., 1952: The DNA content of nuclei in root tips of *Rhoeo discolor* (abstract). Genetics **37**, 612.
Pavulans, J., 1940: Über die Nuklealreaktion in Embryosäcken und Pollenkörnern einiger Angiospermen. Protoplasma **34**, 22—29.
Pelc, S. R., and L. F. La Cour, 1959: Some aspects of replication in chromosomes The cell nucleus. Proc. of an informal meeting held at the Department of Radiotherapeutics Univ. Cambridg. 31. VIII. — 1. IX. 1959 by the Faraday Society. London.
Peveling, Elisabeth, 1961: Elektronenmikroskopische Untersuchungen an Zellkernen von *Cucumis sativus* L. Planta **56**, 530—534.
Piekarski, G., 1941: Endomitose beim Großkern der Ciliaten? Versuch einer Synthese. Biol. Zbl. **61**, 416—426.
Pinto-Lopes, J., 1949: Contribution to the study of the nuclear structure in fungi. Portug. Acta Biol., Sér. A, **2**, 191—210.
Poddubnaya-Arnoldi, V. A., 1960: Study of fertilization in the living material of some angiosperms. Phytomorphology **10**, 185—198.
Poljansky, G., 1933/34: Geschlechtsprozesse bei *Bursaria truncatella* O. F. Müll. Arch. Protistenk. **81**, 420—546.
Pollister, A. W., 1952: Nucleoproteins of the nucleus. Exper. Cell Res. Suppl. II, 59—74.
Prince, R. H., M. A. Graham and M. L. Barr, 1955: Nuclear morphology, according to sex, in *Macacus rhesus*. Anat. Rec. **122**, 153—163.
Puiseux-Dao, Simone, 1959: Endomitoses dans le noyau primaire du *Batophora Oerstedii* (Dasycladacées). C. r. Acad. Sci. (Paris), **249**, 1139—1141.

Pusieux-Dao, Simone, 1962: Recherches biologiques et physiologiques sur quelques Dasycladacées, en particulier, le *Batophora oerstedii* J. AG. et l'*Acetabularia mediterranea* Lam. Rev. Gén. Bot. **69**, 409—503.

Raikow, I. B., 1958/59: Der Formwechsel des Kernapparates einiger niederer Ciliaten. I. Die Gattung *Trachelocerca*. Arch. Protistenk. **103**, 129—192.
— 1959: Der Formwechsel des Kernapparates einiger niederer Ciliaten. II. Die Gattung *Loxodes*. Arch. Protistenk. **104**, 1—42.
— 1960: The chromosomes in the macronucleus of the holotrichous infusorian *Nassula ornata* Ehrbg. Cytologia (Moskau) **2**, 598—601 (russ. zit nach Grell 1962: Morphologie und Fortpflanzung der Protozoen. In: Fortschr. Zool. **14**, 1—85).
Reese, G., 1956: Zellkern. Kapitel II in Küster: Die Pflanzenzelle. Jena.
Reitberger, A., 1951: Chromozentrenuntersuchungen I. Über die Struktur junger Ruhekerne verschiedener Valenz bei vier Kruziferenarten. Chromosoma **4**, 205—221.
— 1956: Ruhekernuntersuchungen bei gesunden und viruskranken Diploiden und Polyploiden von *Beta vulgaris*. Der Züchter **26**, 106—117.
Resch, A., 1953: Untersuchungen über Kerndifferenzierung in peripheren Zellschichten der Sproßachse einiger Blütenpflanzen. Chromosoma **5**, 296—316.
Ries, E., 1939: Die Bedeutung spezifischer Mitosegifte für allgemeine biologische Probleme. Naturwiss. **27**, 505—515.
Ris, H., 1956: A study of chromosomes with the electron microscope. J. Biophys. Biochem. Cytol. Suppl. **2**, 385—392.
— 1958: Die Feinstruktur des Kerns während der Spermiengenese. 9. Colloquium Ges. physiol. Chemie am 17./19. April 1958 in Mosbach, Baden. 1—30.
— 1961: The annual invitation lecture. Ultrastructure and molecular organization of genetic systems. Canad. J. Gen. Cyt. **3**, 99—120.
— and A. E. Mirsky, 1949: The state of the chromosomes in the interphase nucleus. J. of Gen. Physiology **32**, 489—502.
Risler, H. H., 1950: Kernvolumenänderungen in der Larvenentwicklung von *Ptychopoda seriata*. Biol. Zbl. **69**, 11—28.
Ritchie, D., 1958: The development of *Lycoperdon oblongisporum*. Amer. J. Bot. **35**, 215—219.
Robinow, C. F., 1957 a: The structure and behavior of the nuclei in spores and growing hyphae of Mucorales. I. *Mucor hiemalis* and *Mucor fragilis*. Canad. J. Microbiol. **3**, 771—789.
— 1957 b: The structure and behavior of the nuclei in spores and growing hyphae of Mucorales. II. *Phycomyces blakesleeanus*. Canad. J. Microbiol. **3**, 791—798.
Romanov, I. D., 1961: The origin of the unique structure of endosperm nuclei in *Gagea*. Doklady Akademii Nauk SSSR. **141**, 984—986 (Übersetzung des Amer. Inst. Biol. Sci. Wash. 1962, 188—190).
Rönsch, G., 1954: Entwicklungsgeschichtliche Untersuchungen zur Zelldifferenzierung am Flügel der Trichoptere *Limnophilus flavicornis* Fabr. Z. Morph. u. Ökol. Tiere **43**, 1—62.
Rosenberg, O., 1904: Über die Individualität der Chromosomen im Pflanzenreich. Flora **93**, 251—259.
Roth, L. E., S. W. Obetz and E. W. Daniels, 1960: Electron microscopic studies of mitosis in Amebae. J. Biophys. Biochem. Cytol. **8**, 207—220.

Schlichtinger, F., 1956: Karyologische Untersuchungen an endopolyploiden Chromozentrenkernen von *Gibbaeum Heathii* im Zusammenhang mit der Differenzierung. Österr. bot. Z. **103**, 485—528.
Schlote, F. W., und K. S. Schin, 1962: Ordnungsprinzipien im Spermatidenkern von *Gryllus domesticus* L. Hinweise auf polytäne Flaschenbürsten-Chromosomen. Z. Naturforsch. **17 b**, 559—565.
Schnarf, K., 1929: Embryologie der Angiospermen. Handb. Pflanzenanat. II./2. Berlin.
— 1933: Embryologie der Gymnospermen. Handb. Pflanzenanat. II./2. Berlin.
— 1941: Vergleichende Cytologie des Geschlechtsapparates der Kormophyten. Monographien z. vergl. Cytologie 1, Berlin.
Scholtyseck, E., 1953: Beitrag zur Kenntnis des Entwicklungsganges des Hühnercoccids *Eimeria tenella*. Arch. Protistenk. **98**, 415—465.
Schulze, K. L., 1939: Cytologische Untersuchungen an *Acetabularia mediterranea* und *Acetabularia wettsteinii*. Arch. Protistenk. **92**, 179—225.
Schussnig, B., 1931: Die somatische und heterotype Kernteilung bei *Cladophora suhriana* Kützing. Planta **13**, 474—528.

Schussnig, B., 1947: Einige Beobachtungen an den Tetrasporangien-Kernen von *Wrangelia penicillata*. Svensk Bot. Tidskr. **41**, 402—410.
— 1953: Handbuch der Protophytenkunde I. Jena.
— und Lydia Odle, 1927: Beiträge zur Entwicklungsgeschichte der Protophyten II. Zur Frage des Generationswechsels bei *Spermothamnion roseolum* (Ag.) Pringsh. Arch. Protistenk. **58**, 220—252.
Schwartz, V., 1958: Chromosomen im Makronukleus von *Paramecium bursaria*. Biol. Zbl. **77**, 347—364.
Serra, J. A., 1958: Interpretation of nucleolar inclusions. Nature **181**, 1544—1545.
— 1959: Estrutura do nucléolo em relação com o nucleolonema. Rev. Port. Zool. Biol. gén. **2**, 117—152.
Seshachar, B. R., 1960: Effect of centrifugation on the macronucleus of *Spirostomum* and *Blepharisma*. Nature **186**, 333—334.
Shanor, L., 1937: Observations on the development and cytology of the sexual organs of *Thraustotheca clavata* (De Bary) Humph. J. Elisha Mitchell Scient. Soc. **53**, 119—136.
Shimamura, T., 1935: Zur Cytologie des Befruchtungsvorganges bei *Cycas* und *Ginkgo* unter Benutzung der Feulgenschen Nuclealreaktion. Cytologia **6**, 465—473.
Shimotomai, N., und Y. Koyama, 1932: Geschlechtschromosomen bei *Pogonatum inflexum* Lindb. und Chromosomenzahlen bei einigen anderen Laubmoosen. J. of Sci. Hiroshima Univ. **1**, 95—101.
Shinke, N., 1937: An experimental study on the structure of living nuclei in the resting stage. Cytologia, Fujii Jub. Vol. I., 449—463.
— 1939: Experimental studies of cell-nuclei. Memoirs Coll. Sc., Kyoto Imp. Univ. **15**, 1—126.
Singleton, J. R., 1953: Chromosome morphology and the chromosome cycle in the ascus of *Neurospora crassa*. Amer. J. Bot. **40**, 124—144.
Siniscalco, M., 1951/52: Sulle variazioni morfologiche ed istochimiche del nucleo e del citoplasma nelle cellule secretici di *Anilocra physodes* (Crust. Isopod.). Caryologia **4**, 1—24.
Skoczylas, O., 1958: Über die Mitose von *Ceratium cornutum*. Arch. Protistenk. **103**, 193—228.
Smith, S. G., 1945: Heteropycnosis as a means of diagnosing sex. J. Hered. **36**. 195—196.
Somers, Carolyn E., R. P. Wagner and T. C. Hsu, 1960: Mitosis in vegetative nuclei of *Neurospora crassa*. Genetics **45**, 801—810.
Soran, V., 1959: A new object for studying the structure of the living nucleus. Naturwiss. **46**. 116.
Stebbins, G. L., 1950: Variation and evolution in plants. New York.
Steffen, K., 1951: Zur Kenntnis des Befruchtungsvorganges bei *Impatiens glanduligera* Lindl. Cytologische Studien am Embryosack der Balsaminaceen. Planta **39**. 175—244.
— 1953: Cytologische Untersuchungen an Pollenkorn und Pollenschlauch. Flora **140**. 140—174.
— 1955: Kern- und Nukleolenwachstum bei endomitotischer Polyploidisierung. Planta **45**. 379—394.
Stevens, R. B., 1940: Certain nuclear phenomena in *Albugo portulacae*. Mycologia **32**, 46—51.
Stich, H. F., 1951: Experimentelle und karyologische Untersuchungen an *Acetabularia mediterranea*. Z. Naturforsch. **6 b**, 319—326.
— 1956: Änderungen von Kern und Polyphosphaten in Abhängigkeit von dem Energiegehalt des Cytoplasmas bei *Acetabularia*. Chromosoma **7**. 693—707.
— 1959: Changes in nucleoli related to alternations in cellular metabolism. Developmental Cytology. New York.
Strugger, S., 1940 a: Die Vitalfärbung der Chromosomen. Dtsch. Tierärztl. Wochenschr. **51/52**, 645—646.
— 1940 b: Die Kultur von *Didymium nigripes* aus Myxamöben mit vital gefärbtem Plasma und Zellkernen. Z. wiss. Mikr. **57**, 415.
Svedelius, N., 1935: *Lomentaria rosea*, eine Floridee ohne Generationswechsel, nur mit Tetrasporenbildung ohne Reduktionsteilung. Ber. dtsch. bot. Ges. **53**, (19)—(26).
— 1937: The apomeiotic tetrad division in *Lomentaria rosea* in comparison with the normal development in *Lomentaria clavellosa*. Symb. Bot. Upsal. II: **2**, 3—54.

Swift, H., 1950 a: The desoxyribose nucleic acid content of animal nuclei. Physiol. Zool. **23**, 169—198.
— 1950 b: The constancy of desoxyribose nucleic acid in plant nuclei. Proc. Nat. Acad. Sci. Wash. **36**, 643—654.
— 1953: Quantitative aspects of nuclear nucleoproteins. Intern. Rev. Cyt. **2**, 1—76.
— 1959: Studies on nucleolar function. Symp. molecular biol. ed. R. E. Zirkle. Chicago.
— und Ruth Kleinfeld. 1953: DNA in grasshopper spermatogenesis, oogenesis, and cleavage. Physiol. Zool. **26**, 301—311.

Tanaka, Y., 1954: Genetics of the silk-worm, *Bombyx mori*. Advances in Genetics **5**. 240—331.
Täumer, L., 1959: Morphologie, Cytologie und Fortpflanzung von *Rhopalocystis oleifera* Schussnig. Arch. Protistenk. **104**, 265—291.
Taylor, C. V., and W. H. Furgason, 1938: Structural analysis of *Colpoda duodenaria* sp. nov. Arch. Protistenk. **90**, 320—326.
Taylor, J. H., 1962: Chromosome reproduction. Intern. Rev. Cytol. **13**, 39—73.
Tischler, G., 1934: Allgemeine Pflanzenkaryologie I. Der Ruhekern. 2. Aufl. Handb. Pflanzenanat. II. Berlin.
— 1953: Allgemeine Pflanzenkaryologie, Ergänzungsband: Angewandte Pflanzenkaryologie. Handb. Pflanzenanat. II. Berlin.
Troedsson, Pauline H., 1944: The behavior of the compound sex chromosomes in the females of certain Hemiptera. J. Morph. **75**, 103—147.
Tschermak, Elisabeth, 1943: Vergleichende und experimentelle cytologische Untersuchungen an der Gattung *Oedogonium*. Chromosoma **2**, 493—518.
Tschermak-Woess, Elisabeth, 1947: Über chromosomale Plastizität bei Wildformen von *Allium carinatum* und anderen *Allium*-Arten aus den Ostalpen. Chromosoma **3**. 66—87.
— 1954: Über die Phasen der Endomitose, Herkunft und Verhalten der „Nuclealen Körper" und Beobachtungen zur karyologischen Anatomie von *Sauromatum guttatum*. Planta **44**, 509—531.
— 1956: Notizen über die Riesenkerne und „Riesenchromosomen" von Aconitum. Chromosoma **8**. 114—134.
— 1957 a: Über das regelmäßige Auftreten von „Riesenchromosomen" im Chalazahaustorium von *Rhinanthus*. Chromosoma **8**, 523—544.
— 1957 b: Über Kernstrukturen in den endopolyploiden Antipoden von *Clivia miniata*. Chromosoma **8**, 637—649.
— und Ruth Doležal, 1953: Durch Seitenwurzelbildung induzierte und spontane Mitosen in den Dauergeweben der Wurzel. Österr. bot. Z. **100**, 358—402.
— — 1956: Der Formwechsel des Heterochromatins im Verlauf der Mitose von *Vicia faba*. Österr. Bot. Z. **103**, 457—468.
— und Ruth Doležal-Janisch, 1956: Rhythmisches Kernwachstum während der mitotischen Interphase von *Vicia faba*. Österr. bot. Z. **103**, 588—599.
— und Gertrude Hasitschka, 1953: Veränderungen der Kernstruktur während der Endomitose, rhythmisches Kernwachstum und verschiedenes Heterochromatin bei Angiospermen. Chromosoma **5**, 574—614.
— — 1954: Über die endomitotische Polyploidisierung im Zuge der Differenzierung von Trichomen und Trichozyten bei Angiospermen. Österr. bot. Z. **101**. 79—117.
Turala, Krystyna, 1960: Endomitotical processes during the differentiation of the anthers' hairs of *Cucumis sativus* L. Acta Biol. Cracovo, s. Bot. **3**, 1—13.

Ueda, Katsumi, 1956: Structure of plant cells with special reference to lower plants. II. Feulgen's nucleal staining in some Algae. Mem. Coll. sc. Univ. Kyoto, s. B. **23**. 87—91.
— 1960 a: Structure of plant cells with special reference to lower plants. V. Nuclear division in *Oedogonium* sp. Cytologia **25**. 450—455.
— 1960 b: Structure of plant cells with special reference to lower plants. IV. Structure of *Trachelomonas* sp. Cytologia **25**, 8—16.

Vanderlyn, L., 1948: Somatic mitosis in the root tip of *Allium cepa* — a review and a reorientation. Bot. Rev. **14**, 270—318.
Vazart, B., 1955: Contribution à l'étude caryologique des éléments reproducteurs et de la fécondation chez les végétaux angiospermes. Rev. Cyt. Biol. Végét. **16**, 209—390.
— 1958: Differenciation des cellules sexuelles et fecondation chez les Phanerogames. Protoplasmatologia **VII**, 3 a.

Villahermosa, R. M. di, e A. Ott-Candela, 1946: Contributo alla conoscenza del nucleo delle cellule nervose (elementi dei gangli spinali di *Amblystoma tigrinum* Green). Boll. Soc. Ital. Biol. Sper. 21, 147—149.

Vinzent, W. S., 1955: Structure and chemistry of nucleoli. Intern. Rev. Cytol. 4, 269—298.

Virkki, N., 1951: Zur Zytologie einiger Scarabaeiden (Coleoptera). Ann. Zool. Soc. Zool. Bot. Fenn. „Vanamo" 14, 1—104.

— 1953: Versuch einer Kernanalyse bei den somatischen Hodenzellen der *Aphodius*-Arten (Coleoptera, Scarabaeidae). Chromosoma 6, 1—32.

Vitagliano, Giovanna, 1948: Il metabolismo dell'acido ribonucleico nella spermatogenesi di *Asellus aquaticus*. Ricerca Scient. 18, 840—843.

Vogt, C., und O. Vogt, 1947: Lebensgeschichte, Funktion und Tätigkeitsregulierung des Nucleolus. Ärztl. Forsch. 1, 7—14, 43—50.

Wakayama, K., 1931: Contribution to the cytology of fungi. III. Chromosome number in *Aspergillus*. Cytologia 2, 291—301.

Wang, D. T., 1934: Contribution à l'étude des Ustilaginées. Le Botaniste 26, 539—669.

Weber, F., 1925: Plasmolyseform und Kernform funktionierender Schließzellen. Jb. wiss. Bot. 64, 687—701.

Werckmeister, P., 1936: Über Herstellung und künstliche Aufzucht von Bastarden der Gattung *Iris*. Gartenbauwiss. 10, 500—520.

Werz, G., 1953: Über die Kernverhältnisse der Dasycladaceen, besonders von *Cymopolia barbata* (L.) Harv. Arch. Protistenk. 99, 148—155.

Westbrook, M. Alison, 1930: I. Feulgen's "Nuklealfärbung" for chromatin. II. The structure of the nucleus in *Callithamnion* spp. Ann. Bot. 44, 1011—1015.

— 1935: Observations on nuclear structure in the Florideae. Beih. Bot. Cbl. Abt. A, 53. 564—585.

Wheeler, H. E., L. S. Olive, C. T. Ernest and C. W. Edgerton, 1948: Genetics of *Glomerella*. V. Crozier and ascus development. Amer. J. Bot. 35, 722—728.

White, M. J. D., 1948: The cytology of the Cecidomyidae (Diptera) IV. J. Morph. 82, 53—80.

Wilson, E. B., 1925: The cell in development and heredity. New York.

Wilson, Irene M., 1937: A contribution to the study of the nuclei of *Peziza rutilans* Fries. Ann. Bot. 1, 655—672.

Wimber, D. E., 1961: Asynchronous replication of deoxyribonucleic acid in root tip chromosomes of *Tradescantia paludosa*. Exper. Cell Res. 23, 402—407.

Wischnitzer, S., 1960: The ultrastructure of the nucleus and nucleocytoplasmatic relations. Intern. Rev. Cytol. 10, 137—162.

Witsch, H. v., 1932: Chromosomenstudien an mitteleuropäischen Rhinantheen. Österr. bot. Z. 81, 108—141.

— 1950: B-Chromosomen als konstante Bestandteile des Chromosomensatzes von *Alectorolophus*. Nachr. Akad. Wiss. Göttingen, math.-phys. Kl., Biol. Physiol. Chem. Abt., 21—29.

Wolf, E., 1939: Die Anordnung der Chromosomen im Spermienkern von *Dicranomyia trinotata* Meig. Chromosoma 1, 336—342.

— 1957: Temperaturabhängige Allocyklie des polytänen X-Chromosoms in den Kernen der Somazellen von *Phryne cincta*. Chromosoma 8, 396—435.

Woll, E., 1956: Zur Abgabe von Nukleolusstoffen an das Cytoplasma. Planta 47. 299—302.

Wulff, H. D., 1944: Untersuchungen zur Cytologie und Systematik der Aizoaceen-Subtribus Gibbaeinae Schwant. Bot. Arch. 45, 149—189.

Yamaha, G., and S. Suematsa, 1938: Karyological investigation of some freshwater Algae by means of nucleal reaction. Sc. reports Tokyo Bunrika Daigaku 3, 269—277.

Yuasa, A., 1937: Studies in the cytology of Pteridophyta XIV. Spermatoteleosis and fertilization in some ferns, with special reference to border-brim. Jap. J. Bot. 9, 17—35.

— 1939: Studies in the cytology of Pteridophyta XVII. The chromonema structure of the spermatozoid nucleus in *Isoetes japonica* Al. Br. (a preliminary note). Bot. Mag. Tokyo 53, 251—256.

Zeiger, K., 1935: Zum Problem der vitalen Struktur des Zellkerns. Z. Zellforsch. mikr. Anatomie 22, 607—632.

Ziegler, A. W., 1953: Meiosis in the Saprolegniaceae. Amer. J. Bot. 40. 60—65.

Nachträge[1]

Mit funktionsabhängigen Unterschieden der Kernstruktur, wie sie sich im Licht- und Elektronenmikroskop zeigen, beschäftigt sich Schnepf (Zur Cytologie und Physiologie pflanzlicher Drüsen. 3. Teil. Cytologische Veränderungen in den Drüsen von *Drosophyllum* während der Verdauung. Planta 59, 351—379, 1963). Lichtmikroskopisch findet er die gleichen Veränderungen, wie sie in älteren Publikationen für *Drosera* angegeben worden waren, nämlich nach Auftragung von Albuminbrei eine Vergröberung der Chromatinstrukturen und eine Verklebungstendenz des Chromatins in den funktionierenden Drüsen; die Nukleolen sollen sich nicht vergrößern, jedoch von großen hellen Höfen umgeben sein. Daß es sich um Schrumpfungshöfe handelt und also offenbar doch ein Nukleolen w a c h s t u m erfolgt, erkennt der Autor leider nicht. Es wäre zu überprüfen, ob die gesteigerte Funktion eine erhöhte Fixierungslabilität nach sich zieht.

Die Herkunft des Geschlechtschromatins in den Ruhekernen weiblicher Mammalia von nur e i n e m der beiden X-Chromosomen wird nach dem neuesten Stand der Kenntnisse allgemein als gut gesichert betrachtet. Auffallenderweise tritt es in den frühesten Stadien der Embryogenese nicht auf, sondern zeigt sich beim Kaninchen, das Melander (Chromosomal behaviour during the origin of sex chromatin in the rabbit. Hereditas 48, 645—661, 1962; dort auch weitere neueste Lit.) genau daraufhin untersuchte, erst vom etwa 400zelligen Stadium an. Gleichzeitig treten in vielen Anaphasen im langen Schenkel eines einzigen bestimmten Chromosoms Pseudochiasmata auf und kommt es zu einer Dehnung der Chromatiden zwischen der Region der terminalen Vereinigung und dem Centromer. Bei dem betreffenden Chromosom soll es sich um eines der beiden X-Chromosomen handeln, und zwar um dasjenige, das in der nachfolgenden Interphase sich als positiv heterochromatisch erweist und das Geschlechtschromatin liefert. Zwischen der Dehnung infolge der Bildung der Pseudochiasmata und dem Übergang in den heterochromatischen Zustand wird ohne sichere Beweise ein kausaler Zusammenhang angenommen. Von Interesse wäre es, ob in den Interphasekernen der frühesten Embryogenese n u r das Geschlechtsheterochromatin fehlt oder überhaupt keine Heterochromasie zu erkennen ist. Letzteres trifft nämlich für embryonale Gewebe mit sehr hoher Teilungsrate bei manchen Arten zu und würde zuungunsten der Hypothese von Melander sprechen.

---

[1] Das Manuskript wurde im Oktober 1961 abgeschlossen. Einige der seither erschienenen Publikationen konnten bei der ersten Korrektur berücksichtigt werden; einige weitere werden im folgenden behandelt.

Die Tatsache, daß die beiden homologen X-Chromosomen weiblicher
Mammalia sich im g l e i c h e n Kern verschieden verhalten, findet übrigens
eine interessante Parallele bei einer Reihe von Cocciden, nämlich den-
jenigen, die das sogenannte lecanoide Chromosomensystem haben, sowie
einigen anderen [Sally-Hughes-Schrader zusammenfassend: Cytology of
Coccids (Coccoïdea-Homoptera). Advances in Genetics 2, 127—203, 1948;
S. W. Brown: Lecanoid chromosome behavior in three more families of the
Coccidea (Homoptera). Chromosoma 10, 278—300, 1959; Uzi Nur: Meiotic
parthenogenesis and heterochromatization in a soft scale, *Pulvinaria
hydrangeae* (Coccidea: Homoptera). Chromosoma 14, 123—139, 1963; in
diesen weitere Lit.]. Von den beiden haploiden Chromosomensätzen der
Männchen bleibt einer in den somatischen Interphase- und Ruhekernen
kondensiert (= heterochromatisch) und bildet ein Sammelchromozentrum,
das sich nur im Verlauf der Mitose auflockert, während der andere Chromosomensatz den gewöhnlichen Formwechsel erfährt. (In der Meiose wird beim
lecanoiden Typ der stärker kondensierte Satz geschlossen weitergegeben
und schließlich eliminiert.) Analog wie bei dem einen X-Chromosom weiblicher Kaninchen, zeigt sich sein besonderes Verhalten erst vom Blastula-
stadium an. Brown und Nelson-Rees (Radiation analysis of a lecanoid
genetic system. Genetics 46, 983—1007, 1961) konnten nachweisen, daß der
heterochromatische Satz väterlicher Herkunft ist und keine primären genetischen Effekte hat, also in diesem Sinn inert ist.

Autorenverzeichnis

Verzeichnis der Tier- und Pflanzennamen

Berichtigungen

S. 24, 97, 139 und 157: lies „*Amblystoma*" statt „*Amblyostoma*".
S. 29, Abbildungstext, letzte Zeile: lies „Hasitschka" statt „Hasitsch".
S. 45, Abbildungstext, Zeile 3: lies „oben" statt „links".
S. 58, Abb. 25 *a*: lies „*Ns*" statt „*Vs*".
S. 104, Abb. 59: setze „*b*" statt „*d*", „*c*" statt „*b*", „*d*" statt „*c*".